现代数学丛书

具局部分布控制的波动方程的同步性

李大潜　［法］饶伯鹏 著

俎成霞 译

上海科学技术出版社

图书在版编目(CIP)数据

具局部分布控制的波动方程的同步性/李大潜,(法)饶伯鹏著;
俎成霞译. —上海:上海科学技术出版社,2024.10
 (现代数学丛书. 第3辑)
ISBN 978-7-5478-6640-5

Ⅰ.①具… Ⅱ.①李… ②饶… ③俎… Ⅲ.①波动方程—研究
Ⅳ.①O175.27

中国国家版本馆 CIP 数据核字(2024)第 095481 号

总　策　划　　　苏德敏　张　晨
丛 书 策 划　　　包惠芳　田廷彦
责 任 编 辑　　　田廷彦　王　佳
封 面 设 计　　　赵　军

具局部分布控制的波动方程的同步性

李大潜　[法]饶伯鹏　著　　　俎成霞　译

上海世纪出版(集团)有限公司
上 海 科 学 技 术 出 版 社　　出版、发行
 (上海市闵行区号景路 159 弄 A 座 9F—10F)
邮政编码 201101　　　　www.sstp.cn
上海颛辉印刷厂有限公司印刷
开本 787×1092　　1/16　　印张 15.75
字数 260 千字
2024 年 10 月第 1 版　2024 年 10 月第 1 次印刷
ISBN 978-7-5478-6640-5/ O · 123
定价:129.00 元

本书如有缺页、错装或坏损等严重质量问题,请向印刷厂联系调换

《现代数学丛书》编委会

马志明(MA Zhiming)
中国科学院数学与系统科学研究院,北京 100190,中国

Cédric VILLANI
Institut Herni Poincaré, 75231 Paris Cedex 05, France

袁亚湘(YUAN Yaxiang)
中国科学院数学与系统科学研究院,北京 100190,中国

张伟平(ZHANG Weiping)
南开大学陈省身数学研究所,天津 300071,中国

助　理
姚一隽(YAO Yijun)
复旦大学数学科学学院,上海 200433,中国

前　言

　　同步作为一类普遍存在的自然和社会现象, 由惠更斯于 1665 年发现, 并从 20 世纪 50 年代起由维纳等人在数学上开始进行研究, 目前仍是一个有广泛应用前景且方兴未艾的研究领域.

　　将同步性的研究由以常微分方程为模型的有限维动力系统开拓到以偏微分方程为模型的无限维动力系统, 并将其与控制理论中的能控性研究紧密结合起来, 开始于 2012 年我们对一类波动方程耦合组的系统研究, 并引进了精确同步性和逼近同步性的概念. 在仅通过边界控制来实现同步性的情况, 已将有关的成果收集在由 Birkhäuser 出版社于 2019 年出版的专著 *Boundary Synchronization for Hyperbolic Systems* 中, 该专著后经修订并于 2021 年由上海科学技术出版社出版了中文译本 (《双曲系统的边界同步性》).

　　通过边界控制来实现同步性仅是一种可行的选择, 在本专著中我们将进一步考察通过内部控制, 或通过边界控制和内部控制的联合作用来实现同步性的情况. 通过深入分析可以发现, 由于采用了内部控制, 不仅可以得到更加深入的同步性结果, 使相应的同步性理论更为精确和完善, 而且还可以进一步提出一些别开生面的研究课题, 使本专著具有自己鲜明的特点和风格.

　　本专著的主要部分完成于新冠肺炎疫情肆虐的 2019—2023 年期间, 原定的访问交流活动不能按计划实施, 只能采用线上工作的形式进行. 尽管如此, 我们从未懈怠, 并以加倍的努力完成了本书的准备工作和写作, 实在令人欣慰.

　　复旦大学及其数学科学学院, 斯特拉斯堡大学近代数学研究院, 以及中国国家自然科学基金委员会都对这一研究工作提供了长期的大力支持和帮助, 我们在此表示深切的谢意.

　　全书完稿之际, 恰逢饶伯鹏的女儿 Isabelle 的博士毕业典礼, 谨此表示衷心的祝贺.

　　俎成霞博士在攻读博士学位期间, 曾参与本书的部分编写工作, 她还承担了本书中文版的翻译工作, 在此亦表示感谢.

李大潜、饶伯鹏谨识

2023 年 6 月于上海

目　录

第一章

引言

在专著 [40] 中, 我们对波动方程耦合系统的边界同步性问题进行了深入的研究. 现在的工作将集中在具有 Dirichlet 边界条件的相关问题的内部能控性和同步性上. 本书的内容主要选自作者最近的研究成果 ([43]-[44], [47]-[53], [80]), 这些论文介绍了内部同步性理论的最新进展.

以下是本书的主要内容.

在第 I 部分中, 当控制施加在部分区域 ω 上时, 我们考虑具 Dirichlet 边界条件的波动方程耦合系统的能控性和同步性.

首先, 考虑上述耦合系统的逼近内部能控性, 我们惊讶地发现: 即便对部分区域 ω 未加以任何几何条件, 对耦合阵 A 也未加任何代数条件, 不仅 Kalman 秩条件的必要性成立, 其充分性也成立. 此外, 能控时间只依赖于 Ω 的测地直径, 而不依赖于系统中方程的数量或控制矩阵的秩. 这与逼近边界能控性的情形是很不同的, 那时, Ω 应为星形区域, 耦合阵 A 应为一个串联矩阵, 而能控时间是不确定的.

其次, 基于这一发现, 我们得以阐明一系列重要的性质, 如分组逼近同步态对所施控制的独立性、分组逼近同步态各分量间的线性无关性, 以及逼近同步的可扩张性等, 这些都是基于 Kalman 秩条件最小性的结果. 特别地, 我们指出逼近内部同步性总是在牵制意义下实现的. 至此, 我们已经针对长期困扰我们的这些根本问题给出了完整的答案.

最后, 我们研究了精确同步态相对于所施控制的依赖性. 我们揭示了分组精确同步态可以分为两组: 第一组在控制下可以逼近地趋向于零, 而第二组不依赖于所施的控制, 且只有这一组可以由初值唯一确定. 通过这种方式, 我们可阐明有关的情况, 并完整地回答相应的问题. 这一结果对应用和同步理论本身都将引起极大的兴趣.

具 Neumann 边界条件的同一问题可以在没有任何本质困难的情况下进行类似的考虑.

在第 II 部分中, 我们考虑同时施加内部控制和 Dirichlet 边界控制情形的能控性和同步性, 其主要的新颖之处在于这两类控制之间的相应关系.

我们已经证明, 当控制在系统内合适地分布时, Kalman 秩条件仍然是具不完全内部和边界观测的伴随系统具唯一解的充分必要条件, 因此, 当施加混合内部和边界控制时, Kalman 秩条件也是耦合系统具逼近能控性的充分必要条件. 值得一提的是, 混合能控性不是内部能控性和边界能控性已知结果的简单结合, 而需要在一个复杂系统中几个成分的协调.

类似地, 在混合控制的适当协调下, 控制矩阵的满秩条件不仅是系统具精确能控性的必要条件, 也是充分条件.

在这一部分工作中我们提出了许多有趣的问题, 并为这一研究领域开辟了一个新的方向.

本专著的许多结果可以推广到其他时间可逆的线性发展系统, 例如板模型、Maxwell 方程组、弹性系统等. 此外, 反馈镇定性将在今后的工作中得到深入的发展.

第二章

代数预备知识

为了便于阅读, 我们在这里收集了一些有用的代数结果, 其中一些可以在专著 [40] 中找到. 建议读者初次学习时先跳过这一章, 在后续章节的学习中遇到困难时, 再回到本章寻找有用的资料.

在本章中, A 为 N 阶矩阵, D 为 $N \times M$ 阶列满秩矩阵 ($M \leqslant N$). 这些矩阵均是具常数元素的矩阵.

先回顾有关 Kalman 矩阵的下述基本性质:

引理 2.1 (参见 [36, 引理 2.5]) 设 $d \geqslant 0$ 是一个整数, 则控制矩阵 D 满足 Kalman 秩条件:

$$\mathrm{rank}(D, AD, \cdots, A^{N-1}D) = N - d \tag{2.1}$$

当且仅当 d 是 A^{T} 包含在 $\mathrm{Ker}(D^{\mathrm{T}})$ 中的最大不变子空间的维数. 此外, A^{T} 包含在 $\mathrm{Ker}(D^{\mathrm{T}})$ 中的最大不变子空间为

$$V = \mathrm{Ker}(D, AD, \cdots, A^{N-1}D)^{\mathrm{T}}. \tag{2.2}$$

考察 $D = (D_1, D_2)$ 的情形, 其中 D_1 和 D_2 分别为 $N \times M_1$ 阶和 $N \times M_2$ 阶列满秩矩阵.

引理 2.2　设 V_1, V_2 和 V 分别为 A^{T} 包含在 $\mathrm{Ker}(D_1^{\mathrm{T}})$, $\mathrm{Ker}(D_2^{\mathrm{T}})$ 和 $\mathrm{Ker}(D^{\mathrm{T}})$ 中的最大不变子空间, 则有

$$V_1 \cap V_2 = V. \tag{2.3}$$

证　由于 $\mathrm{Ker}(D_1^{\mathrm{T}}) \cap \mathrm{Ker}(D_2^{\mathrm{T}}) = \mathrm{Ker}(D^{\mathrm{T}})$, 且 $V_1 \cap V_2$ 是 A^{T} 包含在 $\mathrm{Ker}(D_1^{\mathrm{T}}) \cap \mathrm{Ker}(D_2^{\mathrm{T}})$ 中的不变子空间, 于是成立 $V_1 \cap V_2 \subseteq V$. 反之, 若 V 是 A^{T} 包含在 $\mathrm{Ker}(D^{\mathrm{T}}) \subseteq \mathrm{Ker}(D_1^{\mathrm{T}}) \cap \mathrm{Ker}(D_2^{\mathrm{T}})$ 中的不变子空间, 则有 $V \subseteq V_1 \cap V_2$. 引理得证. 　□

定义 2.1　称 $\mathbb{R}^N$ 中两组向量 $\mathcal{E}_1, \cdots, \mathcal{E}_d$ 和 $e_1, \cdots, e_d$ **双正交** (bi-orthonormal), 若成立

$$\mathcal{E}_k^{\mathrm{T}} e_l = \delta_{kl}, \quad 1 \leqslant k, l \leqslant d, \tag{2.4}$$

其中 δ_{kl} 为克罗内克记号 (Kronecker symbol).

相应地, 称子空间 $V = \mathrm{Span}\{\mathcal{E}_1, \cdots, \mathcal{E}_d\}$ 与 $W = \mathrm{Span}\{e_1, \cdots, e_d\}$ 双正交.

如下简单的代数工具将经常被应用在本书中.

引理 2.3　(参见 [17]) 两个非平凡的子空间 V 和 W 双正交的充分必要条件是

$$\dim(V) = \dim(W) \quad \text{且} \quad V \cap W^{\perp} = \{0\}, \tag{2.5}$$

或等价地, V 是 $W^{\perp}$ 的一个补空间.

引理 2.4　(参见 [23]) $\mathbb{R}^N$ 中的子空间 V 是 A 的不变子空间, 即成立 $AV \subseteq V$, 当且仅当其正交补空间 $V^{\perp}$ 是 A^{T} 的不变子空间, 即成立 $A^{\mathrm{T}} V^{\perp} \subseteq V^{\perp}$.

现引入同步的概念. 设 $p \geqslant 1$ 为一整数, 并取整数 $n_0, n_1, \cdots, n_p$ 满足

$$0 = n_0 < n_1 < \cdots < n_p = N, \tag{2.6}$$

且设对 $1 \leqslant r \leqslant p$ 成立 $n_r - n_{r-1} \geqslant 2$.

设 $U = (u^{(1)}, \cdots, u^{(N)})^{\mathrm{T}}$ 是 $\mathbb{R}^N$ 中的向量, 将 U 的分量划分为 p 组:

$$(u^{(1)}, \cdots, u^{(n_1)}), (u^{(n_1+1)}, \cdots, u^{(n_2)}), \cdots, (u^{(n_{p-1}+1)}, \cdots, u^{(n_p)}) \tag{2.7}$$

使其满足下面的分 p 组同步条件:

$$\begin{cases} u^{(1)} = \cdots = u^{(n_1)}, \\ u^{(n_1+1)} = \cdots = u^{(n_2)}, \\ \cdots\cdots \\ u^{(n_{p-1}+1)} = \cdots = u^{(n_p)}. \end{cases} \tag{2.8}$$

设 S_r 为下面的 $(n_r - n_{r-1} - 1) \times (n_r - n_{r-1})$ 列满秩矩阵:

$$S_r = \begin{pmatrix} 1 & -1 & & \\ & 1 & -1 & \\ & & \ddots & \ddots \\ & & & 1 & -1 \end{pmatrix}, \quad 1 \leqslant r \leqslant p. \tag{2.9}$$

记 C_p 为下面的 $(N - p) \times N$ 分 p 组同步阵:

$$C_p = \begin{pmatrix} S_1 & & & \\ & S_2 & & \\ & & \ddots & \\ & & & S_p \end{pmatrix}. \tag{2.10}$$

这样, 分 p 组同步条件 (2.8) 就等价于

$$C_p U = 0. \tag{2.11}$$

此外, 对 $r = 1, \cdots, p$, 令

$$e_r = (0, \cdots, 0, \overset{(n_{r-1}+1)}{1}, \cdots, \overset{(n_r)}{1}, 0, \cdots, 0)^{\mathrm{T}}, \tag{2.12}$$

就有

$$\mathrm{Ker}(C_p) = \mathrm{Span}\{e_1, \cdots, e_p\}. \tag{2.13}$$

矩阵 C_p 的下述一些性质在后文中会经常用到.

引理 2.5 (参见 [40, 命题 2.11]) 秩条件

$$\operatorname{rank}(C_p D) = \operatorname{rank}(D) \tag{2.14}$$

成立当且仅当

$$\operatorname{Ker}(C_p) \cap \operatorname{Im}(D) = \{0\}, \tag{2.15}$$

等价地, 秩条件

$$\operatorname{rank}(C_p D) = \operatorname{rank}(C_p) \tag{2.16}$$

成立当且仅当

$$\operatorname{Ker}(D^{\mathrm{T}}) \cap \operatorname{Im}(C_p^{\mathrm{T}}) = \{0\}. \tag{2.17}$$

引理 2.6 若成立

$$\operatorname{rank}(C_p D) = \operatorname{rank}(D) = N - p, \tag{2.18}$$

则 $\operatorname{Ker}(D^{\mathrm{T}})$ 和 $\operatorname{Ker}(C_p)$ 双正交, 因此成立

$$\operatorname{Ker}(D^{\mathrm{T}}) \bigoplus \operatorname{Im}(C_p^{\mathrm{T}}) = \mathbb{R}^N. \tag{2.19}$$

证 注意到 $\operatorname{rank}(C_p) = N - p$, 由引理 2.5 可得

$$\operatorname{Ker}(D^{\mathrm{T}}) \cap \operatorname{Im}(C_p^{\mathrm{T}}) = \{0\}.$$

注意到 $\dim \operatorname{Ker}(D^{\mathrm{T}}) = \dim \operatorname{Ker}(C_p) = p$, 由引理 2.3 得证. □

引理 2.7 (参见 [40, 命题 2.15]) 下述论断是等价的:

(a) A 满足 C_p-相容性条件:

$$A\operatorname{Ker}(C_p) \subseteq \operatorname{Ker}(C_p); \tag{2.20}$$

(b) 存在唯一的 $(N-p)$ 阶矩阵 A_p, 使成立

$$C_p A = A_p C_p, \tag{2.21}$$

且化约矩阵 A_p 可表示为

$$A_p = C_p A C_p^+, \tag{2.22}$$

其中 C_p^+ 为 C_p 的穆尔-彭罗斯广义逆 (Moore-Penrose inverse):

$$C_p^+ = C_p^{\mathrm{T}} (C_p C_p^{\mathrm{T}})^{-1}. \tag{2.23}$$

引理 2.8 (参见 [40, 命题 2.16]) 设矩阵 A 满足 C_p-相容性条件(2.20), A_p 由(2.22)给定且 $D_p = C_p D$, 则成立

$$\mathrm{rank}\,(D_p, A_p D_p, \cdots, A_p^{N-p-1} D_p) = \mathrm{rank}\, C_p (D, AD, \cdots, A^{N-1} D). \tag{2.24}$$

当 A 不满足 C_p-相容性条件时, 我们引入 $(N-\widetilde{p}) \times N$ **内部扩张阵** $C_{\widetilde{p}}^{\mathrm{T}}$ $(\widetilde{p} \leqslant p)$:

$$\mathrm{Im}(C_{\widetilde{p}}^{\mathrm{T}}) = \mathrm{Span}\{C_p^{\mathrm{T}}, A^{\mathrm{T}} C_p^{\mathrm{T}}, \cdots, (A^{\mathrm{T}})^{N-1} C_p^{\mathrm{T}}\}. \tag{2.25}$$

由 Cayley-Hamilton 定理, $\mathrm{Im}(C_{\widetilde{p}}^{\mathrm{T}})$ 是 A^{T} 的一个不变子空间. 于是, 由引理 2.4, $A\mathrm{Ker}(C_{\widetilde{p}}) \subseteq \mathrm{Ker}(C_{\widetilde{p}})$, 换言之, A 满足 $C_{\widetilde{p}}$-相容性条件 (2.20) (其中取 $C_p = C_{\widetilde{p}}$). 此外, 我们有

引理 2.9 设成立

$$\mathrm{Im}(C_{\widetilde{p}}^{\mathrm{T}}) \cap V = \{0\} \tag{2.26}$$

和秩条件

$$\mathrm{rank}\,(D, AD, \cdots, A^{N-1} D) = N - p, \tag{2.27}$$

其中 $V = \mathrm{Ker}(D, AD, \cdots, A^{N-1} D)^{\mathrm{T}}$ 是 A^{T} 包含在 $\mathrm{Ker}(D^{\mathrm{T}})$ 中的最大不变子空间; 或设秩条件

$$\mathrm{rank}(D) = N - p \tag{2.28}$$

和

$$\text{rank}(C_{\widetilde{p}}D) = N - \widetilde{p} \tag{2.29}$$

成立, 则 A 满足 C_p-相容性条件 (2.20).

　　证　由引理 2.5, 条件 (2.26) 和 (2.27) 意味着 $\text{Im}(C_p^{\mathrm{T}})$ 的不可扩张性:

$$N - p \geqslant \text{rank}\, C_{\widetilde{p}}(D, AD, \cdots, A^{N-1}D) = \text{rank}(C_{\widetilde{p}}) = N - \widetilde{p}. \tag{2.30}$$

类似地, 条件 (2.28) 和 (2.29) 意味着 $\text{Im}(C_p^{\mathrm{T}})$ 的不可扩张性:

$$N - p \geqslant \text{rank}(C_{\widetilde{p}}D) = \text{rank}(C_{\widetilde{p}}) = N - \widetilde{p}. \tag{2.31}$$

这表明 $A^{\mathrm{T}}\text{Im}(C_p^{\mathrm{T}}) \subseteq \text{Im}(C_p^{\mathrm{T}})$. 于是, 由引理 2.4, 矩阵 A 满足 C_p-相容性条件 (2.20). □

　　引理 2.10　设秩条件

$$\text{rank}\, C_p(D, AD, \cdots, A^{N-1}D) = N - p \tag{2.32}$$

和

$$\text{rank}\, (D, AD, \cdots, A^{N-1}D) = N - p \tag{2.33}$$

成立, 则存在 $N \times (N-p)$ 矩阵 Q_p, 对任意给定的 $U \in \mathbb{R}^N$ 成立

$$U = \sum_{r=1}^{p} \psi_r e_r + Q_p C_p U, \tag{2.34}$$

其中 $\text{Ker}(C_p) = \text{Span}\{e_1, \cdots, e_p\}$, 而对 $r = 1, \cdots, p$ 有 $\psi_r = \mathcal{E}_r^{\mathrm{T}}U$, 其中 $V = \text{Span}\{\mathcal{E}_1, \cdots, \mathcal{E}_p\}$ 是 A^{T} 包含在 $\text{Ker}(D^{\mathrm{T}})$ 中的最大不变子空间.

　　证　注意到 $\dim \text{Ker}(C_p^{\mathrm{T}}) = N - p$, 由引理 2.5, 条件 (2.32) 蕴含着 $V \cap \text{Im}(C_p^{\mathrm{T}}) = \{0\}$. 由引理 2.1, $\dim(V) = \dim \text{Ker}(C_p) = p$, 应用引理 2.4 可得,

V 和 $\mathrm{Ker}(C_p)$ 双正交, $\mathrm{Im}(C_p^{\mathrm{T}})$ 和 $V^\perp$ 也双正交. 于是可选取

$$\mathcal{E}_r^{\mathrm{T}} e_s = \delta_{rs}, \quad 1 \leqslant r, s \leqslant p \tag{2.35}$$

及满足 $\mathrm{Im}(Q_p) = V^\perp$ 的 $N \times (N-p)$ 矩阵 Q_p, 使成立

$$C_p Q_p = I_{N-p}. \tag{2.36}$$

此外, $\mathrm{Ker}(C_p)$ 是 $\mathrm{Im}(Q_p)$ 的一个补空间, 于是, 对任意给定的 $U \in \mathbb{R}^N$, 存在 $x_1, \cdots, x_p$ $\in \mathbb{R}$ 和 $Y \in \mathbb{R}^{N-p}$, 使成立

$$U = \sum_{s=1}^{p} x_s e_s + Q_p Y. \tag{2.37}$$

注意到 (2.36), 并将 C_p 作用在 (2.37) 上, 可得 $Y = C_p U$. 类似地, 注意到 (2.35), 将 $\mathcal{E}_r^{\mathrm{T}}$ 作用到 (2.37) 上, 可得: 对 $r = 1, \cdots, p$ 成立 $x_r = \psi_r$. 引理得证. □

当条件 (2.32) 和 (2.33) 不同时成立时, 有

$$\mathrm{rank}(D, AD, \cdots, A^{N-1}D) > \mathrm{rank}\, C_p(D, AD, \cdots, A^{N-1}D). \tag{2.38}$$

为了应用引理 2.10, 我们将引入**外部扩张阵**.

对每个指标 i $(1 \leqslant i \leqslant m)$, 记 λ_i 为矩阵 A^{T} 的特征值, 且

$$\mathcal{E}_{i0} = 0, \quad A^{\mathrm{T}} \mathcal{E}_{ij} = \lambda_i \mathcal{E}_{ij} + \mathcal{E}_{i,j-1}, \quad 1 \leqslant j \leqslant d_i \tag{2.39}$$

为相应的 Jordan 链 (参见 [21, 72]). 令 I 表示满足

$$I = \{i: \quad \mathcal{E}_{i\bar{d}_i} \in \mathrm{Im}(C_p^{\mathrm{T}}), \ \text{其中} 1 \leqslant \bar{d}_i \leqslant d_i\} \tag{2.40}$$

的所有指标 i 的集合.

如下定义 $(N-q) \times N$ **外部扩张阵** C_q:

$$\operatorname{Im}(C_q^{\mathrm{T}}) = \bigoplus_{i \in I} \operatorname{Span}\{\mathcal{E}_{i1}, \cdots, \mathcal{E}_{i\bar{d}_i}\}, \tag{2.41}$$

其中

$$\operatorname{Ker}(C_q) = \operatorname{Span}\{\epsilon_1, \cdots, \epsilon_q\}, \tag{2.42}$$

而

$$q = N - \sum_{i \in I} d_i. \tag{2.43}$$

我们首先改进 (2.32) 中秩的值.

引理 2.11 设矩阵 A 满足 C_p-相容性条件 (2.20), 且成立秩条件 (2.32), 则有

$$\operatorname{rank} C_q(D, AD, \cdots, A^{N-1}D) = N - q, \tag{2.44}$$

其中 C_q 由 (2.41) 给定.

证　若

$$\operatorname{rank}(C_q(D, AD, \cdots, A^{N-1}D)) < N - q, \tag{2.45}$$

由引理 2.5 可得

$$\operatorname{Im}(C_q^{\mathrm{T}}) \cap \operatorname{Ker}(D, AD, \cdots, A^{N-1}D)^{\mathrm{T}} \neq \{0\}. \tag{2.46}$$

由引理 2.1, $V = \operatorname{Ker}(D, AD, \cdots, A^{N-1}D)^{\mathrm{T}}$ 是 A^{T} 包含在 $\operatorname{Ker}(D^{\mathrm{T}})$ 中的不变子空间. 由于 $\operatorname{Im}(C_q^{\mathrm{T}})$ 是矩阵 A^{T} 的不变子空间, A^{T} 有一个特征向量 $E \in \operatorname{Im}(C_q^{\mathrm{T}}) \cap V$. 根据 (2.41) 的构造, $\operatorname{Im}(C_q^{\mathrm{T}})$ 是 $\operatorname{Im}(C_p^{\mathrm{T}})$ 加入了矩阵 A^{T} 的根向量的扩张, 因此 $E \in \operatorname{Im}(C_p^{\mathrm{T}}) \cap V$, 从而有

$$\operatorname{Im}(C_p^{\mathrm{T}}) \cap \operatorname{Ker}(D, AD, \cdots, A^{N-1}D)^{\mathrm{T}} = \operatorname{Im}(C_p^{\mathrm{T}}) \cap V \neq \{0\}. \tag{2.47}$$

由引理 2.5 可得

$$\text{rank}(C_p(D, AD, \cdots, A^{N-1}D)) < N - p. \tag{2.48}$$

这与秩条件 (2.32) 相悖. 引理得证.   □

秩条件 (2.44) 蕴含着

$$\text{rank}(D, AD, \cdots, A^{N-1}D) \geqslant N - q. \tag{2.49}$$

特别地, 对由

$$\text{Ker}(D_q^{\text{T}}) = \bigoplus_{i \in I^c} \text{Span}\{\mathcal{E}_{i1}, \cdots, \mathcal{E}_{id_i}\} \bigoplus \bigoplus_{i \in I} \text{Span}\{\mathcal{E}_{i\bar{d}_i + 1}, \cdots, \mathcal{E}_{id_i}\} \tag{2.50}$$

定义的 $N \times (N - p)$ 控制矩阵 D_q, 其中 I^c 表示 I 的补集, 秩条件 (2.49) 中之等号成立. 更准确地, 我们有下面的

引理 2.12 设矩阵 C_q 和 D_q 分别由 (2.41) 和 (2.50) 定义, 则有

$$A\text{Ker}(C_q) \subseteq \text{Ker}(C_q), \tag{2.51}$$

$$\text{rank}\,(D_q, AD_q, \cdots, A^{N-1}D_q) = N - q, \tag{2.52}$$

$$\text{rank}\,C_q(D_q, AD_q, \cdots, A^{N-1}D_q) = N - q, \tag{2.53}$$

$$\text{rank}\,C_p(D_q, AD_q, \cdots, A^{N-1}D_q) = N - p. \tag{2.54}$$

证 由 (2.41) 可知 $\text{Im}(C_q^{\text{T}})$ 是矩阵 A^{T} 的一个不变子空间, 于是由引理 2.4, $\text{Ker}(C_q)$ 是矩阵 A 的一个不变子空间.

由 (2.50), 易验证子空间

$$\bigoplus_{i \in I^c} \mathrm{Span}(\mathcal{E}_{i1}, \cdots, \mathcal{E}_{id_i}) \tag{2.55}$$

是 A^{T} 包含在 $\mathrm{Ker}(D_q^{\mathrm{T}})$ 中的最大不变子空间. 于是由引理 2.1, 有

$$\mathrm{Ker}(D_q, AD_q, \cdots, A^{N-1}D_q)^{\mathrm{T}} = \bigoplus_{i \in I^c} \mathrm{Span}(\mathcal{E}_{i1}, \cdots, \mathcal{E}_{id_i}). \tag{2.56}$$

仍由引理 2.1, 可得秩条件 (2.52).

类似地, 由 (2.41) 和 (2.56), 有

$$\mathrm{Ker}(D_q, AD_q, \cdots, A^{N-1}D_q)^{\mathrm{T}} \cap \mathrm{Im}(C_q^{\mathrm{T}})$$
$$= \bigoplus_{i \in I^c} \mathrm{Span}(\mathcal{E}_{i1}, \cdots, \mathcal{E}_{id_i}) \bigcap \bigoplus_{i \in I} \mathrm{Span}(\mathcal{E}_{i1}, \cdots, \mathcal{E}_{id_i}) = \{0\}.$$

注意到 $\mathrm{Im}(C_p^{\mathrm{T}}) \subseteq \mathrm{Im}(C_q^{\mathrm{T}})$, 有

$$\mathrm{Ker}(D_q, AD_q, \cdots, A^{N-1}D_q)^{\mathrm{T}} \cap \mathrm{Im}(C_p^{\mathrm{T}}) = \{0\},$$

于是由引理 2.5 可得

$$\mathrm{rank}\, C_q(D_q, AD_q, \cdots, A^{N-1}D_q) = \mathrm{rank}(C_q^{\mathrm{T}}) = N - q$$

和

$$\mathrm{rank}\, C_p(D_q, AD_q, \cdots, A^{N-1}D_q) = \mathrm{rank}(C_q^{\mathrm{T}}) = N - p.$$

引理得证. □

注 2.1 设 $\mathcal{E}_{i\bar{d}_i} \in \mathrm{Im}(C_p^{\mathrm{T}})$ 属于 Jordan 链:

$$\underbrace{\mathcal{E}_{i1}, \cdots, \mathcal{E}_{i\bar{d}_i-1}}_{\text{内部}}, \mathcal{E}_{i\bar{d}_i}, \underbrace{\mathcal{E}_{i\bar{d}_i+1}, \cdots, \mathcal{E}_{id_i}}_{\text{外部}}.$$

下述迭代过程:

$$\mathcal{E}_{i\bar{d}_i-1} = (A^{\mathrm{T}} - \lambda_i I)\mathcal{E}_{i\bar{d}_i}, \quad \mathcal{E}_{i\bar{d}_i-2} = (A^{\mathrm{T}} - \lambda_i I)\mathcal{E}_{i\bar{d}_i-1}, \quad \cdots\cdots$$

表明: $\mathcal{E}_{i\bar{d}_i}$ 之前的根向量 $\mathcal{E}_{i1},\cdots,\mathcal{E}_{i\bar{d}_i-1}$ 通过**内部扩张**进入子空间 $\mathrm{Im}(C_p^{\mathrm{T}})$, 这蕴含着 $C_{\bar{p}}$-相容性条件 (2.20), 其中矩阵 C_p 取为 $C_{\bar{p}}$. 这是引入内部扩张概念的主要原因. 而 $\mathcal{E}_{i\bar{d}_i}$ 之后的根向量 $\mathcal{E}_{i\bar{d}_i+1},\cdots,\mathcal{E}_{id_i}$ 则通过**外部扩张**进入子空间 $\mathrm{Im}(C_q^{\mathrm{T}})$, 并且 $\mathrm{Im}(C_q^{\mathrm{T}})$ 存在一个对 A^{T} 为不变的补空间. 因此, 矩阵 A^{T} 在

$$\mathrm{Im}(C_q^{\mathrm{T}}) \bigoplus \mathrm{Ker}(D_q, AD_q, \cdots, A^{N-1}D_q)^{\mathrm{T}}$$

这组基下是可分块对角化的. 这也是引入外部扩张概念的主要原因.

下述结果揭示了 C_p 与 C_q 之间的关系.

引理 2.13 设 C_q 为 $N \times (N-q)$ 行满秩矩阵, 并成立

$$\mathrm{Ker}(C_q) \subseteq \mathrm{Ker}(C_p), \quad C_q C_q^{\mathrm{T}} = I,$$

则有

$$C_p = C_p C_q^{\mathrm{T}} C_q. \tag{2.57}$$

此外, 矩阵

$$C_{pq} = C_p C_q^{\mathrm{T}} \tag{2.58}$$

为一个 $(N-p) \times (N-q)$ 行满秩矩阵, 且成立

$$\mathrm{Ker}(C_{pq}) = C_q \mathrm{Ker}(C_p). \tag{2.59}$$

证 对任意给定的 $z = x + y$, 其中 $x \in \mathrm{Im}(C_q^{\mathrm{T}})$, 而 $y \in \mathrm{Ker}(C_q)$. 注意到对 $x \in \mathrm{Im}(C_q^{\mathrm{T}})$ 成立 $C_q^{\mathrm{T}} C_q x = x$, 有

$$C_p C_q^{\mathrm{T}} C_q z = C_p C_q^{\mathrm{T}} C_q(x+y) = C_p x = C_p(x+y) = C_p z. \tag{2.60}$$

于是 (2.57) 得证.

由于

$$\text{Ker}(C_q) \cap \text{Im}(C_p^{\text{T}}) \subseteq \text{Ker}(C_p) \cap \text{Im}(C_p^{\text{T}}) = \{0\}, \tag{2.61}$$

由引理 2.5 可得

$$\text{rank}(C_{pq}) = \text{rank}(C_p C_q^{\text{T}}) = \text{rank}(C_p^{\text{T}}) = N - p, \tag{2.62}$$

于是 C_{pq} 为 $(N - p) \times (N - q)$ 行满秩矩阵.

最后, 取 $x \in \text{Ker}(C_{pq})$, 即 $C_q^{\text{T}} x \in \text{Ker}(C_p)$, 或等价地, $x \in C_q \text{Ker}(C_p)$, 可得 $\text{Ker}(C_{pq}) \subseteq C_q \text{Ker}(C_p)$.

反之, 取 $y \in C_q \text{Ker}(C_p)$, 则存在 $x \in \text{Ker}(C_p)$ 使得 $y = C_q x$. 由 (2.57), 可得 $C_p C_q^{\text{T}} y = C_p x = 0$, 即 $y \in \text{Ker}(C_{pq})$, 因此 $C_q \text{Ker}(C_p) \subseteq \text{Ker}(C_{pq})$, (2.59) 得证.

$\square$

第 I 部分

具内部控制的波动方程系统

设 $\Omega \subset \mathbb{R}^m$ 是具光滑边界 Γ 的有界区域, 且 ω 是 Ω 的一个子区域. 设 A 是 N 阶矩阵, D 是 $N \times M$ $(M \leqslant N)$ 列满秩矩阵, 二者均是具常数元素.

以 $U = (u^{(1)}, \cdots, u^{(N)})^{\mathrm{T}}$ 和 $H = (h^{(1)}, \cdots, h^{(M)})^{\mathrm{T}}$ 分别表示状态变量和内部控制. 考察如下波动方程耦合系统:

$$\begin{cases} U'' - \Delta U + AU = D\chi_\omega H, & (t,x) \in (0, +\infty) \times \Omega, \\ U = 0, & (t,x) \in (0, +\infty) \times \Gamma \end{cases} \tag{I}$$

及其初始条件

$$t = 0: \quad U = \widehat{U}_0, \quad U' = \widehat{U}_1, \quad x \in \Omega, \tag{I_0}$$

其中 χ_ω 表示 ω 的特征函数; 符号 " $'$ " 表示对于时间的导数; 而 $\Delta = \sum\limits_{k=1}^{m} \frac{\partial^2}{\partial x_k^2}$ 表示 Laplace 算子.

相应地, 令

$$\Phi = (\phi^{(1)}, \cdots, \phi^{(N)})^{\mathrm{T}},$$

考察相应的伴随系统:

$$\begin{cases} \Phi'' - \Delta \Phi + A^{\mathrm{T}} \Phi = 0, & (t,x) \in (0, T) \times \Omega, \\ \Phi = 0, & (t,x) \in (0, T) \times \Gamma \end{cases} \tag{I*}$$

及其初始条件

$$t = 0: \quad \Phi = \widehat{\Phi}_0, \quad \Phi' = \widehat{\Phi}_1, \quad x \in \Omega \tag{I_0^*}$$

以及内部观测

$$D^{\mathrm{T}} \chi_\omega \Phi \equiv 0, \quad (t,x) \in [0, T] \times \Omega. \tag{I_1^*}$$

在这一部分, 我们首先说明, 在对耦合矩阵 A 及区域 Ω 不加任何附加的限制时, 在内部观测 (I_1^*) 下, Kalman 秩条件

$$\mathrm{rank}(D, AD, \cdots, A^{N-1}D) = N$$

不仅是伴随系统 (I*) 具唯一解的必要条件, 而且是充分条件. 这是在具内部控制的同步研究中主要的新颖之处, 且构成逼近内部同步性研究的一个重要的组成部分.

关于同步性有两个主要的问题需要研究:

问题 1: 所研究系统的同步的可行性;

问题 2: 所研究系统的同步态的稳定性.

在 C_p-相容性条件成立的前提下, 问题 1 可以转化为相应化约系统的能控性; 而由于初值的不确定性, 问题 2 是相当棘手的.

除上述两个最主要的问题之外, 我们还将对一系列重要的问题加以研究, 例如分组逼近同步态相对于所施控制的独立性、分组逼近同步态各分量间的线性无关性以及分组逼近同步的可扩张性等, 以上所有这些性质都是基于 Kalman 秩条件最小性的结果. 此外, 我们还将引入总控制数的概念, 并解释间接内部控制的作用机制.

接下来, 对任意给定的耦合矩阵 A, 我们考虑耦合系统 (I) 在 N 个内部控制作用下的精确内部能控性. 进一步, 我们要考虑系统的精确内部同步性和分组精确内部同步性. 此后, 我们要将特定分组同步性的研究推广到一般分组, 并考察在同一控制矩阵 D 下实现若干个分组精确内部同步的可能性.

基于紧摄动理论, 我们还将分别揭示精确同步态和分组精确同步态的 "密度". 例如, 对分组精确同步态, 我们可以将状态变量的分量分为三组:

第一组在控制下可以精确地驱动到任何给定的目标;

第二组在控制下可以逼近地驱动到任何给定的目标;

而第三组不依赖于所施的控制, 因此只有这一组可以由初值唯一确定.

我们还将说明分组精确同步态不依赖于所施的控制, 分组精确同步态各分量间的线性无关性, 以及分组精确同步性到另一分组逼近同步性的可扩张性. 所有这些结论都是 Kalman 秩条件的最小性所导致的结果.

至此, 对这些长期困扰我们的基本问题已经给出了完整的答案.

第三章

逼近内部能控性

本章中, 在对耦合阵 A 及区域 Ω 不加任何附加限制的情况下, 对具局部分布观测 (I_1^*) 的伴随系统 (I^*), 我们证明了经典 Kalman 秩条件不仅是该系统 (I^*) 具唯一解的必要条件, 也是充分条件. 此外, 由于观测时间与方程的个数无关, 因此可以由区域 Ω 的测地直径所唯一确定 (参见 [43]), 这是考虑逼近内部能控性的主要优势.

具内部观测与具边界观测的情形有很大的不同. 对于具边界观测的波动方程耦合系统, 其观测时间取决于算子 $-\Delta + A$ 的谱密度, 因此取决于方程的个数以及控制矩阵 D 的秩 (参见 [40, 78, 79]). 此外, 耦合阵 A 应该是串联矩阵或幂零矩阵 (参见 [2, 38]), 且区域 Ω 需要满足几何控制条件 (参见 [7, 27, 56]).

§1. 内部 D-能观性

在考察系统 (I) 的逼近能控性之前, 我们先给出如下经典的适定性结论 (参见 [5, 10, 56]).

命题 3.1 设 $\Omega \subset \mathbb{R}^m$ 是具光滑边界 Γ 的有界区域. 对任意给定的初值 $(\widehat{U}_0, \widehat{U}_1) \in (H_0^1(\Omega) \times L^2(\Omega))^N$ 和任意给定的函数 $H \in (L_{\mathrm{loc}}^1(0, +\infty; L^2(\Omega)))^M$,

系统 (I) 存在唯一的弱解

$$U \in (C^0_{\mathrm{loc}}([0,+\infty); H^1_0(\Omega)) \cap C^1_{\mathrm{loc}}([0,+\infty); L^2(\Omega)))^N. \tag{3.1}$$

此外, 线性映射

$$(\widehat{U}_0, \widehat{U}_1, H) \to (U, U') \tag{3.2}$$

在相应的拓扑下是连续的.

定义 3.1　称系统 (I) 在时刻 $T > 0$ **逼近能控**, 若对任意给定的初值 $(\widehat{U}_0, \widehat{U}_1) \in (H^1_0(\Omega) \times L^2(\Omega))^N$, 存在一列支集在 $[0,T]$ 中的控制 $\{H_n\}_{n \in \mathbb{N}} \in (L^2(0,+\infty; L^2(\Omega)))^M$, 使得相应系统 (I) 的解序列 $\{U_n\}_{n \in \mathbb{N}}$ 满足下面的条件: 当 $n \to +\infty$ 时, 在空间

$$(C^0_{\mathrm{loc}}([T,+\infty); H^1_0(\Omega)) \cap C^1_{\mathrm{loc}}([T,+\infty); L^2(\Omega)))^N \tag{3.3}$$

中成立

$$U_n \to 0, \tag{3.4}$$

或等价地, 对任意给定的 $(U_T, V_T) \in (H^1_0(\Omega) \times L^2(\Omega))^N$, 当 $n \to +\infty$ 时, 在空间 $(H^1_0(\Omega) \times L^2(\Omega))^N$ 中成立

$$t = T: \quad (U_n, U'_n) \to (U_T, V_T). \tag{3.5}$$

由经典的半群理论 (参见 [10, 56, 64]), 系统 (I*) 在空间 $(H^1_0(\Omega) \times L^2(\Omega))^N$ 中生成一个 C^0 半群.

定义 3.2　称伴随系统 (I*) 在区间 $[0,T]$ 上 **D-能观**, 若对任意给定初值 $(\widehat{\Phi}_0, \widehat{\Phi}_1) \in (H^1_0(\Omega) \times L^2(\Omega))^N$, 由内部观测 (I*_1) 可推出 $(\widehat{\Phi}_0, \widehat{\Phi}_1) \equiv 0$, 从而 $\Phi \equiv 0$.

记集合 $\mathcal{C}$ 是所有初始状态 $(V(0), V'(0))$ 的全体, 其中 $(V(0), V'(0))$ 由下述后向问题

$$\begin{cases} V'' - \Delta V + AV = D\chi_\omega H, & (t,x) \in (0,T) \times \Omega, \\ V = 0, & (t,x) \in (0,T) \times \Gamma, \\ t = T: \quad V = V' = 0, & x \in \Omega \end{cases} \tag{3.6}$$

取遍所有内部控制 $H \in (L^2(0,T;L^2(\Omega)))^M$ 所决定.

类似于 [16, 39, 40] 中关于逼近边界能控性的讨论, 我们可以建立起原系统 (I) 的逼近内部能控性与其伴随系统 (I*) 的 D-能观性之间的等价关系.

命题 3.2 设 $\Omega \subset \mathbb{R}^m$ 是具光滑边界 Γ 的有界区域, 且 ω 是 Ω 的一个子区域. 在空间 $(H_0^1(\Omega) \times L^2(\Omega))^N$ 中, 系统 (I) 在时刻 $T > 0$ 逼近能控当且仅当成立

$$\overline{\mathcal{C}} = (H_0^1(\Omega) \times L^2(\Omega))^N. \tag{3.7}$$

证 以

$$\mathcal{R}: \quad (\widehat{U}_0, \widehat{U}_1, H) \to (U, U')$$

表示问题 (I)—(I_0) 的求解过程.

由命题 3.1 可以得知, $\mathcal{R}$ 是空间 $(H_0^1(\Omega) \times L^2(\Omega))^N \times (L^2(0,T;L^2(\Omega)))^M$ 到 $(C^0([0,T];H_0^1(\Omega) \times L^2(\Omega)))^N$ 的一个有界映射. 特别地, 成立

$$\|\mathcal{R}(\widehat{U}_0, \widehat{U}_1, 0)(t)\|_{(H_0^1(\Omega) \times L^2(\Omega))^N} \sim \|(\widehat{U}_0, \widehat{U}_1)\|_{(H_0^1(\Omega) \times L^2(\Omega))^N}, \quad 0 \leqslant t \leqslant T. \tag{3.8}$$

对任意给定的初值 $(\widehat{U}_0, \widehat{U}_1) \in (H_0^1(\Omega) \times L^2(\Omega))^N$ 及任意给定的控制函数 $H \in (L^2(0,T;L^2(\Omega)))^M$, 我们有

$$\mathcal{R}(\widehat{U}_0, \widehat{U}_1, H) = \mathcal{R}(\widehat{U}_0 - V(0), \widehat{U}_1 - V'(0), 0) + \mathcal{R}(V(0), V'(0), H).$$

注意到

$$\mathcal{R}(V(0), V'(0), H)(T) = 0,$$

有

$$\mathcal{R}(\widehat{U}_0, \widehat{U}_1, H)(T) = \mathcal{R}(\widehat{U}_0 - V(0), \widehat{U}_1 - V'(0), 0)(T).$$

由 (3.8) 可得

$$\|\mathcal{R}(\widehat{U}_0,\widehat{U}_1,H)(T)\|_{(H_0^1(\Omega)\times L^2(\Omega))^N} \sim \|(\widehat{U}_0 - V(0),\widehat{U}_1 - V'(0))\|_{(H_0^1(\Omega)\times L^2(\Omega))^N}.$$
(3.9)

现设 (3.7) 成立, 那么对于任意给定的 $\epsilon > 0$ 及 $(\widehat{U}_0,\widehat{U}_1) \in (H_0^1(\Omega)\times L^2(\Omega))^N$, 存在内部控制 $H \in (L^2(0,T;L^2(\Omega)))^M$, 使得后向问题 (3.6) 相应的解 V 满足

$$\|(V(0) - \widehat{U}_0, V'(0) - \widehat{U}_1)\|_{(H_0^1(\Omega)\times L^2(\Omega))^N} \leqslant \epsilon.$$
(3.10)

由 (3.9) 和 (3.10) 可推出

$$\|\mathcal{R}(\widehat{U}_0,\widehat{U}_1,H)(T)\|_{(H_0^1(\Omega)\times L^2(\Omega))^N} \leqslant c\epsilon,$$
(3.11)

其中 c 是一个正常数, 从而系统 (I) 具逼近内部能控性.

反之, 假设系统 (I) 逼近内部能控. 那么对任意给定的 $\epsilon > 0$ 及任意给定的初值 $(\widehat{U}_0,\widehat{U}_1) \in (H_0^1(\Omega)\times L^2(\Omega))^N$, 存在内部控制 $H \in (L^2(0,T;L^2(\Omega)))^M$, 使成立 (3.11). 于是, 由 (3.9) 可推出

$$\|(\widehat{U}_0 - V(0),\widehat{U}_1 - V'(0))\| \leqslant c'\epsilon,$$

其中 c' 是一个正常数, 这意味着 (3.7) 成立. 命题得证.　　　　□

定理 3.1　设 $\Omega \subset \mathbb{R}^m$ 是具光滑边界 Γ 的有界区域, 而 ω 是 Ω 的一个子区域. 在空间 $(H_0^1(\Omega)\times L^2(\Omega))^N$ 中, 系统 (I) 在时刻 $T > 0$ 逼近能控, 当且仅当在空间 $(L^2(\Omega)\times H^{-1}(\Omega))^N$ 中, 伴随系统 (I*) 在区间 $[0,T]$ 上 D-能观.

证　设 Φ 是伴随问题 (I*)—(I$_0^*$) 的解, 且满足内部观测 (I$_1^*$), 而 V 是后向问题 (3.6) 的解. 将 Φ 作为乘子作用在后向问题 (3.6) 上并分部积分, 可得

$$\langle (V(0),V'(0)),(\widehat{\Phi}_1,-\widehat{\Phi}_0)\rangle = \int_0^T\int_\Omega \Phi^{\mathrm{T}} D\chi_\omega H\mathrm{d}x\mathrm{d}t,$$
(3.12)

其中 $\langle\cdot,\cdot\rangle$ 表示空间 $(H_0^1(\Omega)\times L^2(\Omega))^N$ 和 $(H^{-1}(\Omega)\times L^2(\Omega))^N$ 的对偶积.

现假设系统 (I) 不是逼近能控的. 由命题 3.2, 存在一个非平凡的 $(\widehat{\Phi}_1,-\widehat{\Phi}_0) \in$

$\mathcal{C}^{\perp}$, 其中正交性在对偶的意义下定义, 因此 $(\widehat{\Phi}_1, -\widehat{\Phi}_0) \in (L^2(\Omega) \times H^{-1}(\Omega))^N$. 设 Φ 为伴随问题 (I^*)—(I_0^*) 相应的解. 由 (3.12), 对所有的 $H \in (L^2(0, T; L^2(\Omega)))^M$ 成立

$$\int_0^T \int_{\Omega} \Phi^{\mathrm{T}} D \chi_{\omega} H \mathrm{d}x \mathrm{d}t = 0, \tag{3.13}$$

从而满足内部 D-观测 (I_1^*), 但 $\Phi \not\equiv 0$. 这与伴随问题 (I^*)—(I_0^*) 的 D-能观性矛盾.

反之, 假设伴随问题 (I^*)—(I_0^*) 不是 D-能观的, 则存在一个非平凡初值 $(\widehat{\Phi}_0, \widehat{\Phi}_1)$ $\in (L^2(\Omega) \times H^{-1}(\Omega))^N$, 使得相应的伴随问题 (I^*)—(I_0^*) 的解 Φ 满足内部 D-观测 (I_1^*). 此时, 由 (3.12), 对所有的初值 $(V(0), V'(0)) \in \mathcal{C}$ 成立

$$\langle (V(0), V'(0)), (\widehat{\Phi}_1, -\widehat{\Phi}_0) \rangle = 0. \tag{3.14}$$

于是有 $(\widehat{\Phi}_1, -\widehat{\Phi}_0) \in \mathcal{C}^{\perp}$, 从而 $\overline{\mathcal{C}} \neq (H_0^1(\Omega) \times L^2(\Omega))^N$. 定理得证.   □

§ 2. 一个唯一性定理

我们将建立系统 (I^*) 的 D-能观性与下述 Kalman 秩条件

$$\mathrm{rank}(D, AD, \cdots, A^{N-1}D) = N \tag{3.15}$$

之间的等价性. 我们面临的主要的困难在于部分观测 (I_1^*) 并不蕴含着所有的分量为 0:

$$\chi_{\omega} \Phi = 0, \quad (t, x) \in (0, T) \times \Omega. \tag{3.16}$$

因此, 在内部观测 (I_1^*) 下, 伴随系统 (I^*) 的唯一延拓性不能应用标准的 Holmgren 延拓定理. 对于这类唯一性, 我们基本的想法是将一个标量系统的一致能观性与 Kalman 秩条件 (3.15) 结合起来. 在部分 Neumann 观测下, 关于具 Dirichlet 边界条件的波动方程系统的相关研究工作是这一思想的首次尝试 (参见 [33,

36]). 此后, 这一思想被应用于具 Neumann 和 Robin 边界条件的情形 (参见 [30, 42]), 并在具 Neumann 边界条件及部分 Dirichlet 观测的一个椭圆系统的研究中得到了进一步的发展 (参见 [41, 45]). 此外, 耦合阵 A 应该是幂零的 (参见 [2, 36, 38, 40]) 或对称且接近一个标量矩阵 (参见 [42, 80]).

幸运的是, 逼近内部能控性的情形比逼近边界能控性的情况要好得多. 事实上, 由于内部观测与 d'Alembert 算子的可交换性:

$$D^{\mathrm{T}} \chi_\omega \Box \Phi = \Box D^{\mathrm{T}} \chi_\omega \Phi, \quad \Phi \in \mathcal{D}'((0, T) \times \omega), \tag{3.17}$$

Kalman 秩条件 (3.15) 所发挥的作用与常微分方程的情形相同 (参见 [22]).

设 $\Omega \subset \mathbb{R}^m$ 是具光滑边界 Γ 的有界区域. 对任意给定的点 $a, b \in \Omega$, 设 $\gamma_{a,b}$ 是一条 $[0, 1] \to \Omega$ 的可求长曲线, 使得 $\gamma_{a,b}(0) = a$ 且 $\gamma_{a,b}(1) = b$. 其**测地距离**定义为

$$d(a, b) = \inf_{\gamma \in \mathcal{G}_{a,b}} \mathrm{length}(\gamma_{a,b}), \tag{3.18}$$

其中 $\mathcal{G}_{a,b}$ 表示区域 Ω 内连接 a 和 b 的所有可求长曲线的集合. Ω 的**测地直径**是 Ω 中测地距离的最大值 (参见 [18, 56]):

$$d(\Omega) = \sup_{a,b \in \Omega} d(a, b) = \sup_{a,b \in \Omega} \inf_{\gamma \in \mathcal{G}_{a,b}} \mathrm{length}(\gamma_{a,b}). \tag{3.19}$$

称区域 Ω 满足**乘子控制条件** (参见 [7, 27, 56]), 若存在 $x_0 \in \mathbb{R}^m$, 使得

$$(x - x_0) \cdot \nu(x) > 0, \quad \forall x \in \Gamma, \tag{3.20}$$

其中 " $\cdot$ " 表示 $\mathbb{R}^m$ 中的内积, 而 $\nu(x)$ 表示 Γ 上的单位外法向量. 在此情形下, Ω 的测地直径就化为欧氏直径

$$d_0(\Omega) = \max_{a,b \in \Omega} |a - b|. \tag{3.21}$$

定理 3.2 设 $\Omega \subset \mathbb{R}^m$ 是具光滑边界 Γ 的有界区域, 且 ω 是 Ω 的一个子区域. 若在空间 $(L^2(\Omega) \times H^{-1}(\Omega))^N$ 中, 系统 (I*) 在区间 $[0, T]$ 上 D-能观, 那么控

制矩阵 D 满足 Kalman 秩条件 (3.15). 反之, 若控制矩阵 D 满足 Kalman 秩条件 (3.15), 那么当 $T > 2d(\Omega)$ 时, 其中 $d(\Omega)$ 为由 (3.19) 定义的 Ω 的测地直径, 系统 (I*) 在空间 $(L^2(\Omega) \times H^{-1}(\Omega))^N$ 中在区间 $[0, T]$ 上 D-能观.

证 假设条件 (3.15) 不成立, 那么可以找到一个整数 $d > 0$, 使得

$$\mathrm{rank}(D, AD, \cdots, A^{N-1}D) = N - d. \tag{3.22}$$

由引理 2.1, 存在 A^{T} 的一个包含在 $\mathrm{Ker}(D^{\mathrm{T}})$ 中的 d 维不变子空间 V. 由于

$$\mathcal{V} = \{\phi E : \ \phi \in \mathcal{D}(\Omega), \ E \in V\}$$

是微分算子 $-\Delta + A^{\mathrm{T}}$ 的一个不变子空间, 系统 (I*) 在空间 $\mathcal{V} \subset \mathrm{Ker}(D^{\mathrm{T}})$ 中至少存在一个非平凡解, 因此满足内部 D-观测 (I*₁).

反之, 设 $\Phi \in C^0(\mathbb{R}; L^2(\Omega)) \cap C^1(\mathbb{R}; H^{-1}(\Omega))$ 是系统 (I*) 的解, 且满足内部 D-观测 (I*₁). 由于在 ω 中成立 $\chi_\omega \equiv 1$, d'Alembert 算子 $\square = \partial_{tt} - \Delta$ 与内部 D-观测可交换:

$$D^{\mathrm{T}}\chi_\omega \square \Phi = \square D^{\mathrm{T}}\chi_\omega \Phi, \quad \Phi \in \mathcal{D}'((0, T) \times \omega). \tag{3.23}$$

将 $D^{\mathrm{T}}\chi_\omega$ 作为乘子作用在系统 (I*) 上, 就得到在空间 $\mathcal{D}'((0, T) \times \omega)$ 中成立

$$\square D^{\mathrm{T}}\chi_\omega \Phi + D^{\mathrm{T}}A^{\mathrm{T}}\chi_\omega \Phi = 0.$$

再注意到 (I*₁), 在空间 $\mathcal{D}'((0, T) \times \omega)$ 中就成立

$$D^{\mathrm{T}}A^{\mathrm{T}}\chi_\omega \Phi = 0. \tag{3.24}$$

类似于 (3.23), 在空间 $\mathcal{D}'((0, T) \times \omega)$ 中成立

$$D^{\mathrm{T}}A^{\mathrm{T}}\chi_\omega \square \Phi = \square D^{\mathrm{T}}A^{\mathrm{T}}\chi_\omega \Phi. \tag{3.25}$$

将 $D^{\mathrm{T}}A^{\mathrm{T}}\chi_\omega$ 作为乘子作用在系统 (I*) 上, 可得

$$\square D^{\mathrm{T}}A^{\mathrm{T}}\chi_\omega\Phi + D^{\mathrm{T}}(A^2)^{\mathrm{T}}\chi_\omega\Phi = 0.$$

再一次注意到 (I$_1^*$), 在空间 $\mathcal{D}'((0,T)\times\omega)$ 中就成立

$$D^{\mathrm{T}}(A^2)^{\mathrm{T}}\chi_\omega\Phi = 0.$$

重复这个过程, 可得在空间 $\mathcal{D}'((0,T)\times\omega)$ 中成立

$$D^{\mathrm{T}}\chi_\omega\Phi = D^{\mathrm{T}}A^{\mathrm{T}}\chi_\omega\Phi = D^{\mathrm{T}}(A^2)^{\mathrm{T}}\chi_\omega\Phi = \cdots = 0,$$

即在空间 $\mathcal{D}'((0,T)\times\omega)$ 中成立

$$\chi_\omega\Phi^{\mathrm{T}}(D, AD, \cdots, A^{N-1}D) = 0.$$

由 (3.15), Kalman 矩阵 $(D, AD, \cdots, A^{N-1}D)$ 是行满秩的, 于是在空间 $\mathcal{D}'((0,T)\times\omega)$ 中成立

$$\Phi = 0.$$

最后, 当 $T > 2d(\Omega)$ 时, 由 Holmgren 唯一性定理 (参见 [10, 27, 56]), 在空间 $\mathcal{D}'((0,T)\times\Omega)$ 中成立

$$\Phi = 0.$$

定理得证. $\qquad\qquad\qquad\qquad\qquad\qquad\qquad\qquad\qquad\qquad\quad\square$

§3. 逼近内部能控性

综合定理 3.1 和定理 3.2, 我们有如下重要的结果.

定理 3.3 设 $\Omega \subset \mathbb{R}^m$ 是具光滑边界 Γ 的有界区域, 而 ω 是 Ω 的一个子区域. 若系统 (I) 在空间 $(H_0^1(\Omega) \times L^2(\Omega))^N$ 中逼近能控, 那么控制矩阵 D 必满足 Kalman 秩条件 (3.15). 反之, 若控制矩阵 D 满足 Kalman 秩条件 (3.15), 那么在空间 $(H_0^1(\Omega) \times L^2(\Omega))^N$ 中, 系统 (I) 在时刻 $T > 2d(\Omega)$ 逼近能控, 其中 $d(\Omega)$ 为由 (3.19) 定义的 Ω 的测地直径.

注 3.1 由 (3.23) 和 (3.25) 等关系式, 内部 D-观测的情形与常微分方程的情形几乎一样 (参见 [22]). 这是在对耦合阵 A 及子区域 ω 不加任何附加限制的情况下, Kalman 秩条件是伴随系统 (I*) 具唯一解的充分条件的原因. 此方法类似于 [41] 中具全局分布阻尼的 Kirchhoff 板的稳定性.

注 3.2 观测时间 $T > 2d(\Omega)$ 不依赖于 rank(D) 及耦合阵 A 的阶数 N. 这与单个波动方程的情形一致, 而与边界观测的情况有本质的不同: 在边界观测的情形, 观测时间 $T > 0$ 依赖于算子 $-\Delta + A$ 的谱密度、控制矩阵 D 的秩以及方程的个数 N; 此外, 观测时间 $T > 0$ 一般不能明确表示 (参见 [36, 78, 79])!

注 3.3 本章给出的思想可以很容易地应用于其他问题, 例如本专著第 II 部分中具混合内部和边界控制的波动方程系统. 数值方面的相关情况可参见 [16].

第四章

间接内部控制

间接阻尼的概念是由 Russell 在 1967 年提出的 (参见 [68]). 关于间接阻尼, 我们关注的是由一个方程引起的耗散是否能充分地传递到其他方程, 以实现整个系统的稳定性 (波方程的相关研究可参见 [3, 12, 60], 波/热方程的相关研究可参见 [66, 67]). 此外, 如 [19, 65] 所示, 间接阻尼的有效性以一种非常复杂的方式依赖于所有相关的因素, 如耦合的性质、边界耗散的阶数、隐藏的正则性、相关的边界条件及许多其他相关因素.

系统 (I) 由作用于子区域 ω 上的 H 直接控制, 也由耦合项 AU 间接控制. 此外, 根据定理 3.2, 系统 (I) 逼近能控当且仅当控制矩阵 D 满足 Kalman 秩条件 (3.15). 看上去 $\mathrm{rank}(D, AD, \cdots, A^{N-1}D)$ 是一个很好的控制指标, 但我们无法得知这些控制是什么, 也无法得知它们是如何干预系统的.

本章的内容主要取自 [44]. 我们试图阐述间接控制的意义及其作用机制, 基本的想法是将系统 (I) 投影到子空间 $\mathrm{Ker}(D^{\mathrm{T}})$ 上, 以获得一个没有直接控制的系统.

§1. 一个代数的化约过程

我们首先用一个简单的例子来说明主要思想, 然后给出一般的化约过程.

例. 考察如下的系统:

$$
\begin{cases}
u_1'' - \Delta u_1 + u_2 = 0, & (t,x) \in (0,+\infty) \times \Omega, \\
u_2'' - \Delta u_2 + u_3 = 0, & (t,x) \in (0,+\infty) \times \Omega, \\
u_3'' - \Delta u_3 = h, & (t,x) \in (0,+\infty) \times \Omega, \\
u_1 = u_2 = u_3 = 0, & (t,x) \in (0,+\infty) \times \Gamma.
\end{cases}
\tag{4.1}
$$

第一步, 记

$$
A = \begin{pmatrix} 0 & 1 & 0 \\ 0 & 0 & 1 \\ 0 & 0 & 0 \end{pmatrix}, \quad D = \begin{pmatrix} 0 \\ 0 \\ 1 \end{pmatrix},
$$

于是有

$$
\mathrm{Ker}(D^{\mathrm{T}}) = \mathrm{Span}\left\{ \begin{pmatrix} 1 \\ 0 \\ 0 \end{pmatrix}, \begin{pmatrix} 0 \\ 1 \\ 0 \end{pmatrix} \right\}.
$$

将 $\mathrm{Ker}(D^{\mathrm{T}})$ 的行向量 $(1,0,0)$ 和 $(0,1,0)$ 分别作用到系统 (4.1) 上, 可得

$$
\begin{cases}
u_1'' - \Delta u_1 + u_2 = 0, & (t,x) \in (0,+\infty) \times \Omega, \\
u_2'' - \Delta u_2 = -u_3, & (t,x) \in (0,+\infty) \times \Omega, \\
u_1 = u_2 = 0, & (t,x) \in (0,+\infty) \times \Gamma.
\end{cases}
\tag{4.2}
$$

注意到化约系统 (4.2) 是关于变量 u_1 和 u_2 的, 因此在第一步中, 变量 $h^{(1)} = -u_3$ 可以形式地视为出现在系统 (4.2) 中的内部控制. 然而, $h^{(1)}$ 的值是不能自由选择的, 因此我们称之为**间接内部控制**.

第二步, 记

$$
A_1 = \begin{pmatrix} 0 & 1 \\ 0 & 0 \end{pmatrix}, \quad D_1 = \begin{pmatrix} 0 \\ -1 \end{pmatrix},
$$

于是有

$$\mathrm{Ker}(D_1^{\mathrm{T}}) = \mathrm{Span}\left\{\begin{pmatrix} 1 \\ 0 \end{pmatrix}\right\}.$$

将 $\mathrm{Ker}(D_1^{\mathrm{T}})$ 的行向量 $(1,0)$ 作用到系统 (4.2), 可得

$$\begin{cases} u_1'' - \Delta u_1 = -u_2, & (t,x) \in (0,+\infty) \times \Omega, \\ u_1 = 0, & (t,x) \in (0,+\infty) \times \Gamma. \end{cases} \quad (4.3)$$

这是一个关于变量 u_1 的系统, 其中变量 $h^{(2)} = -u_2$ 可视为一个间接内部控制.

最后, 取

$$A_2 = (0), \quad D_2 = (-1).$$

由于 $\mathrm{Ker}(D_2^{\mathrm{T}}) = (0)$, 化约过程结束.

通过这种方式, 我们将原系统 (4.1) 分解为两个子系统 (4.2) 和 (4.3), 从而对原系统 (4.1), 除了直接控制 h 之外, 我们还发现了两个间接内部控制 $h^{(1)}$ 和 $h^{(2)}$, 它们分别隐藏在子系统 (4.2) 和 (4.3) 中.

接下来, 我们描述投影的一般过程.

令

$$N_0 = N, \quad A_0 = A, \quad D_0 = D,$$

其中 A_0 是一个 N_0 阶矩阵, D_0 是一个 $N_0 \times M$ 矩阵, 但 D_0 不一定是一个列满秩矩阵.

令

$$\mathrm{Ker}(D_0^{\mathrm{T}}) = \mathrm{Span}\{d_1, \cdots, d_{N_1}\}. \quad (4.4)$$

记

$$K_0 = (d_1, \cdots, d_{N_1}), \quad (4.5)$$

其中

$$N_1 = N_0 - \mathrm{rank}(D_0).$$

特别地, 我们有

$$D_0^{\mathrm{T}} K_0 = 0. \tag{4.6}$$

首先, 注意到

$$\mathrm{Im}(K_0) \bigoplus \mathrm{Im}(D_0) = \mathrm{Ker}(D_0^{\mathrm{T}}) \bigoplus \mathrm{Im}(D_0) = \mathbb{R}^N, \tag{4.7}$$

必存在一个 N_1 阶矩阵 A_1 和一个 $N_1 \times M$ 矩阵 D_1, 使成立

$$A_0^{\mathrm{T}} K_0 = K_0 A_1^{\mathrm{T}} - D_0 D_1^{\mathrm{T}}. \tag{4.8}$$

由于 K_0 是一个列满秩矩阵, 因此 A_1 是唯一确定的. 然而, 由于 D_0 可能不是列满秩矩阵, 为了保证 D_1 的唯一性, 我们要求

$$\mathrm{Im}(D_1^{\mathrm{T}}) \cap \mathrm{Ker}(D_0) = \{0\}. \tag{4.9}$$

于是, 注意到 (4.6), 将 K_0^{T} 作用到系统 (I) 上, 并记

$$U_1 = K_0^{\mathrm{T}} U, \quad H_1 = D_0^{\mathrm{T}} U, \tag{4.10}$$

可得

$$\begin{cases} U_1'' - \Delta U_1 + A_1 U_1 = D_1 H_1, & (t, x) \in (0, +\infty) \times \Omega, \\ U_1 = 0, & (t, x) \in (0, +\infty) \times \Gamma. \end{cases} \tag{4.11}$$

投影系统 (4.11) 一般不是自封闭的, 它可以看作是在内部控制 H_1 作用下的一个关于化约变量 U_1 的系统.

类似地, 多次通过投影, 对于 $l = 2, 3, \cdots$, 我们得到

$$
\begin{cases}
U''_{l-1} - \Delta U_{l-1} + A_{l-1} U_{l-1} = D_{l-1} H_{l-1}, & (t, x) \in (0, +\infty) \times \Omega, \\
U_{l-1} = 0, & (t, x) \in (0, +\infty) \times \Gamma.
\end{cases}
\tag{4.12}
$$

对 $l = 1, 2, \cdots$, 令

$$
N_l = N_{l-1} - \mathrm{rank}(D_{l-1}).
\tag{4.13}
$$

定义

$$
\mathrm{Ker}(D_{l-1}^{\mathrm{T}}) = \mathrm{Span}\{d_1, \cdots, d_{N_l}\}, \quad K_{l-1} = (d_1, \cdots, d_{N_l}).
\tag{4.14}
$$

特别地, 我们有

$$
D_{l-1}^{\mathrm{T}} K_{l-1} = 0.
\tag{4.15}
$$

注意到

$$
\mathrm{Im}(K_{l-1}) \bigoplus \mathrm{Im}(D_{l-1}) = \mathrm{Ker}(D_{l-1}^{\mathrm{T}}) \bigoplus \mathrm{Im}(D_{l-1}) = \mathbb{R}^{N_{l-1}},
\tag{4.16}
$$

必存在 N_l 阶矩阵 A_l 和 $N_l \times M$ 矩阵 D_l, 使成立

$$
K_{l-1}^{\mathrm{T}} A_{l-1} = A_l K_{l-1}^{\mathrm{T}} - D_l D_{l-1}^{\mathrm{T}}.
\tag{4.17}
$$

于是, 注意到 (4.15), 成立

$$
K_{l-1}^{\mathrm{T}} K_{l-1} A_l^{\mathrm{T}} = K_{l-1}^{\mathrm{T}} A_{l-1}^{\mathrm{T}} K_{l-1}
\tag{4.18}
$$

及

$$
D_{l-1}^{\mathrm{T}} D_{l-1} D_l^{\mathrm{T}} = -D_{l-1}^{\mathrm{T}} A_{l-1}^{\mathrm{T}} K_{l-1}.
\tag{4.19}
$$

由于 K_{l-1} 是列满秩矩阵, 于是有 $\mathrm{Ker}(K_{l-1}) = \{0\}$. 进而由 (4.18), 可得

$$
A_l^{\mathrm{T}} = (K_{l-1}^{\mathrm{T}} K_{l-1})^{-1} K_{l-1}^{\mathrm{T}} A_{l-1}^{\mathrm{T}} K_{l-1}.
\tag{4.20}
$$

然而, 由于 D_{l-1} 可能不是列满秩矩阵, 因此一般 $\mathrm{Ker}(D_{l-1}) \neq \{0\}$. 为通过关系式 (4.19) 唯一地确定矩阵 D_l, 类似于 (4.9), 我们要求

$$\mathrm{Im}(D_l^{\mathrm{T}}) \cap \mathrm{Ker}(D_{l-1}) = \{0\}. \tag{4.21}$$

于是, 将 K_{l-1}^{T} 作用到系统 (4.12) 上, 并记

$$U_l = K_{l-1}^{\mathrm{T}} U_{l-1}, \quad H_l = D_{l-1}^{\mathrm{T}} U_{l-1}, \tag{4.22}$$

可得

$$\begin{cases} U_l'' - \Delta U_l + A_l U_l = D_l H_l, & (t,x) \in (0,+\infty) \times \Omega, \\ U_l = 0, & (t,x) \in (0,+\infty) \times \Gamma. \end{cases} \tag{4.23}$$

我们继续这个投影过程, 直到

(i) 要么 $D_L = 0$. 此时, 我们得到一个自封闭的保守系统

$$\begin{cases} U_L'' - \Delta U_L + A_L U_L = 0, & (t,x) \in (0,+\infty) \times \Omega, \\ U_L = 0, & (t,x) \in (0,+\infty) \times \Gamma, \end{cases} \tag{4.24}$$

它不是逼近能控的, 因此原系统 (I) 也不是逼近能控的;

(I) 要么 $\mathrm{Ker}(D_L^{\mathrm{T}}) = \{0\}$. 此时, 我们得到一个非自封闭的系统

$$\begin{cases} U_L'' - \Delta U_L + A_L U_L = D_L H_L, & (t,x) \in (0,+\infty) \times \Omega, \\ U_L = 0, & (t,x) \in (0,+\infty) \times \Gamma. \end{cases} \tag{4.25}$$

由于控制矩阵 D_L 是行满秩的, 这种情况对于得到系统 (4.25) 的逼近能控性是有利的, 但是我们不知道原系统 (I) 是不是逼近能控.

在本节的最后, 我们给出两个例子来进一步说明上述化约过程.

例. 考察如下的系统:

$$
\begin{cases}
u_1'' - \Delta u_1 + u_2 = 0, & (t,x) \in (0, +\infty) \times \Omega, \\
u_2'' - \Delta u_2 = h, & (t,x) \in (0, +\infty) \times \Omega, \\
v_1'' - \Delta v_1 + v_2 = 0, & (t,x) \in (0, +\infty) \times \Omega, \\
v_2'' - \Delta v_2 = h, & (t,x) \in (0, +\infty) \times \Omega, \\
u_1 = v_1 = u_2 = v_2 = 0, & (t,x) \in (0, +\infty) \times \Gamma.
\end{cases}
\tag{4.26}
$$

记

$$
A_0 = \begin{pmatrix} 0 & 1 & 0 & 0 \\ 0 & 0 & 0 & 0 \\ 0 & 0 & 0 & 1 \\ 0 & 0 & 0 & 0 \end{pmatrix}, \quad D_0 = \begin{pmatrix} 0 \\ 1 \\ 0 \\ 1 \end{pmatrix}.
$$

注意到 (4.4)—(4.5), 可以取

$$
K_0 = \begin{pmatrix} 1 & 0 & 0 \\ 0 & 0 & 1 \\ 0 & 1 & 0 \\ 0 & 0 & -1 \end{pmatrix}.
$$

第一步, 在 (4.19)—(4.20) 中取 $l = 1$, 通过直接的计算可得

$$
D_1^{\mathrm{T}} = -(D_0^{\mathrm{T}} D_0)^{-1} D_0^{\mathrm{T}} A_0^{\mathrm{T}} K_0 = -\frac{1}{2}(1, 1, 0)
$$

及

$$
A_1^{\mathrm{T}} = (K_0^{\mathrm{T}} K_0)^{-1} K_0^{\mathrm{T}} A_0^{\mathrm{T}} K_0 = \frac{1}{2} \begin{pmatrix} 0 & 0 & 0 \\ 0 & 0 & 0 \\ 1 & -1 & 0 \end{pmatrix}.
$$

将 K_0^{T} 作用到系统 (4.26) 上, 可得

$$
\begin{cases}
u_1'' - \Delta u_1 + \dfrac{\eta_1}{2} = -\dfrac{h_1}{2}, & (t, x) \in (0, +\infty) \times \Omega, \\[2mm]
v_1'' - \Delta v_1 - \dfrac{\eta_1}{2} = -\dfrac{h_1}{2}, & (t, x) \in (0, +\infty) \times \Omega, \\[2mm]
\eta_1'' - \Delta \eta_1 = 0, & (t, x) \in (0, +\infty) \times \Omega, \\[2mm]
u_1 = v_1 = \eta_1 = 0, & (t, x) \in (0, +\infty) \times \Gamma,
\end{cases}
\tag{4.27}
$$

其中

$$
U_1 = K_0^{\mathrm{T}} U_0 = \begin{pmatrix} u_1 \\ v_1 \\ u_2 - v_2 =: \eta_1 \end{pmatrix},
$$

而

$$
H_1 = D_0^{\mathrm{T}} U_0 = u_2 + v_2 =: h_1.
$$

这是一个关于变量 u_1, v_1 和 η_1 的系统. 而 h_1 可视作系统 (4.27) 的一个内部控制.

第二步, 将 $l = 2$ 时的 (4.19)—(4.20) 作用如下矩阵

$$
A_1 = \frac{1}{2} \begin{pmatrix} 0 & 0 & 1 \\ 0 & 0 & -1 \\ 0 & 0 & 0 \end{pmatrix}, \quad D_1 = -\frac{1}{2} \begin{pmatrix} 1 \\ 1 \\ 0 \end{pmatrix}, \quad K_1 = \begin{pmatrix} 0 & 1 \\ 0 & -1 \\ 1 & 0 \end{pmatrix},
$$

可得

$$
A_2 = \begin{pmatrix} 0 & 0 \\ 1 & 0 \end{pmatrix}, \quad D_2 = \begin{pmatrix} 0 \\ 0 \end{pmatrix}.
$$

将 K_1^{T} 作用到系统 (4.27) 上, 可得

$$
\begin{cases}
\eta_1'' - \Delta \eta_1 = 0, & (t, x) \in (0, +\infty) \times \Omega, \\[2mm]
\eta_2'' - \Delta \eta_2 + \eta_1 = 0, & (t, x) \in (0, +\infty) \times \Omega, \\[2mm]
\eta_1 = \eta_2 = 0, & (t, x) \in (0, +\infty) \times \Gamma,
\end{cases}
\tag{4.28}
$$

其中

$$U_2 = K_1^{\mathrm{T}} U_1 = \begin{pmatrix} \eta_1 \\ u_1 - v_1 =: \eta_2 \end{pmatrix}.$$

由于 $D_2 = (0)$, 停止投影过程.

我们有

$$\mathrm{rank}(D_0, A_0 D_0, A_0^2 D_0, A_0^3 D_0) = 2, \quad \mathrm{rank}(D_1, A_1 D_1, A_1^2 D_1) = 2.$$

由于 $(A_0, D_0), (A_1, D_1)$ 和 (A_2, D_2) 不满足 Kalman 秩条件 (3.15). 根据定理 3.2, 系统 (4.26) 以及两个子系统 (4.27) 和 (4.28) 均不是逼近能控的.

例. 考察如下的系统:

$$\begin{cases} u_1'' - \Delta u_1 + u_1 + u_2 + u_3 = h, & (t,x) \in (0,+\infty) \times \Omega, \\ u_2'' - \Delta u_2 + u_1 + 2u_2 + 3u_3 = h, & (t,x) \in (0,+\infty) \times \Omega, \\ u_3'' - \Delta u_3 + 3u_1 + 2u_2 + u_3 = h, & (t,x) \in (0,+\infty) \times \Omega, \\ u_1 = u_2 = u_3 = 0, & (t,x) \in (0,+\infty) \times \Gamma. \end{cases} \quad (4.29)$$

令

$$A_0 = \begin{pmatrix} 1 & 1 & 1 \\ 1 & 2 & 3 \\ 3 & 2 & 1 \end{pmatrix}, \quad D_0 = \begin{pmatrix} 1 \\ 1 \\ 1 \end{pmatrix}.$$

注意到 (4.4)—(4.5), 可以取

$$K_0 = \begin{pmatrix} 1 & 0 \\ -1 & 1 \\ 0 & -1 \end{pmatrix}.$$

第一步, 在 (4.19)—(4.20) 中取 $l = 1$, 通过直接的计算可得

$$D_1^{\mathrm{T}} = -(D_0^{\mathrm{T}}D_0)^{-1}D_0^{\mathrm{T}}A_0^{\mathrm{T}}K_0 = (1, 0)$$

及

$$A_1^{\mathrm{T}} = (K_0^{\mathrm{T}}K_0)^{-1}K_0^{\mathrm{T}}A_0^{\mathrm{T}}K_0 = \begin{pmatrix} 1 & -2 \\ 1 & -2 \end{pmatrix}.$$

将 K_0^{T} 作用到系统 (4.29) 上, 可得

$$\begin{cases} v_1'' - \Delta v_1 + v_1 + v_2 = h_1, & (t, x) \in (0, +\infty) \times \Omega, \\ v_2'' - \Delta v_2 - 2v_1 - 2v_2 = 0, & (t, x) \in (0, +\infty) \times \Omega, \\ v_1 = v_2 = 0, & (t, x) \in (0, +\infty) \times \Gamma, \end{cases} \tag{4.30}$$

其中

$$U_1 = K_0^{\mathrm{T}}U = \begin{pmatrix} u_1 - u_2 =: v_1 \\ u_2 - u_3 =: v_2 \end{pmatrix},$$

而

$$H_1 = D_0^{\mathrm{T}}U = u_1 + u_2 + u_3 =: h_1.$$

这是一个关于变量 v_1, v_2 的系统, 而 h_1 可视作该系统的一个内部控制.

第二步, 将 $l = 2$ 时的 (4.19)—(4.20) 作用如下矩阵

$$A_1 = \begin{pmatrix} 1 & 1 \\ -2 & -2 \end{pmatrix}, \quad D_1 = \begin{pmatrix} 1 \\ 0 \end{pmatrix}, \quad K_1 = \begin{pmatrix} 0 \\ 1 \end{pmatrix},$$

可得

$$A_2 = (-2), \quad D_2 = (2).$$

将 K_1^{T} 作用到系统 (4.29) 上, 可得

$$
\begin{cases}
v_2'' - \Delta v_2 - 2v_2 = 2h_2, & (t,x) \in (0,+\infty) \times \Omega, \\
v_2 = 0, & (t,x) \in (0,+\infty) \times \Gamma,
\end{cases}
\tag{4.31}
$$

其中

$$
U_2 = K_1^{\mathrm{T}} U_1 =: v_2, \quad H_2 = D_1^{\mathrm{T}} U_1 = v_1 =: h_2.
$$

这是一个关于变量 v_2 的系统, 而 h_2 可视作该系统的一个内部控制. 由于 $\mathrm{Ker}(D_2^{\mathrm{T}}) = \{0\}$, 停止投影过程.

最后, 我们有

$$
\mathrm{rank}(D_0, A_0 D_0, A_0^2 D_0) = 3, \quad \mathrm{rank}(D_1, A_1 D_1) = 2, \quad \mathrm{rank}(D_2) = 1.
$$

对 $l = 0, 1, 2$, (A_l, D_l) 满足 Kalman 秩条件 (3.15). 根据定理 3.2, 原系统 (4.29) 以及两个子系统 (4.30) 和 (4.31) 均逼近能控.

§2. 数学分析

命题 4.1 设 $l\ (1 \leqslant l \leqslant L)$ 是一个整数, 对任何 A_l^{T} 包含在 $\mathrm{Ker}(D_l^{\mathrm{T}})$ 中的不变子空间 V, 存在 A_{l-1}^{T} 包含在 $\mathrm{Ker}(D_{l-1}^{\mathrm{T}})$ 中的一个不变子空间 W, 使得 $\dim(W) = \dim(V)$, 反之亦然.

证 首先, 设 $V \subseteq \mathrm{Ker}(D_l^{\mathrm{T}})$ 是 A_l^{T} 的一个不变子空间. 设 $W = K_{l-1}(V)$ 表示 V 在映射 K_{l-1} 下的像.

对于任意给定的 $y \in W$, 根据 W 的定义, 存在 $x \in V$, 使得 $y = K_{l-1}x$. 将 x^{T} 作用到 (4.17) 上, 可得

$$
x^{\mathrm{T}} K_{l-1}^{\mathrm{T}} A_{l-1} = x^{\mathrm{T}} A_l K_{l-1}^{\mathrm{T}} - x^{\mathrm{T}} D_l D_{l-1}^{\mathrm{T}}.
$$

由于 $x \in V \subseteq \operatorname{Ker}(D_l^{\mathrm{T}})$, 我们有 $x^{\mathrm{T}} D_l D_{l-1}^{\mathrm{T}} = 0$, 于是

$$A_{l-1}^{\mathrm{T}} K_{l-1} x = K_{l-1} A_l^{\mathrm{T}} x. \tag{4.32}$$

此外, 由于 V 是 A_l^{T} 的一个不变子空间, 有 $A_l^{\mathrm{T}} x \in V$, 于是由 (4.32) 可得

$$A_{l-1}^{\mathrm{T}} y = A_{l-1}^{\mathrm{T}} K_{l-1} x = K_{l-1} A_l^{\mathrm{T}} x \in W.$$

由 (4.15), 可得

$$D_{l-1}^{\mathrm{T}} y = D_{l-1}^{\mathrm{T}} K_{l-1} x = 0.$$

因此 W 是 A_{l-1}^{T} 包含在 $\operatorname{Ker}(D_{l-1}^{\mathrm{T}})$ 中的一个不变子空间.

反之, 设 $W \subseteq \operatorname{Ker}(D_{l-1}^{\mathrm{T}})$ 是 A_{l-1}^{T} 的一个不变子空间. 设

$$V = K_{l-1}^{-1}(W) = \{x: \quad K_{l-1} x \in W\}$$

表示在映射 K_{l-1} 下 W 的原像 (参见 [25]). 于是, 对任意给定的 $x \in V$, 存在 $y \in W$, 使得 $K_{l-1} x = y$. 将 x^{T} 作用到 (4.17) 上, 可得

$$x^{\mathrm{T}} K_{l-1}^{\mathrm{T}} A_{l-1} = x^{\mathrm{T}} A_l K_{l-1}^{\mathrm{T}} - x^{\mathrm{T}} D_l D_{l-1}^{\mathrm{T}}. \tag{4.33}$$

从右边将 K_{l-1} 作用到 (4.33) 上, 可得

$$x^{\mathrm{T}} K_{l-1}^{\mathrm{T}} A_{l-1} K_{l-1} = x^{\mathrm{T}} A_l K_{l-1}^{\mathrm{T}} K_{l-1} - x^{\mathrm{T}} D_l D_{l-1}^{\mathrm{T}} K_{l-1}.$$

由 (4.15), 有 $D_{l-1}^{\mathrm{T}} K_{l-1} = 0$, 从而成立

$$x^{\mathrm{T}} K_{l-1}^{\mathrm{T}} A_{l-1} K_{l-1} = x^{\mathrm{T}} A_l K_{l-1}^{\mathrm{T}} K_{l-1}. \tag{4.34}$$

由于 W 是 A_{l-1}^{T} 的一个不变子空间, 我们有 $A_{l-1}^{\mathrm{T}} y \in W$. 根据 V 的定义, 存

在 $\tilde{x} \in V$, 使得 $K_{l-1}\tilde{x} = A_{l-1}^{\mathrm{T}}y$. 注意到 $K_{l-1}x = y$, 由 (4.34) 可以推出

$$\tilde{x}^{\mathrm{T}}K_{l-1}^{\mathrm{T}}K_{l-1} = y^{\mathrm{T}}A_{l-1}K_{l-1} = x^{\mathrm{T}}K_{l-1}^{\mathrm{T}}A_{l-1}K_{l-1} = x^{\mathrm{T}}A_lK_{l-1}^{\mathrm{T}}K_{l-1}.$$

由于矩阵 $K_{l-1}^{\mathrm{T}}K_{l-1}$ 是可逆的, 因此

$$A_l^{\mathrm{T}}x = \tilde{x} \in V,$$

也就是说, V 是 A_l^{T} 的一个不变子空间.

最后, 将 $K_{l-1}x = y$ 和 $A_l^{\mathrm{T}}x = \tilde{x}$ 代入 (4.33) 中, 并注意到 $K_{l-1}\tilde{x} = A_{l-1}^{\mathrm{T}}y$, 可以得到

$$x^{\mathrm{T}}D_lD_{l-1}^{\mathrm{T}} = x^{\mathrm{T}}A_lK_{l-1}^{\mathrm{T}} - x^{\mathrm{T}}K_{l-1}^{\mathrm{T}}A_{l-1} = \tilde{x}^{\mathrm{T}}K_{l-1}^{\mathrm{T}} - y^{\mathrm{T}}A_{l-1} = 0,$$

从而可得 $D_{l-1}D_l^{\mathrm{T}}x = 0$. 由 (4.21), 就有 $D_l^{\mathrm{T}}x = 0$, 于是成立 $V \subseteq \mathrm{Ker}(D_l^{\mathrm{T}})$. 此外, 由于 K_{l-1} 是列满秩矩阵, 因此成立 $\dim(V) = \dim(W)$. 命题得证. □

命题 4.2 成立

$$\mathrm{rank}(D, AD, \cdots, A^{N-1}D) = \sum_{l=0}^{L} \mathrm{rank}(D_l). \tag{4.35}$$

证 对 $1 \leqslant l \leqslant L$, 我们首先证明成立下述关系式:

$$\begin{aligned} &\mathrm{rank}(D_l, A_lD_l, \cdots, A_l^{N_l-1}D_l) \\ =&\mathrm{rank}(D_{l-1}, A_{l-1}D_{l-1}, \cdots, A_{l-1}^{N_{l-1}-1}D_{l-1}) - \mathrm{rank}(D_{l-1}). \end{aligned} \tag{4.36}$$

事实上, 设

$$\mathrm{rank}(D_{l-1}, A_{l-1}D_{l-1}, \cdots, A_{l-1}^{N_{l-1}-1}D_{l-1}) = N_{l-1} - p_{l-1}. \tag{4.37}$$

由引理 2.1, p_{l-1} 是 A_{l-1}^{T} 包含在 $\mathrm{Ker}(D_{l-1}^{\mathrm{T}})$ 中的最大不变子空间的维数. 由命

题 4.1, p_{l-1} 也是 A_l^{T} 包含在 $\mathrm{Ker}(D_l^{\mathrm{T}})$ 中的最大不变子空间的维数. 因此有

$$\mathrm{rank}(D_l, A_l D_l, \cdots, A_l^{N_l-1} D_l) = N_l - p_{l-1}. \tag{4.38}$$

注意到 (4.13), 由 (4.37) 和 (4.38) 可推出 (4.36).

对 (4.36) 式, 将 l 从 1 到 L 求和, 就得到

$$
\begin{aligned}
&\mathrm{rank}(D, AD, \cdots, A^{N-1} D) \\
&= \sum_{l=0}^{L-1} \mathrm{rank}(D_l) + \mathrm{rank}(D_L, A_L D_L, \cdots, A_L^{N_L-1} D_L).
\end{aligned} \tag{4.39}
$$

在化约过程的第 L 步, 要么成立 $D_L = 0$, 从而有

$$\mathrm{rank}(D_L, A_L D_L, \cdots, A_L^{N_L-1} D_L) = \mathrm{rank}(D_L) = 0; \tag{4.40}$$

要么成立 $\mathrm{Ker}(D_L^{\mathrm{T}}) = 0$, 从而有

$$\mathrm{rank}(D_L, A_L D_L, \cdots, A_L^{N_L-1} D_L) = \mathrm{rank}(D_L). \tag{4.41}$$

于是, 将 (4.40) 或 (4.41) 代入 (4.39), 就得到 (4.35). 命题得证. □

命题 4.3 $\mathrm{rank}(D_l, A_l D_l, \cdots, A_l^{N_l-1} D_l) - N_l$ 是一个不依赖于 l $(0 \leqslant l \leqslant L)$ 的常数. 因此, 当且仅当 $\mathrm{Ker}(D_L^{\mathrm{T}}) = \{0\}$ 时, 对所有的 l $(0 \leqslant l \leqslant L)$, Kalman 秩条件

$$\mathrm{rank}(D_l, A_l D_l, \cdots, A_l^{N_l-1} D_l) = N_l \tag{4.42}$$

成立.

证 首先, 根据 (4.13) 和 (4.36), 对于 $1 \leqslant l \leqslant L$, 可得

$$
\begin{aligned}
&\mathrm{rank}(D_l, A_l D_l, \cdots, A_l^{N_l-1} D_l) - N_l \\
&= \mathrm{rank}(D_{l-1}, A_{l-1} D_{l-1}, \cdots, A_{l-1}^{N_{l-1}-1} D_{l-1}) - \mathrm{rank}(D_{l-1}) - N_l \\
&= \mathrm{rank}(D_{l-1}, A_{l-1} D_{l-1}, \cdots, A_{l-1}^{N_{l-1}-1} D_{l-1}) - N_{l-1}.
\end{aligned} \tag{4.43}
$$

接下来, 假设对所有 $l\ (0 \leqslant l \leqslant L)$, 秩条件 (4.42) 都成立. 特别地, 成立

$$\text{rank}(D_L, A_L D_L, \cdots, A_L^{N_L-1} D_L) = N_L. \tag{4.44}$$

由于 $N_L > 0$, 就有 $D_L \neq 0$. 由化约过程的二择一结果, 可得 $\text{Ker}(D_L^{\mathrm{T}}) = \{0\}$.

反之, 假设 $\text{Ker}(D_L^{\mathrm{T}}) = \{0\}$, 由引理 2.1, A_L^{T} 包含在 $\text{Ker}(D_L^{\mathrm{T}})$ 中的最大不变子空间此时化约为 $\{0\}$, 且秩条件 (4.44) 成立. 于是, 从 (4.43) 可以得出, 对所有的 $l\ (1 \leqslant l \leqslant L)$ 都成立秩条件 (4.42). 命题得证. □

由定理 3.2 和命题 4.3, 我们立刻得到下面的

推论 4.1 系统 (I) 在空间 $(L^2(\Omega) \times H^{-1}(\Omega))^N$ 中逼近能控当且仅当 $\text{Ker}(D_L^{\mathrm{T}}) = \{0\}$ 成立.

§ 3. 间接内部控制

对于 $1 \leqslant l \leqslant L$, H_l 可以形式地视为子系统 (4.23) 中的内部控制. 然而, H_l 的值是由 (4.22) 给出的, 并不能自由选择, 故 $H_l (1 \leqslant l \leqslant L)$ 将称为**间接内部控制**, 相应地, $\text{rank}(D_l)$ 表示其个数. 这样, 原系统 (I) 由 H_0 直接控制, 且由隐藏在子系统 (4.23) 中的内部控制 $H_1, \cdots, H_L$ 间接控制, 这些间接控制是在化约过程中逐步进入子系统的. 此外, (4.35) 很好地证实了先前在 [39] 中引入的总控制数的概念, 这也同时相当好地解释了间接控制.

"直接控制" 或 "间接控制" 的提法与子系统 (4.23) 相关. 对于 $l\ (1 \leqslant l \leqslant L)$, H_l 可以看作是第 l 步中子系统 (4.23) 的直接内部控制, 也可以看作是原始系统 (I) 的间接控制.

命题 4.4 假设系统 (I) 逼近能控, 那么, 对于所有的 $l\ (1 \leqslant l \leqslant L)$, 都成立秩条件 (4.42), 且在间接内部控制 H_l 的作用下, 子系统 (4.23) 逼近能控.

证 首先, 注意到 (3.15), 由命题 4.3 可得

$$\text{rank}(D_l, A_l D_l, \cdots, A_l^{N_l-1} D_l) - N_l$$
$$= \text{rank}(D, AD, \cdots, A^{N-1}D) - N = 0.$$

另一方面, 由 (4.22), 我们有

$$U_l = K_{l-1}^{\mathrm{T}} \cdots K_0^{\mathrm{T}} U_0, \quad 1 \leqslant l \leqslant L.$$

对 $1 \leqslant l \leqslant L$, 由系统 (I) 的逼近能控性可推出子系统 (4.23) 是逼近能控的. 命题得证. □

尽管我们对间接控制 H_l $(1 \leqslant l \leqslant L)$ 的结构还知之甚少, 然而, 下面的结果表明, 间接控制 H_l 应该是足够光滑的, 使得它对子系统 (4.23) 的作用非常微弱, 特别是当 l 变大时.

命题 4.5 设 $\Omega \subset \mathbb{R}^m$ 是具光滑边界 Γ 的有界区域. 对任意给定的 l $(1 \leqslant l \leqslant L)$, 设

$$K_{l-1}^{\mathrm{T}} \cdots K_0^{\mathrm{T}} \widehat{U}_0 \in (H_0^{l+1}(\Omega))^{N_l}, \quad K_{l-1}^{\mathrm{T}} \cdots K_0^{\mathrm{T}} \widehat{U}_1 \in (H_0^l(\Omega))^{N_l}, \tag{4.45}$$

就有

$$U_l \in (C_{\mathrm{loc}}^{l-k}(0, +\infty; H_0^{k+1}(\Omega)))^{N_l}, \quad 0 \leqslant k \leqslant l. \tag{4.46}$$

证 由命题 3.1, 对任意给定的 $(\widehat{U}_0, \widehat{U}_1) \in (H_0^1(\Omega) \times L^2(\Omega))^N$ 和任意给定的 $H \in (L^2(0, +\infty; L^2(\Omega)))^M$, 系统 (I) 的解有如下正则性:

$$U_0 \in (C_{\mathrm{loc}}^0(0, +\infty; H_0^1) \cap C_{\mathrm{loc}}^1(0, +\infty; L^2(\Omega)))^N.$$

对 $l = 1$, 考察化约系统

$$\begin{cases} U_1'' - \Delta U_1 + A_1 U_1 = D_1 H_1, & (t, x) \in (0, +\infty) \times \Omega, \\ U_1 = 0, & (t, x) \in (0, +\infty) \times \Gamma \end{cases} \tag{4.47}$$

及初始条件

$$t = 0: \quad U_1 = K_0^{\mathrm{T}} \widehat{U}_0 \in (H_0^2(\Omega))^{N_1}, \quad U_1' = K_0^{\mathrm{T}} \widehat{U}_1 \in (H_0^1(\Omega))^{N_1}. \tag{4.48}$$

由于右端项

$$H_1 = D_0 U_0 \in (C_{\text{loc}}^0(0, +\infty; H_0^1(\Omega)))^{N_1}, \tag{4.49}$$

问题 (4.47)—(4.48) 的解具如下正则性 (参见 [57] 或 [64]):

$$U_1 \in (C_{\text{loc}}^0(0, +\infty; H_0^2(\Omega)) \cap C_{\text{loc}}^1(0, +\infty; H_0^1(\Omega)) \cap C_{\text{loc}}^2(0, +\infty; L^2(\Omega)))^{N_1}.$$

对一般的 l, 可以容易地通过类似讨论来加以证明. □

第五章

逼近内部同步性

§ 1. 引言

自 2012 年以来, 由偏微分方程支配的耦合系统的精确边界同步性得以研究 (参见 [32, 33]). 最初的研究是从一个具 Dirichlet 边界控制的波动方程耦合系统开始的, 研究内容包括精确边界同步性的充分必要条件、精确同步态的性质、分组精确边界同步性等问题 (参见 [34, 35]). 随后, [36, 39] 研究了具 Dirichlet 边界控制的波动方程耦合系统的逼近边界同步性. 其后, 具 Neumann 边界控制或具 Robin 边界控制的波动方程耦合系统也得到了相应的研究 (Neumann 边界控制情形参见 [30, 37], Robin 边界控制情形参见 [31, 61]). 至于抛物系统的精确同步性可参见 [4, 14, 58, 59, 74]. 而平均能控性是用较少的控制来得到能控性的另一种方法 (参见 [62]).

近年来, 网络上分布参数系统的同步性引起了许多学者的关注. 在这些结果中, 我们引用了在一连通的网络上有关无领导模型的协同性的代表论文 [13] 和领导-追随者模型的同步性的代表论文 [1].

在本章中, 我们将介绍有关逼近内部同步性研究的主要思想和问题, 并在下一章进一步发展有关的考虑.

§2. 逼近内部同步性

定义 5.1 称系统 (I) 在时刻 $T > 0$ (在协同意义下) **逼近内部同步**, 若对任意给定的初值 $(\widehat{U}_0, \widehat{U}_1) \in (H_0^1(\Omega) \times L^2(\Omega))^N$, 在 $(L^2(0, +\infty; L^2(\Omega)))^M$ 中存在一列支集在 $[0, T]$ 中的内部控制序列 $\{H_n\}_{n \in \mathbb{N}}$, 使系统 (I) 的相应解序列 $\{U_n\}_{n \in \mathbb{N}}$, 其中 $U_n = (u_n^{(1)}, \cdots, u_n^{(N)})^{\mathrm{T}}$, 满足下面的条件: 当 $n \to +\infty$ 时, 在空间

$$C_{\mathrm{loc}}^0([T, +\infty); H_0^1(\Omega)) \cap C_{\mathrm{loc}}^1([T, +\infty); L^2(\Omega))$$

中成立

$$u_n^{(k)} - u_n^{(l)} \to 0, \quad \forall 1 \leqslant k, l \leqslant N. \tag{5.1}$$

此外, 称系统 (I) **在牵制意义下逼近同步**, 若在空间

$$C_{\mathrm{loc}}^0([T, +\infty); H_0^1(\Omega)) \cap C_{\mathrm{loc}}^1([T, +\infty); L^2(\Omega))$$

中, 当 $n \to +\infty$ 时, 解序列 $\{U_n\}$ 满足

$$u_n^{(k)} \to u, \quad \forall 1 \leqslant k, l \leqslant N, \tag{5.2}$$

其中 $u = u(t, x)$ 是一个事先未知的函数, 称为**逼近同步态**.

设 C_1 为 $(N-1) \times N$ 行满秩矩阵:

$$C_1 = \begin{pmatrix} 1 & -1 & & & \\ & 1 & -1 & & \\ & & \ddots & \ddots & \\ & & & 1 & -1 \end{pmatrix}, \tag{5.3}$$

它满足

$$\mathrm{Ker}(C_1) = \mathrm{Span}\{e\}, \tag{5.4}$$

其中 $e = (1, \cdots, 1)^{\mathrm{T}}$. 显然, 逼近内部同步性 (5.1) 可等价地改写为: 在空间

$$(C^0_{\mathrm{loc}}([T, +\infty); H^1_0(\Omega)) \cap C^1_{\mathrm{loc}}([T, +\infty); L^2(\Omega)))^{N-1}$$

中, 当 $n \to +\infty$ 时成立

$$C_1 U_n \to 0, \tag{5.5}$$

而 (5.2) 可等价地改写为: 在空间

$$(C^0_{\mathrm{loc}}([T, +\infty); H^1_0(\Omega)) \cap C^1_{\mathrm{loc}}([T, +\infty); L^2(\Omega)))^N$$

中, 当 $n \to +\infty$ 时成立

$$U_n \to ue. \tag{5.6}$$

假设矩阵 A 满足 C_1-相容性条件:

$$A\mathrm{Ker}(C_1) \subseteq \mathrm{Ker}(C_1), \tag{5.7}$$

由引理 2.7 (其中取 $p = 1$) 可知, 存在 $(N-1)$ 阶矩阵 A_1, 使得

$$C_1 A = A_1 C_1. \tag{5.8}$$

将 C_1 作用到系统 (I) 上, 并记 $W_1 = C_1 U$, $D_1 = C_1 D$, 可以得到如下的化约系统:

$$\begin{cases} W_1'' - \Delta W_1 + A_1 W_1 = D_1 \chi_\omega H, & (t, x) \in (0, +\infty) \times \Omega, \\ W_1 = 0, & (t, x) \in (0, +\infty) \times \Gamma. \end{cases} \tag{5.9}$$

这样, 系统 (I) 的逼近内部同步性可以转化成化约系统 (5.9) 的逼近内部能控性. 这是同步性研究中的第一个主要思想.

定理 5.1 设 $\Omega \subset \mathbb{R}^m$ 是具光滑边界 Γ 的有界区域, 而 ω 是 Ω 的一个子区域.

假设 A 满足 C_1-相容性条件 (5.7). 若系统 (I) 在时刻 $T > 0$ 逼近同步, 则成立

$$\text{rank}(C_1(D, AD, \cdots, A^{N-1}D)) = N - 1. \tag{5.10}$$

反之, 若秩条件 (5.10) 成立, 那么系统 (I) 在时刻 $T > 2d(\Omega)$ 逼近同步, 其中 $d(\Omega)$ 为由 (3.19) 定义的 Ω 的测地直径.

证　由引理 2.8 中的 (2.24) (其中取 $p = 1$), 可得

$$\text{rank}(D_1, A_1 D_1, \cdots, A_1^{N-2} D_1) = N - 1. \tag{5.11}$$

应用定理 3.3, 就得到化约系统 (5.9) 的逼近能控性, 从而也就得到了原系统 (I) 的逼近同步性. 定理得证.　　　　　　　　　　　　　　　□

§ 3. C_1-相容性条件

C_1-相容条件 (5.7) 是同步研究的一个关键因素, 它的必要性与 Kalman 矩阵的秩有内在的联系. 我们将首先给出 Kalman 矩阵秩的下界, 然后在 Kalman 秩条件成立的前提下证明 C_1-相容条件的必要性. 这是同步研究中的第二个主要思想.

定理 5.2　设 $\Omega \subset \mathbb{R}^m$ 是具光滑边界 Γ 的有界区域, 而 ω 是 Ω 的一个子区域. 在秩条件

$$\text{rank}(D, AD, \cdots, A^{N-1}D) = N - 1 \tag{5.12}$$

成立的前提下, 若系统 (I) 逼近同步, 那么 A 满足 C_1-相容性条件 (5.7).

证　将 C_1 作用到系统 (I) 上 (其中取 $H = H_n$, $U = U_n$), 并注意到 (5.5), 可得: 在空间 $\mathcal{D}'((T, +\infty) \times \Omega)$ 中, 当 $n \to +\infty$ 时成立

$$C_1 U_n \to 0, \quad C_1 A U_n \to 0.$$

若 A 不满足 C_1-相容性条件 (5.7), 就有

$$\mathrm{Ker}\begin{pmatrix} C_1 \\ C_1 A \end{pmatrix} = \{0\},$$

从而在空间 $\mathcal{D}'((T,+\infty) \times \Omega)$ 中, 当 $n \to +\infty$ 时有

$$U_n \to 0. \tag{5.13}$$

由引理 2.1, 在秩条件 (5.12) 成立的前提下, A^{T} 有一个相应于特征值 a 且包含在 $\mathrm{Ker}(D^{\mathrm{T}})$ 中的特征向量 $\mathcal{E}^{\mathrm{T}}$. 将 $\mathcal{E}^{\mathrm{T}}$ 作用到系统 (I) 上 (其中取 $H = H_n$, $U = U_n$), 并记 $\psi = \mathcal{E}^{\mathrm{T}} U_n$, 就可以得到一个不依赖于所施控制的齐次系统:

$$\begin{cases} \psi'' - \Delta\psi + a\psi = 0, & (t,x) \in (0,+\infty) \times \Omega, \\ \psi = 0, & (t,x) \in (0,+\infty) \times \Gamma, \end{cases} \tag{5.14}$$

这与 (5.13) 矛盾. 定理得证. □

§ 4. 内部牵制同步性

最后, 我们将考虑逼近同步态相对于所施控制的独立性与非逼近能控性之间的关系, 这是同步研究的基本任务之一.

定理 5.3 设 $\Omega \subset \mathbb{R}^m$ 是具光滑边界 Γ 的有界区域, 而 ω 是 Ω 的一个子区域. 那么下述论断等价:

(a) 在 Kalman 秩条件 (5.12) 成立的前提下, 系统 (I) 逼近同步;

(b) 系统 (I) 逼近牵制同步, 且逼近同步态 u 不依赖于所施的控制;

(c) 系统 (I) 逼近牵制同步, 但不逼近能控.

证 $(a) \Longrightarrow (b)$. 在秩条件 (5.10) 和 (5.12) 成立的前提下, 引理 2.5 蕴含着 $V \cap \mathrm{Im}(C_1^{\mathrm{T}}) = \{0\}$, 其中 $V = \mathrm{Ker}(D, AD, \cdots, A^{N-1}D)^{\mathrm{T}}$ 是 A^{T} 包含在 $\mathrm{Ker}(D^{\mathrm{T}})$ 中的

最大不变子空间. 由引理 2.10 (其中取 $p = 1$), 存在 $N \times (N-1)$ 矩阵 Q_1, 使得

$$U_n = \psi e + Q_1 C_1 U_n.$$

注意到 (5.5), 就得到 (5.6) (其中 $u = \psi$), 而同步态 ψ 由 (5.14) 决定, 因此与所施控制无关.

$(b) \implies (c)$. 显然, 逼近能控性蕴含着逼近同步态可以任意选取.

$(c) \implies (a)$. 由定理 3.3, 非逼近能控性蕴含着

$$\mathrm{rank}(D, AD, \cdots, A^{N-1}D) \leqslant N - 1,$$

这与 (5.10) 结合可推出 (5.12). 定理得证.　　　　　　□

第六章

分组逼近内部同步性

基于 Kalman 秩条件的最小性, 在本章将阐明分组逼近同步态不依赖于所施的控制, 不可扩张为其他逼近同步, 分组逼近同步态各分量间的线性无关性以及 C_p-相容性条件的必要性. 本章的内容主要取自 [43, 48, 51].

§1. 分组逼近内部同步性

设 $p \geqslant 1$ 为一整数, 并取整数 $n_0, n_1, \cdots, n_p$ 满足

$$0 = n_0 < n_1 < \cdots < n_p = N, \tag{6.1}$$

且对 $1 \leqslant r \leqslant p$ 成立 $n_r - n_{r-1} \geqslant 2$. 我们将状态变量 U 的分量划分为 p 组:

$$(u^{(1)}, \cdots, u^{(n_1)}), \ (u^{(n_1+1)}, \cdots, u^{(n_2)}), \cdots, (u^{(n_{p-1}+1)}, \cdots, u^{(n_p)}). \tag{6.2}$$

定义 6.1 称系统 (I) 在时刻 $T > 0$ (在协同意义下) **分 p 组逼近同步**, 若对任意给定的初值 $(\widehat{U}_0, \widehat{U}_1) \in (H_0^1(\Omega) \times L^2(\Omega))^N$, 在 $(L^2(0, +\infty; L^2(\Omega)))^M$ 中存在一列支集在 $[0, T]$ 中的内部控制序列 $\{H_n\}_{n \in \mathbb{N}}$, 使得系统 (I) 相应的解序列 $\{U_n\}_{n \in \mathbb{N}}$,

其中 $U_n = (u_n^{(1)}, \cdots, u_n^{(N)})^{\mathrm{T}}$, 满足下面的条件: 当 $n \to +\infty$ 时, 在空间

$$C_{\mathrm{loc}}^0([T, +\infty); H_0^1(\Omega)) \cap C_{\mathrm{loc}}^1([T, +\infty); L^2(\Omega))$$

中成立

$$u_n^{(k)} - u_n^{(l)} \to 0, \quad \forall n_{r-1} + 1 \leqslant k, l \leqslant n_r, \ 1 \leqslant r \leqslant p. \tag{6.3}$$

此外, 称系统 (I) **在牵制意义下分 p 组逼近同步**, 若在空间

$$C_{\mathrm{loc}}^0([T, +\infty); H_0^1(\Omega)) \cap C_{\mathrm{loc}}^1([T, +\infty); L^2(\Omega))$$

中, 当 $n \to +\infty$ 时, 解序列 $\{U_n\}$ 满足

$$u_n^{(k)} \to u_r, \quad \forall n_{r-1} + 1 \leqslant k, l \leqslant n_r, \ 1 \leqslant r \leqslant p, \tag{6.4}$$

其中 $(u_1, \cdots, u_p)^{\mathrm{T}}$ 是事先未知的向量函数, 称为**分 p 组逼近同步态**.

注 6.1 分 p 组逼近同步态 $(u_1, \cdots, u_p)^{\mathrm{T}}$ 依赖于所施的控制, 相应的性质将在后文阐述.

设 C_p 由 (2.10) 给出, 而 $e_1, \cdots, e_p$ 由 (2.12) 定义. 分 p 组逼近同步性 (6.3) 可等价地改写为: 在空间

$$(C_{\mathrm{loc}}^0([T, +\infty); H_0^1(\Omega)) \cap C_{\mathrm{loc}}^1([T, +\infty); L^2(\Omega)))^{N-p}$$

中, 当 $n \to +\infty$ 时成立

$$C_p U_n \to 0. \tag{6.5}$$

而 (6.4) 可等价地改写为: 在空间

$$(C_{\mathrm{loc}}^0([T, +\infty); H_0^1(\Omega)) \cap C_{\mathrm{loc}}^1([T, +\infty); L^2(\Omega)))^N$$

中, 当 $n \to +\infty$ 时成立

$$U_n \to \sum_{r=1}^{p} u_r e_r. \tag{6.6}$$

设矩阵 A 满足 C_p-相容性条件:

$$A\mathrm{Ker}(C_p) \subseteq \mathrm{Ker}(C_p). \tag{6.7}$$

由引理 2.7, 存在 $(N-p)$ 阶矩阵 A_p, 使得

$$C_p A = A_p C_p. \tag{6.8}$$

将 C_p 作用到系统 (I) 上, 并记 $W_p = C_p U$, $D_p = C_p D$, 可得到如下的化约系统:

$$\begin{cases} W_p'' - \Delta W_p + A_p W_p = D_p \chi_\omega H, & (t,x) \in (0,+\infty) \times \Omega, \\ W_p = 0, & (t,x) \in (0,+\infty) \times \Gamma. \end{cases} \tag{6.9}$$

因此, 系统 (I) 的分 p 组逼近内部同步性可以转化成化约系统 (6.9) 的逼近内部能控性.

命题 6.1 假设 C_p-相容性条件 (6.7) 成立, 那么系统 (I) 分 p 组逼近同步当且仅当化约系统 (6.9) 逼近能控.

定理 6.1 设 $\Omega \subset \mathbb{R}^m$ 是具光滑边界 Γ 的有界区域, 而 ω 是 Ω 的一个子区域. 假设 A 满足 C_p-相容性条件 (6.7). 若系统 (I) 在时刻 $T > 0$ 分 p 组逼近同步, 那么

$$\mathrm{rank}(D_p, A_p D_p, \cdots, A_p^{N-p-1} D_p) = N - p, \tag{6.10}$$

或等价地,

$$\mathrm{rank}(C_p(D, AD, \cdots, A^{N-1}D)) = N - p. \tag{6.11}$$

反之, 若秩条件 (6.10) 或 (6.11) 成立, 那么系统 (I) 在时刻 $T > 2d(\Omega)$ 分 p 组逼近同步, 其中 $d(\Omega)$ 为由 (3.19) 定义的 Ω 的测地直径.

证　由命题 6.1 和定理 3.3 直接得证. □

命题 6.2　假设在 C_p-相容性条件(6.7) 成立的前提下, 系统 (I) 在时刻 $T > 0$ 分 p 组逼近同步, 那么, 当初值 $(\widehat{U}_0, \widehat{U}_1)$ 取遍空间 $(H_0^1(\Omega) \times L^2(\Omega))^N$ 时, 分 p 组逼近同步态 $u = (u_1, \cdots, u_p)^{\mathrm{T}}$ 的相应值 (u, u') 取遍空间 $(H_0^1(\Omega) \times L^2(\Omega))^p$.

证　设

$$\mathcal{H} = \sum_{r=1}^{p} e_r \widehat{u}_r, \quad \mathcal{L} = \sum_{r=1}^{p} e_r \widehat{v}_r,$$

其中, 对 $r = 1, \cdots, p$,

$$\widehat{u}_r \in H_0^1(\Omega), \quad \widehat{v}_r \in L^2(\Omega).$$

在 C_p-相容性条件 (6.7) 成立的前提下, 系统 (I) 在其不变子空间 $\mathcal{H} \times \mathcal{L}$ 上生成一个双曲半群. 更准确地说, 对任意给定的初值 $(\widehat{U}_0, \widehat{U}_1) \in \mathcal{H} \times \mathcal{L}$, 在特定控制 $H = 0$ 的作用下, 系统 (I) 相应的解 U 有如下形式:

$$t \geqslant 0: \quad U = \sum_{r=1}^{p} e_r u_r.$$

将上述表达式代入具内部控制 $H = 0$ 的系统 (I) 中, 可得到

$$\begin{cases} u_r'' - \Delta u_r + \displaystyle\sum_{s=1}^{p} \alpha_{sr} u_s = 0, & (t, x) \in (0, +\infty) \times \Omega, \\ u_r = 0, & (t, x) \in (0, +\infty) \times \Gamma, \\ t = 0: \quad u_r = \widehat{u}_r, \quad u_r' = \widehat{v}_r, & x \in \Omega, \end{cases}$$

其中系数 α_{rs} 由下式给出:

$$Ae_r = \sum_{s=1}^{p} \alpha_{rs} e_s, \quad r = 1, \cdots, p.$$

由时间可逆性, 对任给的 $t \geqslant T$, 分 p 组逼近同步态 $u = (u_1, \cdots, u_p)^{\mathrm{T}}$ 的相应值取遍整个空间 $(H_0^1(\Omega) \times L^2(\Omega))^p$. 定理得证. □

§ 2. C_p-相容性条件

在本节, 我们将讨论 C_p-相容性条件 (6.7) 的必要性, 这是系统 (I) 具分 p 组逼近同步性的关键因素.

命题 6.3 设 $V = \mathrm{Span}\{\mathcal{E}_1, \cdots, \mathcal{E}_d\}$ 是 A^{T} 包含在 $\mathrm{Ker}(D^{\mathrm{T}})$ 中的最大不变子空间, 那么系统 (I) 到 V 的投影 $(\psi_1, \cdots, \psi_d)^{\mathrm{T}}$:

$$\psi_r = \mathcal{E}_r^{\mathrm{T}} U, \quad r = 1, \cdots, d \tag{6.12}$$

不依赖于所施的控制.

证 由引理 2.1, 存在系数 $\beta_{rs}(1 \leqslant r, s \leqslant d)$, 使对 $r = 1, \cdots, d$ 成立

$$A^{\mathrm{T}} \mathcal{E}_r = \sum_{s=1}^{d} \beta_{rs} \mathcal{E}_s$$

及

$$D^{\mathrm{T}} \mathcal{E}_r = 0.$$

对 $r = 1, \cdots, d$, 将 $\mathcal{E}_r$ 作用到系统 (I) 上, 就得到

$$\begin{cases} \psi_r'' - \Delta \psi_r + \sum_{s=1}^{d} \beta_{rs} \psi_s = 0, & (t, x) \in (0, +\infty) \times \Omega, \\ \psi_r = 0, & (t, x) \in (0, +\infty) \times \Gamma. \end{cases} \tag{6.13}$$

于是投影 $(\psi_1, \cdots, \psi_d)^{\mathrm{T}}$ 不依赖于所施的控制. 命题得证. □

命题 6.4 设 $\Omega \subset \mathbb{R}^m$ 是具光滑边界 Γ 的有界区域, 而 ω 是 Ω 的一个子区域. 假设系统 (I) 分 p 组逼近同步, 那么必定成立

$$\mathrm{Im}(C_p^{\mathrm{T}}) \cap V = \{0\}, \tag{6.14}$$

其中 C_p 由 (2.10) 给定, 而 V 是 A^{T} 包含在 $\mathrm{Ker}(D^{\mathrm{T}})$ 中的最大不变子空间.

证 由于系统 (I) 分 p 组逼近同步, 对任意给定的初值 $(\widehat{U}_0, \widehat{U}_1) \in (H_0^1(\Omega) \times$

$L^2(\Omega))^N$, 在空间 $(L^2(0,+\infty;L^2(\Omega)))^M$ 中存在一列支集在 $[0,T]$ 中的内部控制序列 $\{H_n\}_{n\in\mathbb{N}}$, 使得系统 (I) (其中 $H=H_n$) 相应的解序列 $\{U_n\}_{n\in\mathbb{N}}$ 满足 (6.5).

记由 (2.2) 给出的子空间 $V=\mathrm{Span}\{\mathcal{E}_1,\cdots,\mathcal{E}_d\}$ 是 A^{T} 包含在 $\mathrm{Ker}(D^{\mathrm{T}})$ 中的最大不变子空间. 假设 $V\cap\mathrm{Im}(C_p^{\mathrm{T}})\neq\{0\}$, 就存在不全为零的 $x_1,\cdots,x_d\in\mathbb{R}$ 以及 $y\in\mathbb{R}^{N-p}$, 使成立

$$\sum_{r=1}^{d}x_r\mathcal{E}_r=C_p^{\mathrm{T}}y,$$

于是有

$$\sum_{r=1}^{d}x_r\psi_r=y^{\mathrm{T}}C_pU_n. \tag{6.15}$$

令 $n\to\infty$ 取极限, 由 (6.5) 易得 (6.15) 的右端项

$$y^{\mathrm{T}}C_pU_n\to0.$$

但由命题 6.3, (6.15) 的左端项不依赖于所施的控制, 于是得到矛盾. 命题得证.　　□

定理 6.2 设 $\Omega\subset\mathbb{R}^m$ 是具光滑边界 Γ 的有界区域, 而 ω 是 Ω 的一个子区域. 假设系统 (I) 在时刻 $T>0$ 分 p 组逼近同步, 那么必成立

$$\mathrm{rank}\,C_p(D,AD,\cdots,A^{N-1}D)=N-p. \tag{6.16}$$

此外, 若控制矩阵 D 满足 Kalman 秩条件:

$$\mathrm{rank}(D,AD,\cdots,A^{N-1}D)=N-p, \tag{6.17}$$

则 A 满足 C_p-相容性条件 (6.7).

证 记 $V=\mathrm{Ker}(D,AD,\cdots,A^{N-1}D)^{\mathrm{T}}$ 是 A^{T} 包含在 $\mathrm{Ker}(D^{\mathrm{T}})$ 中的最大不变子空间. 由命题 6.4, 可得

$$\mathrm{Ker}(D,AD,\cdots,A^{N-1}D)^{\mathrm{T}}\cap\mathrm{Im}(C_p^{\mathrm{T}})=\{0\}. \tag{6.18}$$

由引理 2.5, 有

$$\text{rank } C_p(D, AD, \cdots, A^{N-1}D) = \text{rank}(C_p) = N - p,$$

于是成立 (6.16).

另一方面, 注意到 (6.5), 分别将 $C_p, C_pA, \cdots$ 依次作用在具内部控制 $H = H_n$ 及相应解 $U = U_n$ 的系统 (I) 上, 在空间 $\mathcal{D}'((T, +\infty) \times \Omega)$ 中, 当 $n \to +\infty$ 时, 就有

$$C_pAU_n \to 0, \ C_pA^2U_n \to 0, \cdots \tag{6.19}$$

即在空间 $\mathcal{D}'((T, +\infty) \times \Omega)$ 中, 当 $n \to +\infty$ 时, 成立

$$C_{\widetilde{p}}U_n \to 0, \tag{6.20}$$

其中 $C_{\widetilde{p}}$ 是由 (2.25) 定义的扩张矩阵. 根据命题 6.4 (其中取 $C_p = C_{\widetilde{p}}$), 可得

$$\text{Im}(C_{\widetilde{p}}^{\mathrm{T}}) \cap V = \{0\}. \tag{6.21}$$

从而由引理 2.9, A 满足 C_p-相容性条件 (6.7). 定理得证.　□

§3. 诱导内部同步性

定义 6.2 设 C_q 是由 (2.41)—(2.42) 定义的扩张矩阵. 称系统 (I) 在时刻 $T > 0$ (在协同意义下) **逼近 C_q 同步**, 若对任意给定的初值 $(\widehat{U}_0, \widehat{U}_1) \in (H_0^1(\Omega) \times L^2(\Omega))^N$, 在空间 $(L^2(0, +\infty; L^2(\Omega)))^M$ 中存在一列支集在 $[0, T]$ 中的内部控制序列 $\{H_n\}_{n \in \mathbb{N}}$, 使得系统 (I) 的相应解序列 $\{U_n\}_{n \in \mathbb{N}}$ 满足: 当 $n \to +\infty$ 时, 在空间

$$(C_{\text{loc}}^0([T, +\infty); H_0^1(\Omega)) \cap C_{\text{loc}}^1([T, +\infty); L^2(\Omega)))^{N-q}$$

中成立

$$C_qU_n \to 0. \tag{6.22}$$

此外, 称系统 (I) **在牵制意义下逼近** C_q **同步**, 若存在向量函数 $(v_1, \cdots, v_q)^{\mathrm{T}}$, 使得解序列 $\{U_n\}_{n \in \mathbb{N}}$ 在空间

$$(C^0_{\mathrm{loc}}([T, +\infty); H^1_0(\Omega)) \cap C^1_{\mathrm{loc}}([T, +\infty); L^2(\Omega)))^N$$

中, 当 $n \to +\infty$ 时满足

$$U_n \to \sum_{s=1}^{q} v_s \epsilon_s, \tag{6.23}$$

其中 $(v_1, \cdots, v_q)^{\mathrm{T}}$ 称为**逼近** C_q **同步态**.

若系统 (I) 分 p 组逼近同步, 就称逼近 C_q 同步性为**诱导同步性**.

记

$$\mathbb{D}_p = \{ D : \ \mathrm{rank}\, C_p(D, AD, \cdots, A^{N-1}D) = N - p \}. \tag{6.24}$$

由定理 6.1, 若 A 满足 C_p-相容性条件 (6.7), 则对任意给定的矩阵 $D \in \mathbb{D}_p$, 系统 (I) 在时刻 $T > 2d(\Omega)$ 分 p 组逼近同步, 其中 $d(\Omega)$ 为由 (3.19) 定义的 Ω 的测地直径.

定理 6.3 设 $\Omega \subset \mathbb{R}^m$ 是具光滑边界 Γ 的有界区域, 而 ω 是 Ω 的一个子区域. 假设 A 满足 C_p-相容性条件 (6.7), 则成立

$$\min_{D \in \mathbb{D}_p} \mathrm{rank}(D, AD, \cdots, A^{N-1}D) = N - q, \tag{6.25}$$

其中 q 由 (2.43) 给出.

特别地, 对任意给定的 $D \in \mathbb{D}_p$, 系统 (I) 在时刻 $T > 2d(\Omega)$ 逼近 C_q 同步, 其中 $d(\Omega)$ 为由 (3.19) 定义的 Ω 的测地直径.

证 由引理 2.11, 对任意给定的 $D \in \mathbb{D}_p$, 成立

$$\mathrm{rank}\, C_q(D, AD, \cdots, A^{N-1}D) = N - q. \tag{6.26}$$

于是对任意给定的 $D \in \mathbb{D}_p$, 有

$$\mathrm{rank}(D, AD, \cdots, A^{N-1}D) \geqslant N - q. \tag{6.27}$$

注意到 (2.54), 就有 $D_q \in \mathbb{D}_p$. 于是, 结合 (2.52) 和 (6.27), 就得到 (6.25).

注意到 (2.51) 和 (6.26), 由定理 6.1 (其中取 $C_p = C_q$), 就得到系统 (I) 的逼近 C_q 同步性. 定理得证.　　　　　　　　　　　　　　　　　　□

注 6.2　由定理 6.3, 若系统 (I) 分 p 组逼近同步, 则它实际上逼近 C_q 同步. 在这种情况下, 我们称分 p 组逼近同步性可以拓展为逼近 C_q 同步性. 这种现象是合乎逻辑的, 但也多少让人惊讶.

§4. 分组逼近内部同步的稳定性

我们将研究分组逼近同步态对于所施控制的独立性. 本节和下一节的内容将回答以下的基本问题:

问题 1. 在 Kalman 秩条件 (6.17) 成立的前提下, 对于什么样的耦合阵 A, 系统 (I) 分 p 组逼近同步?

问题 2. 在 Kalman 秩条件 (6.17) 成立的前提下, 若系统 (I) 分 p 组逼近同步, 从控制的角度可以得到什么结果?

问题 3. 一般情形下, 会有什么样的结论? 这些问题在 [40] 曾被提及, 并长期困扰着我们.

下述结果对问题 1 给出了关于耦合阵 A 代数结构的答案.

定理 6.4　设 $\Omega \subset \mathbb{R}^m$ 是具光滑边界 Γ 的有界区域, 而 ω 是 Ω 的一个子区域. 设系统 (I) 分 p 组逼近同步, 则下述论断等价:

(a) 控制矩阵 D 满足 Kalman 秩条件 (6.17);

(b) $\mathrm{Im}(C_p^{\mathrm{T}})$ 是 A^{T} 的一个不变子空间, 且具有一个补空间 V, 使得系统 (I) 到 V 的投影不依赖于所施的控制;

(c) $\mathrm{Im}(C_p^{\mathrm{T}})$ 是 A^{T} 的一个不变子空间, 且具有一个补空间 V, 使得 V 是 A^{T} 包含在 $\mathrm{Ker}(D^{\mathrm{T}})$ 中的不变子空间.

证　$(a) \implies (b)$. 首先, 由定理 6.2, A 满足 C_p-相容性条件 (6.7), 于是由引理 2.4, $\mathrm{Im}(C_p^{\mathrm{T}})$ 是 A^{T} 的一个不变子空间.

注意到 (6.16) 和 (6.17), 引理 2.3 蕴含着 V 是 $\mathrm{Im}(C_p^{\mathrm{T}})$ 的一个补空间, 其中 V 是由 (2.2) 给出的 p 维子空间, 它是 A^{T} 包含在 $\mathrm{Ker}(D^{\mathrm{T}})$ 中的最大不变子空间.

最后, 由命题 6.3 (其中取 $d = p$), 可知系统 (I) 的投影 $(\psi_1, \cdots, \psi_p)^{\mathrm{T}}$ 不依赖于所施的控制.

$(b) \Longrightarrow (c)$. 令 $(\widehat{U}_0, \widehat{U}_1) = (0, 0)$. 由命题 3.1,

$$F: \quad H \to (U, U') \tag{6.28}$$

是由 $(L^2(0, T; L^2(\Omega)))^M$ 到 $(C^0([0, T]; H_0^1(\Omega) \times L^2(\Omega)))^N$ 的连续线性映射. Fréchet 导数 $\widehat{U} \stackrel{\triangle}{=} F'(0)\widehat{H}$ 满足

$$\begin{cases} \widehat{U}'' - \Delta\widehat{U} + A\widehat{U} = D\chi_\omega\widehat{H}, & (t, x) \in (0, +\infty) \times \Omega, \\ \widehat{U} = 0, & (t, x) \in (0, +\infty) \times \Gamma, \\ t = 0: \quad \widehat{U} = \widehat{U}' = 0, & x \in \Omega. \end{cases} \tag{6.29}$$

由于 V 是 $\mathrm{Im}(C_p^{\mathrm{T}})$ 的 p 维补空间, 对任意给定的 $E \in V$, 有

$$A^{\mathrm{T}}E = E_1 + E_2, \quad E_1 \in V, \quad E_2 \in \mathrm{Im}(C_p^{\mathrm{T}}).$$

将 E^{T} 作用到问题 (6.29) 上, 可得

$$\begin{cases} E^{\mathrm{T}}\widehat{U}'' - \Delta E^{\mathrm{T}}\widehat{U} + E_1^{\mathrm{T}}\widehat{U} + E_2^{\mathrm{T}}\widehat{U} = E^{\mathrm{T}}D\chi_\omega\widehat{H}, & (t, x) \in (0, +\infty) \times \Omega, \\ E^{\mathrm{T}}\widehat{U} = 0, & (t, x) \in (0, +\infty) \times \Gamma. \end{cases} \tag{6.30}$$

由于 $E, E_1 \in V$, 投影 $E^{\mathrm{T}}U$ 和 $E_1^{\mathrm{T}}U$ 不依赖于所施的控制, 于是可得 $E^{\mathrm{T}}\widehat{U} = 0$ 和 $E_1^{\mathrm{T}}\widehat{U} = 0$, 从而对任意给定的 $\widehat{H} \in (L^2(0, T; L^2(\Omega)))^M$, 有

$$E_2^{\mathrm{T}}\widehat{U} = E^{\mathrm{T}}D\chi_\omega\widehat{H}. \tag{6.31}$$

在 (6.29) 中取 $\widehat{H} = D^{\mathrm{T}} E h$. 由命题 3.1,

$$\mathcal{R}: \quad h \to (\widehat{U}, \widehat{U}') \tag{6.32}$$

是由 $L^2(0, T; L^2(\Omega))$ 到 $(L^2(0, T; H_0^1(\Omega) \times L^2(\Omega)))^N$ 的连续线性映射, 从而由 [54] 中的定理 4.1, 它是由 $L^2(0, T; L^2(\Omega))$ 到 $(L^2(0, T; L^2(\Omega)))^N$ 的一个紧映射.

另一方面, 由 (6.31), 存在正常数 c, 使成立

$$\|D^{\mathrm{T}} E\| \|h\|_{L^2(0,T;L^2(\Omega))} \leqslant c \|\mathcal{R}h\|_{(L^2(0,T;L^2(\Omega)))^M}. \tag{6.33}$$

从而由 $\mathcal{R}$ 的紧性可得 $D^{\mathrm{T}} E = 0$, 即有 $V \subseteq \mathrm{Ker}(D^{\mathrm{T}})$.

现将 E_2 写成 $E_2 = C_p^{\mathrm{T}} x$ 的形式, 由 (6.31) 可得

$$t \geqslant 0: \quad E_2^{\mathrm{T}} \widehat{U} = x^{\mathrm{T}} C_p \widehat{U} = 0. \tag{6.34}$$

由于 A 满足 C_p-相容性条件 (6.7), 由引理 2.7, 存在 $(N - p) \times N$ 矩阵 A_p, 使成立 $C_p A = A_p C_p$. 将 C_p 作用到问题 (6.29) 上, 并记 $\widehat{W}_p = C_p \widehat{U}$, 可得下述的化约系统:

$$\begin{cases} \widehat{W}_p'' - \Delta \widehat{W}_p + A_p \widehat{W}_p = C_p D \chi_\omega \widehat{H}, & (t, x) \in (0, +\infty) \times \Omega, \\ \widehat{W}_p = 0, & (t, x) \in (0, +\infty) \times \Gamma. \end{cases} \tag{6.35}$$

该系统是逼近能控的, 故状态变量 $\widehat{W}_p = C_p \widehat{U}$ 在时刻 $T > 0$ 可以逼近空间 $(H_0^1(\Omega))^N$ 中任意给定的目标值. 于是由 (6.34) 可得 $x = 0$, 即 $E_2 = 0$. 从而, p 维子空间 V 是 A^{T} 包含在 $\mathrm{Ker}(D^{\mathrm{T}})$ 中的不变子空间.

$(c) \Longrightarrow (a)$. 注意到 $\dim(V) = p$, 由引理 2.1 可得

$$\mathrm{rank}(D, AD, \cdots, A^{N-1} D) \leqslant N - p, \tag{6.36}$$

再结合 (6.16) 可得 (6.17).

定理得证. $\qquad \square$

定理 6.4 (c) 意味着, 在 $\mathrm{Im}(C_p^{\mathrm{T}}) \bigoplus V = \mathbb{R}^N$ 这组基下, A^{T} 应可分块对角化. 下面的结果表明这个代数条件也是充分的.

命题 6.5 设 $\Omega \subset \mathbb{R}^m$ 是具光滑边界 Γ 的有界区域, 而 ω 是 Ω 的一个子区域. 若 $\mathrm{Im}(C_p^{\mathrm{T}})$ 有一个补空间 V, 使得 $\mathrm{Im}(C_p^{\mathrm{T}})$ 和 V 均是 A^{T} 的不变子空间, 那么存在一个满足 Kalman 秩条件 (6.17) 的控制矩阵 D, 使得系统 (I) 在时刻 $T > 2d(\Omega)$ 分 p 组逼近同步, 其中 $d(\Omega)$ 为由 (3.19) 定义的 Ω 的测地直径.

证 设控制矩阵 D 由 $\mathrm{Ker}(D^{\mathrm{T}}) = V$ 定义. 由于 p 维子空间 $\mathrm{Ker}(D^{\mathrm{T}})$ 是 A^{T} 包含在 $\mathrm{Ker}(D^{\mathrm{T}})$ 中的最大不变子空间, 由引理 2.1, 可得

$$\mathrm{rank}(D, AD, \cdots, A^{N-1}D) = N - p$$

及

$$\mathrm{Ker}(D, AD, \cdots, A^{N-1}D)^{\mathrm{T}} = V.$$

于是有

$$\mathrm{Im}(C_p^{\mathrm{T}}) \cap \mathrm{Ker}(D, AD, \cdots, A^{N-1}D)^{\mathrm{T}} = \mathrm{Im}(C_p^{\mathrm{T}}) \cap V = \{0\}.$$

由引理 2.5 可得

$$\mathrm{rank}\, C_p(D, AD, \cdots, A^{N-1}D) = \mathrm{rank}(C_p) = N - p.$$

因 $\mathrm{Im}(C_p^{\mathrm{T}})$ 是 A^{T} 的不变子空间, 由引理 2.4, A 满足 C_p-相容性条件 (6.7). 于是由定理 6.1, 系统 (I) 在时刻 $T > 2d(\Omega)$ 分 p 组逼近同步. 命题得证. □

§5. 分组逼近内部同步的稳定性 (续)

下述定理给出了 §4 中问题 2 的一个相当完整的答案, 揭示了分组逼近同步态不依赖于所施的控制, 分组逼近同步态各个分量间的线性无关性, 以及分组逼近

同步的不可扩张性, 以上所有这些性质都是基于 Kalman 秩条件最小性得到的.

定理 6.5 设 $\Omega \subset \mathbb{R}^m$ 是具光滑边界 Γ 的有界区域, 且 ω 是 Ω 的一个子区域. 设 A 满足 C_p-相容性条件 (6.7), 则下述论断等价:

(a) 在 Kalman 秩条件 (6.17) 成立的前提下, 系统 (I) 分 p 组逼近同步;

(b) 系统 (I) 在牵制意义下分 p 组逼近同步, 且逼近同步态 $(u_1, \cdots, u_p)^{\mathrm{T}}$ 不依赖于所施的控制;

(c) 系统 (I) 在牵制意义下分 p 组逼近同步, 且逼近同步态的分量 $u_1, \cdots, u_p$ 线性无关;

(d) 系统 (I) 在牵制意义下分 p 组逼近同步, 且此牵制意义下的分 p 组逼近同步性不能扩张成其他的分组逼近同步性.

证 $(a) \Longrightarrow (b)$. 由命题 6.4 可得

$$\mathrm{Im}(C_p^{\mathrm{T}}) \cap V = \{0\},$$

其中由 (2.2) 给出的 V 是 A^{T} 包含在 $\mathrm{Ker}(D^{\mathrm{T}})$ 中的最大不变子空间. 由 Kalman 秩条件 (6.17) 和引理 2.10, 存在一个 $N \times (N - p)$ 矩阵 Q_p, 使得

$$U_n = \sum_{r=1}^{p} \psi_r e_r + Q_p C_p U_n. \tag{6.37}$$

注意到 (6.5) 并对 (6.37) 在 $n \to +\infty$ 时取极限, 可得 (6.6), 其中 $u_r = \psi_r$ ($r = 1, \cdots, p$).

记 $V = \mathrm{Span}\{\mathcal{E}_1, \cdots, \mathcal{E}_p\}$. 由命题 6.3 (其中取 $d = p$), 系统 (I) 的投影 $(\psi_1, \cdots, \psi_p)^{\mathrm{T}}$ 不依赖于所施的控制.

$(b) \Longrightarrow (c)$. 假设逼近同步态的分量 $u_1, \cdots, u_p$ 线性相关, 就存在不全为零的系数 $c_1, \cdots, c_p$, 使得对所有的初值 $(\widehat{U}_0, \widehat{U}_1) \in (H_0^1(\Omega) \times L^2(\Omega))^N$, 成立

$$t \geqslant T: \quad \sum_{r=1}^{p} c_r u_r = 0. \tag{6.38}$$

定义扩张矩阵

$$C_{p-1} = \begin{pmatrix} C_p \\ c_{N-p+1} \end{pmatrix}, \tag{6.39}$$

其中行向量 c_{N-p+1} 取为

$$c_{N-p+1} = \frac{c_1}{n_1 - n_0} e_1^{\mathrm{T}} + \cdots + \frac{c_p}{n_p - n_{p-1}} e_p^{\mathrm{T}}. \tag{6.40}$$

由于 $\mathrm{Ker}(C_p) \cap \mathrm{Im}(C_p^{\mathrm{T}}) = \{0\}$, 扩张矩阵 C_{p-1} 行满秩, 且其秩为 $N - p + 1$. 注意到 (6.6) 和 (6.38), 系统 (I) 分 $(p-1)$ 组逼近同步. 由定理 6.3, 系统 (I) 在时刻 $T > 2d(\Omega)$ 逼近 C_q 同步.

记 $C_q A = A_q C_q$ 及 $W_q = C_q U$, 如下化约系统:

$$\begin{cases} W_q'' - \Delta W_q + A_q W_q = C_q D \chi_\omega H, & (t, x) \in (0, +\infty) \times \Omega, \\ W_q = 0, & (t, x) \in (0, +\infty) \times \Gamma \end{cases} \tag{6.41}$$

逼近能控.

令 $C_{pq} = C_p C_q^{\mathrm{T}}$. 由引理 2.13, C_{pq} 是一个 $(N - p) \times (N - q)$ 行满秩矩阵, 其中 $q < p$. 由 (2.59) 和 (6.8) 可得

$$C_{pq} A_q \mathrm{Ker}(C_{pq}) = C_p C_q^{\mathrm{T}} A_q C_q \mathrm{Ker}(C_p) = C_p C_q^{\mathrm{T}} C_q A \mathrm{Ker}(C_p).$$

又注意到 (2.57) 和 (6.7), 有

$$C_p C_q^{\mathrm{T}} C_q A \mathrm{Ker}(C_p) \subseteq C_p \mathrm{Ker}(C_p) = \{0\},$$

因此成立

$$A_q \mathrm{Ker}(C_{pq}) \subseteq \mathrm{Ker}(C_{pq}). \tag{6.42}$$

由引理 2.7 (其中取 $C_p = C_{pq}$), 存在 $(N - p)$ 阶矩阵 A_{pq}, 使得

$$C_{pq} A_q = A_{pq} C_{pq}. \tag{6.43}$$

将 C_{pq} 作用到系统 (6.41) 上, 可得

$$
\begin{cases}
C_{pq}W_q'' - \Delta C_{pq}W_q + A_{pq}C_{pq}W_q = 0, & (t,x) \in (T,+\infty) \times \Omega, \\
C_{pq}W_q = 0, & (t,x) \in (T,+\infty) \times \Gamma,
\end{cases}
\tag{6.44}
$$

从而在

$$
t = T: \quad C_{pq}W_q = 0, \quad C_{pq}W_q' = 0
\tag{6.45}
$$

成立的前提下, 有

$$
t \geqslant T: \quad C_{pq}W_q = 0.
\tag{6.46}
$$

由于化约系统 (6.41) 逼近能控, 对任意给定的 $(W_q(T), W_q'(T)) \in (H_0^1(\Omega) \times L^2(\Omega))^{N-q}$, 在空间 $(L^2(0,+\infty; L^2(\Omega)))^M$ 中存在一列支集在 $[0,T]$ 中的内部控制序列 $\{H_n\}_{n\in\mathbb{N}}$, 使得系统 (I) 具初始值 $(\widehat{U}_0, \widehat{U}_1) = (0,0)$ 所相应的解序列 $\{U_n\}_{n\in\mathbb{N}}$ 在 $n \to +\infty$ 时满足

$$
t = T: \quad C_q(U_n, U_n') \to (W_q, W_q'),
\tag{6.47}
$$

或, 由引理 2.13 中的 (2.57), 解序列 $\{U_n\}_{n\in\mathbb{N}}$ 在 $n \to +\infty$ 时满足

$$
t = T: \quad C_p(U_n, U_n') \to C_{pq}(W_q, W_q').
\tag{6.48}
$$

由 (6.46) 可得, 在空间

$$
(C_{\mathrm{loc}}^0([T,+\infty); H_0^1(\Omega)) \cap C_{\mathrm{loc}}^1([T,+\infty); L^2(\Omega)))^{N-p}
$$

中, 当 $n \to +\infty$ 时成立

$$
C_p(U_n, U_n') \to 0.
\tag{6.49}
$$

由于分 p 组逼近同步态不依赖于所施的控制, 因此 $U \equiv 0$ 是系统 (I) 具初始值 $(\widehat{U}_0, \widehat{U}_1) = (0,0)$ 的唯一的分 p 组逼近同步态. 从而在空间

$$
(C_{\mathrm{loc}}^0([T,+\infty); H_0^1(\Omega) \times L^2(\Omega)))^N
$$

中, 当 $n \to +\infty$ 时成立

$$(U_n, U_n') \to 0. \tag{6.50}$$

当 $n \to +\infty$ 时, 在 (6.47) 中取极限, 可得

$$t = T: \quad W_q = 0.$$

从而由 (6.45) 可得 $\mathrm{Ker}(C_{pq}) = \{0\}$. 于是由 (2.59), 就得到 $\mathrm{Ker}(C_p) \subseteq \mathrm{Ker}(C_q)$, 其中 $q < p$, 矛盾.

$(c) \Longrightarrow (d)$. 假设系统 (I) 可以扩张为另外的逼近 C_q 同步性. 将 C_q 作用到 (6.6) 上, 对所有的初值 $(\widehat{U}_0, \widehat{U}_1) \in (H_0^1(\Omega) \times L^2(\Omega))^N$, 就有

$$t \geqslant T: \quad \sum_{r=1}^{p} C_q e_r u_r = 0.$$

由于 $\mathrm{Ker}(C_q) \subsetneqq \mathrm{Ker}(C_p)$, 存在某个 $r\,(1 \leqslant r \leqslant p)$, 使得 $C_q e_r \neq 0$. 这与 $u_1, \cdots, u_p$ 的线性无关性相矛盾.

$(d) \Longrightarrow (a)$. 记 $\lambda_i\,(1 \leqslant i \leqslant m)$ 为 A^{T} 相应于 Jordan 链:

$$\mathcal{E}_{i0} = 0, \quad A^{\mathrm{T}} \mathcal{E}_{ij} = \lambda_i \mathcal{E}_{ij} + \mathcal{E}_{i,j-1}, \quad 1 \leqslant j \leqslant d_i \tag{6.51}$$

的特征值. 由定理 6.3, 分 p 组逼近同步的不可扩张性蕴含着 $C_q = C_p$. 注意到 (2.41) (其中取 $q = p$), 可以将 $\mathrm{Im}(C_p^{\mathrm{T}})$ 写成如下形式:

$$\mathrm{Im}(C_p^{\mathrm{T}}) = \bigoplus_{i \in I} \mathrm{Span}\{\mathcal{E}_{i1}, \cdots, \mathcal{E}_{id_i}\}. \tag{6.52}$$

由定理 6.2, 对 $\widehat{p} \leqslant p$, 成立

$$\mathrm{rank}(D, AD, \cdots, A^{N-1}D) = N - \widehat{p}. \tag{6.53}$$

由引理 2.1, $\widehat{p}$ 维子空间 $V = \mathrm{Ker}(D, AD, \cdots, A^{N-1}D)^{\mathrm{T}}$ 是 A^{T} 包含在 $\mathrm{Ker}(D^{\mathrm{T}})$ 中

的最大不变子空间. 由命题 6.4 可得

$$V \cap \mathrm{Im}(C_p^{\mathrm{T}}) = V \cap \bigoplus_{i \in I} \mathrm{Span}\{\mathcal{E}_{i1}, \cdots, \mathcal{E}_{id_i}\} = \{0\}. \tag{6.54}$$

因此, 对每个 $i \in I^c$ (I 的补集), 存在一个整数 $\overline{d}_i$ ($1 \leqslant \overline{d}_i \leqslant d_i$), 使得

$$V = \bigoplus_{i \in I^c} \mathrm{Span}\{\mathcal{E}_{i1}, \cdots, \mathcal{E}_{i\overline{d}_i - 1}\} \tag{6.55}$$

且

$$\dim(V) = \sum_{i \in I^c} (\overline{d}_i - 1) = \widehat{p}. \tag{6.56}$$

注意到 I^c 的基数是 p, 若 $\dim(V) = \widehat{p} < p$, 至少存在一个整数 $i_0 \in I^c$, 使得

$$\mathcal{E}_{i_0 1}, \mathcal{E}_{i_0 2}, \cdots, \mathcal{E}_{i_0 \overline{d}_{i_0} - 1} \in V \quad \text{且} \quad \mathcal{E}_{i_0 \overline{d}_{i_0}} \notin V. \tag{6.57}$$

对 $j = 1, \cdots, \overline{d}_{i_0} - 1$, 将 $\mathcal{E}_{i_0 j}$ 作用到系统 (I) 上, 记 $\psi_j = \mathcal{E}_{i_0 j}^{\mathrm{T}} U$ 并注意到 (6.51), 可得

$$\psi_0 = 0, \quad \begin{cases} \psi_j'' - \Delta\psi_j + \lambda_{i_0}\psi_j + \psi_{j-1} = 0, & (t,x) \in (0,+\infty) \times \Omega, \\ \psi_j = 0, & (t,x) \in (0,+\infty) \times \Gamma. \end{cases} \tag{6.58}$$

另一方面, 将 $\mathcal{E}_{i_0 \overline{d}_{i_0}}$ 作用到系统 (I) 上, 并记 $\psi_{\overline{d}_{i_0}} = \mathcal{E}_{i_0 \overline{d}_{i_0}}^{\mathrm{T}} U$, 可得

$$\begin{cases} \psi_{\overline{d}_{i_0}}'' - \Delta\psi_{\overline{d}_{i_0}} + \lambda_{i_0}\psi_{\overline{d}_{i_0}} + \psi_{\overline{d}_{i_0} - 1} = \mathcal{E}_{i_0 \overline{d}_{i_0}}^{\mathrm{T}} D\chi_\omega H, & (t,x) \in (0,+\infty) \times \Omega, \\ \psi_{\overline{d}_{i_0}} = 0, & (t,x) \in (0,+\infty) \times \Gamma. \end{cases} \tag{6.59}$$

注意到 $\psi_{\overline{d}_{i_0} - 1}$ 不依赖于控制, 如下定义 $\overline{\psi}$:

$$\begin{cases} \overline{\psi}'' - \Delta\overline{\psi} + \lambda_{i_0}\overline{\psi} + \psi_{\overline{d}_{i_0} - 1} = 0, & (t,x) \in (0,+\infty) \times \Omega, \\ \overline{\psi} = 0, & (t,x) \in (0,+\infty) \times \Gamma. \end{cases} \tag{6.60}$$

由于 $\overline{\psi}$ 不依赖于控制, 将新变量

$$\widetilde{\psi} = \psi_{\overline{d}_{i_0}} - \overline{\psi} \tag{6.61}$$

插入系统 (6.59), 可得到如下自封闭系统:

$$\begin{cases} \widetilde{\psi}'' - \Delta\widetilde{\psi} + \lambda_{i_0}\widetilde{\psi} = \mathcal{E}_{i_0\overline{d}_{i_0}}^{\mathrm{T}} D\chi_\omega H, & (t,x) \in (0,+\infty) \times \Omega, \\ \widetilde{\psi} = 0, & (t,x) \in (0,+\infty) \times \Gamma. \end{cases} \tag{6.62}$$

这样, 记

$$\widetilde{A} = \begin{pmatrix} A_p & 0 \\ 0 & \lambda_{i_0} \end{pmatrix}, \quad \widetilde{D} = \begin{pmatrix} C_p D \\ \mathcal{E}_{i_0\overline{d}_{i_0}}^{\mathrm{T}} D \end{pmatrix}, \quad \widetilde{W} = \begin{pmatrix} W_p \\ \widetilde{\psi} \end{pmatrix}, \tag{6.63}$$

将两个系统 (6.9) 和 (6.62) 组合在一起, 可以得到一个扩张系统:

$$\begin{cases} \widetilde{W}'' - \Delta\widetilde{W} + \widetilde{A}\widetilde{W} = \widetilde{D}\chi_\omega H, & (t,x) \in (0,+\infty) \times \Omega, \\ \widetilde{W} = 0, & (t,x) \in (0,+\infty) \times \Gamma. \end{cases} \tag{6.64}$$

后面, 我们将验证如下的 Kalman 秩条件:

$$\mathrm{rank}(\widetilde{D}, \widetilde{A}\widetilde{D}, \cdots, \widetilde{A}^{N-p}\widetilde{D}) = N - p + 1. \tag{6.65}$$

由定理 3.3, 系统 (6.64) 在时刻 $T > 2d(\Omega)$ 逼近能控. 于是, 对任意给定的初值 $(\widehat{U}_0, \widehat{U}_1)$, 在空间 $(L^2(0,+\infty; L^2(\Omega)))^M$ 中存在一列支集在 $[0,T]$ 中的内部控制序列 $\{H_n\}_{n\in\mathbb{N}}$, 使得系统 (6.64) 相应的解序列 $\{\widetilde{W}_n\}_{n\in\mathbb{N}}$, 当 $n \to +\infty$ 时, 满足

$$t = T: \quad \widetilde{W}_n = \begin{pmatrix} C_p U_n \\ \mathcal{E}_{i_0\overline{d}_{i_0}}^{\mathrm{T}} U_n - \overline{\psi} \end{pmatrix} \to \begin{pmatrix} 0 \\ -\overline{\psi} \end{pmatrix}, \tag{6.66}$$

也就是说, 当 $n \to +\infty$ 时, 解序列满足

$$t = T: \quad C_p U_n \to 0 \quad \text{和} \quad \mathcal{E}^{\mathrm{T}}_{i_0 \bar{d}_{i_0}} U_n \to 0. \tag{6.67}$$

注意到 H 的支集包含在 $[0, T]$ 中, 由 (6.9), 当 $n \to +\infty$ 时, 成立

$$t \geqslant T: \quad C_p U_n \to 0. \tag{6.68}$$

由牵制意义下分 p 组逼近同步性的定义 6.1, 存在 $u_1, \cdots, u_p$, 使得在空间

$$(C^0_{\mathrm{loc}}([0, +\infty); H^1_0(\Omega)) \cap C^1_{\mathrm{loc}}([0, +\infty); L^2(\Omega)))^N$$

中, 当 $n \to +\infty$ 时, 成立

$$t \geqslant T: \quad U_n \to \sum_{r=1}^{p} e_r u_r. \tag{6.69}$$

对 (6.67) 的第二个式子取极限, 可得

$$t = T: \quad \sum_{r=1}^{p} \mathcal{E}^{\mathrm{T}}_{i_0 \bar{d}_{i_0}} e_r u_r = 0. \tag{6.70}$$

由命题 6.2, 分 p 组逼近同步态 $(u_1, \cdots, u_p)^{\mathrm{T}}$ 取遍子空间 $(H^1_0(\Omega) \times L^2(\Omega))^p$, 从而由 (6.70) 可得

$$\mathcal{E}^{\mathrm{T}}_{i_0 \bar{d}_{i_0}} e_1 = 0, \cdots, \mathcal{E}^{\mathrm{T}}_{i_0 \bar{d}_{i_0}} e_p = 0, \tag{6.71}$$

即 $\mathcal{E}_{i_0 \bar{d}_{i_0}} \in \{\mathrm{Ker}(C_p)\}^{\perp} = \mathrm{Im}(C_p^{\mathrm{T}})$. 注意到 (6.52) 及 $i_0 \in I^c$, 有 $\widehat{p} = p$, 于是得到了矛盾.

最后, 我们验证 Kalman 秩条件 (6.65). 令 $x_p \in \mathbb{R}^{N-p}$ 及 $y \in \mathbb{R}$, 使得

$$\begin{pmatrix} x_p \\ y \end{pmatrix} \in \mathrm{Ker}(\widetilde{D}^{\mathrm{T}}), \quad \begin{pmatrix} A_p^{\mathrm{T}} & 0 \\ 0 & \lambda_{i_0} \end{pmatrix} \begin{pmatrix} x_p \\ y \end{pmatrix} = \lambda_{i_0} \begin{pmatrix} x_p \\ y \end{pmatrix}, \tag{6.72}$$

即

$$\begin{cases} D^{\mathrm{T}}(C_p^{\mathrm{T}} x_p + y\mathcal{E}_{i_0\bar{d}_{i_0}}) = 0, \\ A_p^{\mathrm{T}} x_p = \lambda_{i_0} x_p. \end{cases} \tag{6.73}$$

我们断言 $y = 0$. 若不然, 不失一般性, 可以取 $y = 1$. 由 (6.8) 和 (6.51), 有

$$A^{\mathrm{T}}(\mathcal{E}_{i_0\bar{d}_{i_0}} + C_p^{\mathrm{T}} x_p)$$
$$= A^{\mathrm{T}}\mathcal{E}_{i_0\bar{d}_{i_0}} + \lambda_{i_0} C_p^{\mathrm{T}} x_p$$
$$= \mathcal{E}_{i_0\bar{d}_{i_0}-1} + \lambda_{i_0}(\mathcal{E}_{i_0\bar{d}_{i_0}} + C_p^{\mathrm{T}} x_p).$$

于是子空间

$$V \bigoplus \mathrm{Span}\{\mathcal{E}_{i_0\bar{d}_{i_0}} + C_p^{\mathrm{T}} x_p\} \tag{6.74}$$

是 A^{T} 包含在 $\mathrm{Ker}(D^{\mathrm{T}})$ 中的不变子空间.

下面说明

$$V \cap \mathrm{Span}\{\mathcal{E}_{i_0\bar{d}_{i_0}} + C_p^{\mathrm{T}} x_p\} = \{0\}. \tag{6.75}$$

事实上, 设 $a \in \mathbb{C}$ 满足

$$a(\mathcal{E}_{i_0\bar{d}_{i_0}} + C_p^{\mathrm{T}} x_p) \in V,$$

即

$$aC_p^{\mathrm{T}} x_p \in -a\mathcal{E}_{i_0\bar{d}_{i_0}} + V.$$

由 (6.55) 及 $i_0 \in I^{\mathrm{c}}$, 可得

$$-a\mathcal{E}_{i_0\bar{d}_{i_0}} + V \subseteq \bigoplus_{i \in I^{\mathrm{c}}} \mathrm{Span}\{\mathcal{E}_{i1}, \cdots, \mathcal{E}_{id_i}\}.$$

于是由 (6.52) 可得 $a = 0$.

这样, 由引理 2.1 可得

$$\mathrm{rank}(D, AD, \cdots, A^{N-1}D) < N - \dim(V) = N - q, \qquad (6.76)$$

这与 (6.53) 矛盾. 由引理 2.1 及 (6.73) (其中取 $y = 0$), x_p 成为 A_p^{T} 包含在 $\mathrm{Ker}(D_p^{\mathrm{T}})$ 中的一个特征向量.

另一方面, 由定理 6.1, 可得 (6.10). 由引理 2.1, A_p^{T} 包含在 $\mathrm{Ker}(D_p^{\mathrm{T}})$ 中的最大不变子空间 V_p 化约为 $\{0\}$, 于是 $x_p = 0$. 从而

$$\begin{pmatrix} x_p \\ y \end{pmatrix} = \begin{pmatrix} 0 \\ 0 \end{pmatrix},$$

因此, $\widetilde{A}^{\mathrm{T}}$ 包含在 $\mathrm{Ker}(\widetilde{D}^{\mathrm{T}})$ 中的最大不变子空间化约为 $\{0\}$. 再次由引理 2.1, 可得 (6.65).

定理 6.5 得证. $\qquad\qquad\qquad\qquad\qquad\qquad\qquad\qquad\qquad\qquad\qquad\qquad$ □

§ 6. 牵制意义下的分组内部同步性

定理 6.5 描述了在 $\mathrm{Im}(C_p^{\mathrm{T}}) \bigoplus V$ 这组基下 A^{T} 可分块对角化的情形. 若非如此, 可以通过 (2.41) 所描述的过程将矩阵 C_p 扩张成矩阵 C_q, 从而在 $\mathrm{Im}(C_q^{\mathrm{T}}) \bigoplus V$ 这组基下, A^{T} 可分块对角化. 在这种情形下, 根据定理 6.3, Kalman 矩阵的秩取到最小值 $N - q$, 且系统 (I) 逼近 C_q 同步.

下面的结果将定理 6.5 推广到一般情形, 并回答了 §4 中的问题 3, 说明在一般情形下会发生什么.

定理 6.6 设 $\Omega \subset \mathbb{R}^m$ 是具光滑边界 Γ 的有界区域, 而 ω 是 Ω 的一个子区域. 则下述论断等价:

(a) 在最小秩条件

$$D \in \underset{D \in \mathbb{D}_p}{\arg\min} \, \mathrm{rank}(D, AD, \cdots, A^{N-1}D) \qquad (6.77)$$

成立的前提下, 其中 $\underset{D\in\mathbb{D}_p}{\arg\min}$ 表示在 $\mathbb{D}_p$ 中取最小, 系统 (I) 逼近 C_q 同步;

(b) 系统 (I) 在牵制意义下逼近 C_q 同步, 且逼近 C_q 同步态 $(v_1,\cdots,v_q)^{\mathrm{T}}$ 不依赖于所施的控制;

(c) 系统 (I) 在牵制意义下逼近 C_q 同步, 且逼近 C_q 同步态 $(v_1,\cdots,v_q)^{\mathrm{T}}$ 的各个分量间线性无关;

(d) 系统 (I) 在牵制意义下逼近 C_q 同步, 且此牵制意义下的逼近 C_q 同步性不能扩张成其他分组逼近同步性.

证　根据定理 6.3, 最小秩条件 (6.77) 等价于

$$\mathrm{rank}(D, AD, \cdots, A^{N-1}D) = N - q, \qquad (6.78)$$

其中 q 由 (2.43) 给出. 剩下的证明与定理 6.5 相同.　　　　□

定理 6.7　*设 $\Omega \subset \mathbb{R}^m$ 是具光滑边界 Γ 的有界区域, 而 ω 是 Ω 的一个子区域. 若在最小秩条件 (6.77) 成立的前提下, 系统 (I) 分 p 组逼近同步, 那么系统 (I) 在牵制意义下分 p 组逼近同步.*

证　根据定理 6.6, 系统 (I) 在牵制意义下逼近 C_q 同步. 因 $\mathrm{Ker}(C_q) \subseteq \mathrm{Ker}(C_p)$, 存在系数 c_{rs} $(1 \leqslant r \leqslant p; 1 \leqslant s \leqslant q)$ 使得

$$\epsilon_s = \sum_{r=1}^{p} c_{rs} e_r, \quad s = 1, \cdots, q, \qquad (6.79)$$

于是由 (6.23), 当 $n \to +\infty$ 时, 成立

$$U_n \to \sum_{s=1}^{q} \epsilon_s v_s = \sum_{r=1}^{p} \Big(\sum_{s=1}^{q} c_{rs} v_s \Big) e_r, \qquad (6.80)$$

其中 $e_1, \cdots, e_p$ 由 (2.12) 给出. 于是可以得到系统 (I) 在牵制意义下的分 p 组逼近同步性, 且分 p 组逼近同步态由下式给出:

$$u_r = \sum_{s=1}^{q} c_{rs} v_s, \quad r = 1, \cdots, p. \qquad (6.81)$$

因此, 可将协同意义下的分 p 组逼近同步性与牵制意义下的分 p 组逼近同步性视为同一, 然而, 当 $q < p$ 时, 由 (6.81) 给出的分 p 组逼近同步态的分量不是线性无关的. 定理得证.   □

注 6.3 在 $p = 1$ 的情形下, 定理 6.5 中的 (c) 和 (d) 意味着系统 (I) 不逼近能控, 这与定理 5.3 的表述是一致的.

注 6.4 Kalman 秩条件对于分 p 组逼近同步性的充分性在定理 6.5 的证明中扮演着至关重要的角色, 然而, 我们只在 $(d) \Longrightarrow (a)$ 的证明中用到了这一点. 其他的一些则具有一个抽象的特征, 因此也适用于 [40] 中所考虑的逼近边界同步性.

第七章

精确内部能控性

本章我们证明系统 (I) 具精确能控性当且仅当 $\mathrm{rank}(D) = N$, 即施加 N 个内部控制时成立.

§ 1. 引言

精确能控性已经在 [69] 和 [55] 中得到了充分的研究. 特别地, 对 1-D 问题, 线性波动方程的相关研究可参见 [28, 68], 半线性波动方程的相关研究可参见 [9, 81], 而拟线性波动方程的相关研究可参见 [76, 77]. 两个波动方程所构成的耦合系统在一个控制作用下的能控性可参见 [60, 75]. 高维情形下, 线性波动方程的精确内部能控性结果可参见 [20, 56], 而半线性波动方程的相关研究可参见 [15].

设 Φ 满足如下伴随系统

$$\begin{cases} \Phi'' - \Delta\Phi + A^{\mathrm{T}}\Phi = 0, & (t,x) \in (0,T) \times \Omega, \\ \Phi = 0, & (t,x) \in (0,T) \times \Gamma \end{cases} \tag{7.1}$$

及其初始条件

$$t = 0: \quad \Phi = \widehat{\Phi}_0, \quad \Phi' = \widehat{\Phi}_1, \quad x \in \Omega. \tag{7.2}$$

利用 Hilbert 唯一性方法 (HUM 方法), 要得到系统 (I) 在时刻 $T > 0$ 的精确内部能控性, 只需证明对任意给定的耦合阵 A, 成立

$$\|(\widehat{\Phi}_0, \widehat{\Phi}_1)\|^2_{(L^2(\Omega))^N \times (H^{-1}(\Omega))^N} \sim \int_0^T \int_\omega |\Phi|^2 \mathrm{d}x\mathrm{d}t. \tag{7.3}$$

对任意给定的 $x_0 \in \mathbb{R}^m$, 定义

$$T(x_0) = 2\max_{x \in \overline{\Omega}} |x - x_0|, \quad \Gamma(x_0) = \{x \in \Gamma \,|\, (x - x_0) \cdot \nu(x) > 0\}, \tag{7.4}$$

其中 $\nu(x)$ 为 Γ 上的单位外法向量 (参见 [56] p.271).

在证明 (7.3) 式之前, 我们回顾: 对如下解耦系统:

$$\begin{cases} \widetilde{\Phi}'' - \Delta\widetilde{\Phi} = 0, & (t, x) \in (0, +\infty) \times \Omega, \\ \widetilde{\Phi} = 0, & (t, x) \in (0, +\infty) \times \Gamma \end{cases} \tag{7.5}$$

及其初始条件

$$t = 0: \quad \widetilde{\Phi} = \widetilde{\Phi}_0, \quad \widetilde{\Phi}' = \widetilde{\Phi}_1, \tag{7.6}$$

有如下

命题 7.1 (参见 [56]) 设 $\Omega \subset \mathbb{R}^m$ 是一个具光滑边界 Γ 的有界区域. 对任意给定的 $x_0 \in \mathbb{R}^m$, 假设 ω 是 $\overline{\Gamma}(x_0)$ 在区域 Ω 中的一个邻域, 且 $T > T(x_0)$, 其中 $T(x_0)$ 及 $\Gamma(x_0)$ 由 (7.4) 式定义. 那么对任意给定的初值 $(\widetilde{\Phi}_0, \widetilde{\Phi}_1) \in (H_0^1(\Omega))^N \times (L^2(\Omega))^N$, 问题 (7.5)—(7.6) 的解 $\widetilde{\Phi}$ 满足

$$\|\widetilde{\Phi}_0\|^2_{(H_0^1(\Omega))^N} + \|\widetilde{\Phi}_1\|^2_{(L^2(\Omega))^N} \sim \int_0^T \int_\omega (|\widetilde{\Phi}|^2 + |\widetilde{\Phi}'|^2)\mathrm{d}x\mathrm{d}t. \tag{7.7}$$

为由命题 7.1 得到对任意给定的耦合阵 A 都成立 (7.3), 需要克服一系列的困难 (参见 §2). 因此耦合系统 (I) 的精确内部能控性实际上是一个有待解决的困难问题.

在 §2 中我们将给出: 由 N 个波动方程组成的耦合系统 (I) 精确内部能控当且仅当 $\operatorname{rank}(D) = N$. 第八章和第十章将分别建立系统 (I) 的精确内部同步性和分 p 组精确内部同步性.

§ 2. 精确内部能控性

§ 2.1. 精确内部能控性

定义 7.1 在空间 $(H_0^1(\Omega) \times L^2(\Omega))^N$ 中, 称系统 (I) 在 $T > 0$ 时 **精确零能控**, 若对任意给定的初值 $(\widehat{U}_0, \widehat{U}_1) \in (H_0^1(\Omega))^N \times (L^2(\Omega))^N$, 存在紧支撑于 $[0, T]$ 中的内部控制 $H \in (L^2(0, +\infty; L^2(\Omega)))^M$, 使得系统 (I) 的相应解 $U = U(t, x)$ 满足

$$t \geqslant T: \quad U \equiv 0, \quad x \in \Omega. \tag{7.8}$$

注 7.1 正如在 [56] 中提到的, 系统 (I) 的精确零能控性和精确能控性是等价的.

定理 7.1 设 $\Omega \subset \mathbb{R}^m$ 是具光滑边界 Γ 的一个有界区域. 对任意给定的 $x_0 \in \mathbb{R}^m$, 假设 ω 是 $\overline{\Gamma}(x_0)$ 在 Ω 中的一个邻域, 且设 $T > T(x_0)$, 其中 $T(x_0)$ 及 $\Gamma(x_0)$ 由 (7.4) 式定义. 则存在正常数 c 和 c', 使得对任意给定的初值 $(\widehat{\Phi}_0, \widehat{\Phi}_1) \in (L^2(\Omega))^N \times (H^{-1}(\Omega))^N$, 问题 (7.1)—(7.2) 的解 Φ 满足如下的正向和反向不等式:

$$c \int_0^T \int_\omega |\Phi|^2 \mathrm{d}x\mathrm{d}t \leqslant \|\widehat{\Phi}_0\|^2_{(L^2(\Omega))^N} + \|\widehat{\Phi}_1\|^2_{(H^{-1}(\Omega))^N} \leqslant c' \int_0^T \int_\omega |\Phi|^2 \mathrm{d}x\mathrm{d}t. \tag{7.9}$$

为了证明定理 7.1, 我们首先考虑特殊的情形 $A = 0$, 即解耦的情况.

定理 7.2 在定理 7.1 的假设下, 存在正常数 c 和 c', 使得对任意给定的初值 $(\widetilde{\Phi}_0, \widetilde{\Phi}_1) \in (H_0^1(\Omega))^N \times (L^2(\Omega))^N$, 问题 (7.5)—(7.6) 的解 $\widetilde{\Phi}$ 满足如下的正向和反向不等式:

$$c \int_0^T \int_\omega |\widetilde{\Phi}'|^2 \mathrm{d}x\mathrm{d}t \leqslant \|\widetilde{\Phi}_0\|^2_{(H_0^1(\Omega))^N} + \|\widetilde{\Phi}_1\|^2_{(L^2(\Omega))^N} \leqslant c' \int_0^T \int_\omega |\widetilde{\Phi}'|^2 \mathrm{d}x\mathrm{d}t. \tag{7.10}$$

定理的证明见第 2.2 小节.

推论 7.1 在定理 7.1 的假设下, 存在正常数 c 和 c', 使得对任意给定的初值 $(\widetilde{\Phi}_0, \widetilde{\Phi}_1) \in (L^2(\Omega))^N \times (H^{-1}(\Omega))^N$, 问题 (7.5)—(7.6) 的解 $\widetilde{\Phi}$ 满足如下的正向和反向不等式:

$$c \int_0^T \int_\omega |\widetilde{\Phi}|^2 \mathrm{d}x \mathrm{d}t \leqslant \|\widetilde{\Phi}_0\|^2_{(L^2(\Omega))^N} + \|\widetilde{\Phi}_1\|^2_{(H^{-1}(\Omega))^N} \leqslant c' \int_0^T \int_\omega |\widetilde{\Phi}|^2 \mathrm{d}x \mathrm{d}t. \quad (7.11)$$

证 对任意给定的初值 $(\widetilde{\Phi}_0, \widetilde{\Phi}_1) \in (L^2(\Omega))^N \times (H^{-1}(\Omega))^N$, 设

$$\widehat{\Psi}_0 = (\Delta)^{-1} \widetilde{\Phi}_1, \quad \widehat{\Psi}_1 = \widetilde{\Phi}_0. \quad (7.12)$$

由于 Δ 是由 $H_0^1(\Omega)$ 到 $H^{-1}(\Omega)$ 的一个同构, 有

$$\|\widehat{\Psi}_0\|^2_{(H_0^1(\Omega))^N} + \|\widehat{\Psi}_1\|^2_{(L^2(\Omega))^N} \sim \|\widetilde{\Phi}_0\|^2_{(L^2(\Omega))^N} + \|\widetilde{\Phi}_1\|^2_{(H^{-1}(\Omega))^N}. \quad (7.13)$$

设 Ψ 为问题 (7.5)—(7.6) 的解, 其中初值 $(\widehat{\Psi}_0, \widehat{\Psi}_1)$ 由 (7.12) 给出. 我们有

$$t = 0: \ \Psi' = \widetilde{\Phi}_0, \ \Psi'' = \Delta \widehat{\Psi}_0 = \widetilde{\Phi}_1. \quad (7.14)$$

由适定性, 可得

$$\Psi' = \widetilde{\Phi}. \quad (7.15)$$

将定理 7.2 应用到 Ψ, 并注意到 (7.15) 式, 就得到 (7.11). 推论得证. □

最后, 利用紧摄动理论, 我们给出**定理 7.1 的证明**.

我们将系统 (7.1) 改写成

$$\begin{pmatrix} \Phi \\ \Phi' \end{pmatrix}' = \mathcal{A} \begin{pmatrix} \Phi \\ \Phi' \end{pmatrix} + \mathcal{B} \begin{pmatrix} \Phi \\ \Phi' \end{pmatrix}, \quad (7.16)$$

其中

$$\mathcal{A} = \begin{pmatrix} 0 & I_N \\ \Delta & 0 \end{pmatrix}, \quad \mathcal{B} = \begin{pmatrix} 0 & 0 \\ -A^{\mathrm{T}} & 0 \end{pmatrix}, \quad (7.17)$$

$\Delta : H_0^1(\Omega) \cap H^2(\Omega) \to L^2(\Omega)$, 而 I_N 是 N 阶单位阵. 容易验证 $\mathcal{A}$ 是 $(L^2(\Omega))^N \times (H^{-1}(\Omega))^N$ 上具紧预解式的斜-伴随算子, 而 $\mathcal{B}$ 是 $(L^2(\Omega))^N \times (H^{-1}(\Omega))^N$ 中的紧算子. 因此, 算子 $\mathcal{A}$ 和 $\mathcal{A}+\mathcal{B}$ 在能量空间 $(L^2(\Omega))^N \times (H^{-1}(\Omega))^N$ 中可以分别生成 C^0 算子半群 $S_{\mathcal{A}}(t)$ 及 $S_{\mathcal{A}+\mathcal{B}}(t)$.

由 [40, 63] 中的摄动结论知, 为了证明这类系统的能观不等式 (7.9), 只需验证下述断言:

(i) 对解耦问题 (7.5)—(7.6) 的解 $\widetilde{\Phi} = S_{\mathcal{A}}(t)(\widetilde{\Phi}_0, \widetilde{\Phi}_1)$, 成立如下的正向和反向不等式:

$$c \int_0^T \int_\omega |\widetilde{\Phi}|^2 \mathrm{d}x\mathrm{d}t \leqslant \|\widetilde{\Phi}_0\|_{(L^2(\Omega))^N}^2 + \|\widetilde{\Phi}_1\|_{(H^{-1}(\Omega))^N}^2 \leqslant c' \int_0^T \int_\omega |\widetilde{\Phi}|^2 \mathrm{d}x\mathrm{d}t.$$

(ii) 算子 $\mathcal{A}+\mathcal{B}$ 的根向量系构成了 $(L^2(\Omega))^N \times (H^{-1}(\Omega))^N$ 中子空间的一组 Riesz 基, 即存在一族分别由算子 $\mathcal{A}+\mathcal{B}$ 的根向量张成的子空间 $\mathcal{V}_m \times \mathcal{H}_m$ ($m \geqslant 1$), 使得对任意给定的 $x \in (L^2(\Omega))^N \times (H^{-1}(\Omega))^N$, 对每个 $m \geqslant 1$, 存在唯一的 $x_m \in \mathcal{V}_m \times \mathcal{H}_m$, 使得

$$x = \sum_{m=1}^{+\infty} x_m, \quad C\|x\|^2 \leqslant \sum_{m=1}^{+\infty} \|x_m\|^2 \leqslant C'\|x\|^2, \tag{7.18}$$

其中 C, C' 均为正常数.

(iii) 若 $(\Phi, \Psi) \in (L^2(\Omega))^N \times (H^{-1}(\Omega))^N$ 及 $\lambda \in \mathbb{C}$, 且成立

$$(\mathcal{A}+\mathcal{B})(\Phi, \Psi) = \lambda(\Phi, \Psi) \quad 及 \quad \Phi = 0, \quad x \in \omega, \tag{7.19}$$

那么 $(\Phi, \Psi) \equiv 0$.

由于断言 (i) 已在推论 7.1 中得以证明, 只需验证断言 (ii) 和 (iii).

断言 (ii) 的验证. 对应于特征值 $\lambda_m^2 > 0$ 的特征函数 e_m 是如下 $-\Delta$ 算子具齐次 Dirichlet 边界条件的解:

$$\begin{cases} -\Delta e_m = \lambda_m^2 e_m, & x \in \Omega, \\ e_m = 0, & x \in \Gamma, \end{cases} \tag{7.20}$$

其中正特征值序列 $\{\lambda_m\}_{m\geqslant 1}$ 是单调增的, 且当 $m \to +\infty$ 时, $\lambda_m \to +\infty$. 显然 $\{e_m\}_{m\geqslant 1}$ 是 $L^2(\Omega)$ 中的一组 Hilbert 基.

记

$$\mathcal{V}_m \times \mathcal{H}_m = \{(\alpha e_m, \beta e_m): \quad \alpha, \beta \in \mathbb{C}^N\}. \tag{7.21}$$

显然, 子空间 $\mathcal{V}_m \times \mathcal{H}_m \, (m = 1, 2, \cdots)$ 相互正交, 且

$$(L^2(\Omega))^N \times (H^{-1}(\Omega))^N = \bigoplus_{m\geqslant 1} \mathcal{V}_m \times \mathcal{H}_m, \tag{7.22}$$

其中 $\bigoplus$ 表示子空间的直和. 特别地, 对任意给定的 $x \in (L^2(\Omega))^N \times (H^{-1}(\Omega))^N$, 存在一列 $x_m \in \mathcal{V}_m \times \mathcal{H}_m$, 使得

$$x = \sum_{m=1}^{+\infty} x_m, \quad \|x\|^2 = \sum_{m=1}^{+\infty} \|x_m\|^2. \tag{7.23}$$

另一方面, 对任意给定的 $m \geqslant 1$, 由于 $\mathcal{V}_m \times \mathcal{H}_m$ 是算子 $\mathcal{A} + \mathcal{B}$ 的一个不变子空间且具有有限维数, 算子 $\mathcal{A} + \mathcal{B}$ 在子空间 $\mathcal{V}_m \times \mathcal{H}_m$ 中的限制是一个线性有界算子, 因此其根向量构成了有限维复空间 $\mathcal{V}_m \times \mathcal{H}_m$ 的一组基. 再结合 (7.22)—(7.23), 可得算子 $\mathcal{A} + \mathcal{B}$ 的根向量系统在 $(L^2(\Omega))^N \times (H^{-1}(\Omega))^N$ 的子空间中构成了一组 Riesz 基.

断言 (iii) 的验证. 设 $(\Phi, \Psi) \in (L^2(\Omega))^N \times (H^{-1}(\Omega))^N$ 及 $\lambda \in \mathbb{C}$ 满足 (7.19), 就有

$$\Psi = \lambda \Phi, \quad \Delta \Phi - A^{\mathrm{T}} \Phi = \lambda \Psi, \tag{7.24}$$

即

$$\begin{cases} \Delta \Phi = (\lambda^2 I + A^{\mathrm{T}}) \Phi, & x \in \Omega, \\ \Phi = 0, & x \in \Gamma, \end{cases} \tag{7.25}$$

从而由经典的椭圆理论, 有 $\Phi \in H^2(\Omega)$. 此外, 注意到

$$\Phi = 0 \quad \text{在 } \omega \text{ 上成立}, \tag{7.26}$$

由 [40] 中的命题 3.4, 可得 $\varPhi \equiv 0$, 从而 $\varPsi \equiv 0$. 定理得证. □

作为 J.-L.Lions 的 HUM 方法的一个标准应用 (参见 [56]), 现在证明在 N 个内部控制的作用下, 系统 (I) 精确能控.

定理 7.3 设 $\Omega \subset \mathbb{R}^m$ 是一个具光滑边界 $\varGamma$ 的有界区域. 对任意给定的 $x_0 \in \mathbb{R}^m$, 假设 ω 是 $\overline{\varGamma}(x_0)$ 在 Ω 中的一个邻域, 其中 $\varGamma(x_0)$ 由 (7.4) 式定义. 进一步假设控制矩阵 D 是可逆的. 则在空间 $(H_0^1(\Omega))^N \times (L^2(\Omega))^N$ 中, 系统 (I) 在时刻 $T > T(x_0)$ 精确内部能控, 其中 $T(x_0)$ 由式 (7.4) 定义.

证 设 $\varPhi$ 是伴随问题 (7.1)—(7.2) 的解, 其初值取自空间 $(\widehat{\varPhi}_0, \widehat{\varPhi}_1) \in (L^2(\Omega))^N \times (H^{-1}(\Omega))^N$. 取控制函数

$$H = \chi_\omega D^{-1} \varPhi. \tag{7.27}$$

由 (7.9) 中的正向不等式可知 $H \in L^2(0, T; L^2(\omega))^N$. 由命题 3.1, 相应的后向问题

$$\begin{cases} V'' - \Delta V + AV = \chi_\omega \varPhi, & (t, x) \in (0, T) \times \Omega, \\ V = 0, & (t, x) \in (0, T) \times \varGamma, \\ V(T) = V'(T) = 0, & x \in \Omega \end{cases} \tag{7.28}$$

有唯一的弱解 $V \in (C^0([0, T]; H_0^1(\Omega)) \cap C^1([0, T]; L^2(\Omega)))^N$. 于是, 线性映射

$$\Lambda(\widehat{\varPhi}_0, \widehat{\varPhi}_1) = (-V'(0), V(0)) \tag{7.29}$$

是良定义的, 且是由空间 $(L^2(\Omega))^N \times (H^{-1}(\Omega))^N$ 到空间 $(L^2(\Omega))^N \times (H_0^1(\Omega))^N$ 的一个连续映射.

定义如下的 Hilbert 范数

$$\|(\widehat{\varPhi}_0, \widehat{\varPhi}_1)\|_F = \left(\int_0^T \int_\omega |\varPhi|^2 \mathrm{d}x \mathrm{d}t \right)^{\frac{1}{2}}. \tag{7.30}$$

记 F 为空间 $\mathcal{D}(\Omega) \times \mathcal{D}(\Omega)$ 按范数 $\|\cdot\|_F$ 完备化所得的空间. 由定理 7.1, 可知 $F = (L^2(\Omega))^N \times (H^{-1}(\Omega))^N$.

将 $(\widehat{\varPsi}_0, \widehat{\varPsi}_1)$ 作为初值, 求解伴随系统 (7.1) 得到相应的解 $\varPsi$. 将 $\varPsi$ 作为乘子作

用在后向问题 (7.28) 上并分部积分, 可得

$$-\int_\Omega \widehat{\Psi}_0^{\mathrm{T}} V'(0)\mathrm{d}x + \int_\Omega \widehat{\Psi}_1^{\mathrm{T}} V(0)\mathrm{d}x = \int_0^T \int_\omega \Psi^{\mathrm{T}}(t)\Phi(t)\mathrm{d}x\mathrm{d}t,$$

即

$$\langle \Lambda(\widehat{\Phi}_0, \widehat{\Phi}_1), (\widehat{\Psi}_0, \widehat{\Psi}_1)\rangle_{F' \times F} = \int_0^T \int_\omega \Psi^{\mathrm{T}}(t)\Phi(t)\mathrm{d}x\mathrm{d}t.$$

于是有

$$\left|\langle \Lambda(\widehat{\Phi}_0, \widehat{\Phi}_1), (\widehat{\Psi}_0, \widehat{\Psi}_1)\rangle_{F' \times F}\right| \leqslant \|(\widehat{\Phi}_0, \widehat{\Phi}_1)\|_F \|(\widehat{\Psi}_0, \widehat{\Psi}_1)\|_F$$

及

$$\langle \Lambda(\widehat{\Phi}_0, \widehat{\Phi}_1), (\widehat{\Phi}_0, \widehat{\Phi}_1)\rangle_{F' \times F} = \|(\widehat{\Phi}_0, \widehat{\Phi}_1)\|_F^2.$$

因此, $\langle \Lambda(\widehat{\Phi}_0, \widehat{\Phi}_1), (\widehat{\Psi}_0, \widehat{\Psi}_1)\rangle_{F' \times F}$ 是 $F \times F$ 上的一个双线性、对称、连续且强制泛函. 由 Lax-Milgram 引理, Λ 是由 $(L^2(\Omega))^N \times (H^{-1}(\Omega))^N$ 到 $(L^2(\Omega))^N \times (H_0^1(\Omega))^N$ 的一个同构. 因此, 对任意给定的 $(\widehat{U}_0, \widehat{U}_1) \in (H_0^1(\Omega))^N \times (L^2(\Omega))^N$, 存在唯一的 $(\widehat{\Phi}_0, \widehat{\Phi}_1) \in (L^2(\Omega))^N \times (H^{-1}(\Omega))^N$, 使得

$$\Lambda(\widehat{\Phi}_0, \widehat{\Phi}_1) = (-\widehat{U}_1, \widehat{U}_0) = (-V'(0), V(0)).$$

由适定性, 当内部控制 H 由 (7.27) 给出时, 问题 (I) 的解 U 满足终端条件 (7.8). 定理得证. $\square$

§ 2.2. 定理 7.2 的证明

下面给出定理 7.2 的证明. 我们先尝试消去 (7.7) 中的低阶项

$$\int_0^T \int_\omega |\widetilde{\Phi}|^2 \mathrm{d}x\mathrm{d}t. \tag{7.31}$$

由 (7.7), 存在正常数 c' 使得

$$\|\widetilde{\Phi}_0\|_{(H_0^1(\Omega))^N}^2 + \|\widetilde{\Phi}_1\|_{(L^2(\Omega))^N}^2 \leqslant c' \int_0^T \int_\omega (|\widetilde{\Phi}|^2 + |\widetilde{\Phi}'|^2)\mathrm{d}x\mathrm{d}t, \tag{7.32}$$

其中正常数 c' 依赖于区域 ω 的大小. 定义区域 ω 的厚度为

$$\epsilon = \min_{x \in \bar{\Gamma}(x_0)} d(x, \omega^{\mathrm{c}}),$$

其中 ω^{c} 表示区域 ω 的补集. 由于 (7.32) 中正常数 c' 的取值有可能非常大, 例如可能取到 $1/\epsilon^3$, 其中 ϵ 为区域 ω 的厚度, 我们无法将低阶项 (7.31) 在 (7.32) 左端项中直接消掉.

为了处理此低阶项, 受文献 [27, 37] 的启发, 我们将先在高频初值下得到能观不等式 (7.10), 再将此不等式拓展到整个空间 $(H_0^1(\Omega))^N \times (L^2(\Omega))^N$.

引理 7.1 (参见 [37]) 设 $\mathcal{F}$ 是一个 Hilbert 空间, 并装备以 p-范数. 假设

$$\mathcal{F} = \mathcal{N} \bigoplus \mathcal{L}, \tag{7.33}$$

其中 $\bigoplus$ 表示子空间的直和, 而 $\mathcal{L}$ 是 $\mathcal{F}$ 的一个具有限余维数的闭子空间. 设存在空间 $\mathcal{F}$ 的另一个范数——q-范数, 使得由 $\mathcal{F}$ 到 $\mathcal{N}$ 的投影算子关于 q-范数连续, 且成立

$$q(y) \leqslant p(y), \quad \forall y \in \mathcal{L}. \tag{7.34}$$

那么必存在一个正常数 c, 使成立

$$q(z) \leqslant cp(z), \quad \forall z \in \mathcal{F}. \tag{7.35}$$

为了将不等式 (7.34) 拓展到整个空间 $\mathcal{F}$, 只需验证在 q-范数下从 $\mathcal{F}$ 到 $\mathcal{N}$ 的投影算子连续. 在很多情况下, 子空间 $\mathcal{N}$ 和 $\mathcal{L}$ 关于 q-内积常常是相互正交的.

现给出定理 7.2 的证明.

Step 1. 在空间 $L^2(\Omega)$ 中, 如下定义线性无界算子 $-\Delta$:

$$D(-\Delta) = \{\phi \in H^2(\Omega): \quad \phi|_\Gamma = 0\}. \tag{7.36}$$

显然, $-\Delta$ 是 $L^2(\Omega)$ 中具紧预解式的稠定自伴算子及强制算子 (参见 [23]). 从而, 系统 (7.1) 在空间 $(H_0^1(\Omega) \times L^2(\Omega))^N$ 中生成一个 C^0 半群.

对每个 $m \geqslant 1$, 如下定义子空间 Z_m:

$$Z_m = \{\alpha e_m : \quad \alpha \in \mathbb{R}^N\}. \tag{7.37}$$

对任意给定的整数 m, n 及任意给定的向量 $\alpha, \beta \in \mathbb{R}^N$, 我们有

$$\begin{aligned}
(\alpha e_m, \beta e_n)_{(H_0^1(\Omega))^N} &= (\alpha, \beta)_{\mathbb{R}^N} (\nabla e_m, \nabla e_n)_{L^2(\Omega)} \\
&= (\alpha, \beta)_{\mathbb{R}^N} \lambda_m \lambda_n (e_m, e_n)_{L^2(\Omega)} \\
&= (\alpha, \beta)_{\mathbb{R}^N} \lambda_m \lambda_n \delta_{mn}.
\end{aligned} \tag{7.38}$$

于是, 子空间 $Z_m (m \geqslant 1)$ 在 Hilbert 空间 $(H_0^1(\Omega))^N$ 中是互相正交的. 特别地, 有

$$\|\widetilde{\Phi}\|_{(L^2(\Omega))^N} = \frac{1}{\lambda_m} \|\widetilde{\Phi}\|_{(H_0^1(\Omega))^N}, \quad \forall \widetilde{\Phi} \in Z_m. \tag{7.39}$$

对任意给定的 $m \geqslant 1$, 注意到 Z_m 关于算子 $-\Delta$ 是不变的, 将 $(\widetilde{\Phi}_0, \widetilde{\Phi}_1) \in Z_m \times Z_m$ 作为初值, 系统 (7.5) 的解 $\widetilde{\Phi}$ 属于空间 Z_m.

设 $m_0 \geqslant 1$ 为整数. 记 $\bigoplus\limits_{m \geqslant m_0} (Z_m \times Z_m)$ 为子空间 $(Z_m \times Z_m)(m \geqslant m_0)$ 的线性包, 即 $\bigoplus\limits_{m \geqslant m_0} (Z_m \times Z_m)$ 由子空间 $(Z_m \times Z_m)(m \geqslant m_0)$ 中元素的所有有限线性组合组成. 特别地, 由 (7.39), 对任意给定的初值 $(\widetilde{\Phi}_0, \widetilde{\Phi}_1) \in \bigoplus\limits_{m \geqslant m_0} (Z_m \times Z_m)$, 成立

$$\|\widetilde{\Phi}_0\|_{(L^2(\Omega))^N}^2 + \|\widetilde{\Phi}_1\|_{(H^{-1}(\Omega))^N}^2 \leqslant \frac{1}{\lambda_{m_0}^2} (\|\widetilde{\Phi}_0\|_{(H_0^1(\Omega))^N}^2 + \|\widetilde{\Phi}_1\|_{(L^2(\Omega))^N}^2). \tag{7.40}$$

Step 2. 由对偶性, 由 (7.7), 存在正常数 c, 使成立

$$\begin{aligned}
\int_0^T \int_\omega |\widetilde{\Phi}|^2 \mathrm{d}x\mathrm{d}t &\leqslant c(\|\widetilde{\Phi}_0\|_{(L^2(\Omega))^N}^2 + \|\widetilde{\Phi}_1\|_{(H^{-1}(\Omega))^N}^2) \\
&\leqslant \frac{c}{\lambda_{m_0}^2} (\|\widetilde{\Phi}_0\|_{(H_0^1(\Omega))^N}^2 + \|\widetilde{\Phi}_1\|_{(L^2(\Omega))^N}^2).
\end{aligned} \tag{7.41}$$

取整数 $m_0 \geqslant 1$ 充分大, 使成立 $\frac{C}{\lambda_{m_0}^2} < 1$, 于是 (7.7) 中的低阶项 (7.31) 可以由其左端项吸收, 换言之, 存在正常数 c', 使对任意给定的 $(\widetilde{\Phi}_0, \widetilde{\Phi}_1) \in \bigoplus\limits_{m \geqslant m_0} (Z_m \times Z_m)$, 成

立

$$\|\widetilde{\varPhi}_0\|^2_{(H^1_0(\varOmega))^N} + \|\widetilde{\varPhi}_1\|^2_{(L^2(\varOmega))^N} \leqslant c' \int_0^T \int_\omega |\widetilde{\varPhi}'|^2 \mathrm{d}x \mathrm{d}t. \tag{7.42}$$

Step 3. 对任意给定的 $(\widetilde{\varPhi}_0, \widetilde{\varPhi}_1) \in \bigoplus_{m\geqslant 1}(Z_m \times Z_m)$, 定义

$$p(\widetilde{\varPhi}_0, \widetilde{\varPhi}_1) = \Big(\int_0^T \int_\omega |\widetilde{\varPhi}'|^2 \mathrm{d}x \mathrm{d}t \Big)^{\frac{1}{2}}, \tag{7.43}$$

其中 $\widetilde{\varPhi}$ 是相应伴随问题 (7.5) 的解. 由 Holmgren 唯一性定理 (参见 [56] 定理 8.1), 当控制时间 $T > 0$ 充分大时, $p(\cdot, \cdot)$ 定义了空间 $\bigoplus_{m\geqslant 1}(Z_m \times Z_m)$ 中的一个 Hilbert 范数. 记 $\mathcal{F}$ 是 $\bigoplus_{m\geqslant 1}(Z_m \times Z_m)$ 在 p-范数下的完备化空间. 显然, $\mathcal{F}$ 是一个 Hilbert 空间.

在 (7.33) 中取

$$\mathcal{N} = \bigoplus_{1\leqslant m < m_0}(Z_m \times Z_m), \quad \mathcal{L} = \overline{\{ \bigoplus_{m\geqslant m_0}(Z_m \times Z_m) \}}^p. \tag{7.44}$$

显然, $\mathcal{N}$ 是 $\mathcal{F}$ 中的一个有限维子空间, 而 $\mathcal{L}$ 是 $\mathcal{F}$ 的一个闭子空间. 特别地, 对所有属于整个子空间 $\mathcal{L}$ 的初值 $(\widetilde{\varPhi}_0, \widetilde{\varPhi}_1)$, 都可以由连续性得到不等式 (7.42).

现引入第二个范数

$$q(\widetilde{\varPhi}_0, \widetilde{\varPhi}_1) = \|(\widetilde{\varPhi}_0, \widetilde{\varPhi}_1)\|_{(H^1_0(\varOmega))^N \times (L^2(\varOmega))^N}, \quad \forall (\widetilde{\varPhi}_0, \widetilde{\varPhi}_1) \in \mathcal{F}. \tag{7.45}$$

由于

$$(\widetilde{\varPhi}_0, \widetilde{\varPhi}_1) = (\widetilde{\varPhi}_0^{(\mathcal{N})}, \widetilde{\varPhi}_1^{(\mathcal{N})}) + (\widetilde{\varPhi}_0^{(\mathcal{L})}, \widetilde{\varPhi}_1^{(\mathcal{L})}),$$

其中

$$(\widetilde{\varPhi}_0^{(\mathcal{N})}, \widetilde{\varPhi}_1^{(\mathcal{N})}) \in \mathcal{N}, \quad (\widetilde{\varPhi}_0^{(\mathcal{L})}, \widetilde{\varPhi}_1^{(\mathcal{L})}) \in \mathcal{L},$$

由 (7.42), 对所有的 $(\widetilde{\Phi}_0, \widetilde{\Phi}_1) \in \mathcal{F}$, 成立

$$
\begin{aligned}
&\|(\widetilde{\Phi}_0, \widetilde{\Phi}_1)\|_{(H_0^1(\Omega))^N \times (L^2(\Omega))^N} \\
&= \|(\widetilde{\Phi}_0^{(\mathcal{N})}, \widetilde{\Phi}_1^{(\mathcal{N})})\|_{(H_0^1(\Omega))^N \times (L^2(\Omega))^N} + \|(\widetilde{\Phi}_0^{(\mathcal{L})}, \widetilde{\Phi}_1^{(\mathcal{L})})\|_{(H_0^1(\Omega))^N \times (L^2(\Omega))^N} \\
&\leqslant \|(\widetilde{\Phi}_0^{(\mathcal{N})}, \widetilde{\Phi}_1^{(\mathcal{N})})\|_{(H_0^1(\Omega))^N \times (L^2(\Omega))^N} + c' \Big(\int_0^T \int_\omega |\widetilde{\Phi}'|^2 \mathrm{d}x \mathrm{d}t \Big)^{\frac{1}{2}} < +\infty.
\end{aligned}
$$

此外, (7.42) 意味着成立

$$
q(\widetilde{\Phi}_0, \widetilde{\Phi}_1) \leqslant c'' p(\widetilde{\Phi}_0, \widetilde{\Phi}_1), \quad \forall (\widetilde{\Phi}_0, \widetilde{\Phi}_1) \in \mathcal{L}. \tag{7.46}
$$

由于 $\mathcal{N}$ 是 $\mathcal{L}$ 在 $\mathcal{F}$ 中关于 q-内积的一个正交补空间, 从 $\mathcal{F}$ 到 $\mathcal{L}$ 的投影在 q-范数下是连续的. 由引理 7.1, 就可以将不等式 (7.42) 拓展到整个空间 $\mathcal{F}$ 上, 即成立

$$
p(\widetilde{\Phi}_0, \widetilde{\Phi}_1) \leqslant q(\widetilde{\Phi}_0, \widetilde{\Phi}_1) \leqslant c' p(\widetilde{\Phi}_0, \widetilde{\Phi}_1), \quad \forall (\widetilde{\Phi}_0, \widetilde{\Phi}_1) \in \mathcal{F},
$$

这表明

$$
\mathcal{F} = (H_0^1(\Omega))^N \times (L^2(\Omega))^N.
$$

定理 7.2 证毕. □

注 7.2 在区域 $\omega = \Omega$ 的特殊情况, 对任意给定的 $T > 0$, 不等式 (7.11) 都成立 (参见 [56] 第 7 章). 从而, 在 N 个内部控制的作用下, 系统 (I) 在任意时刻 $T > 0$ 都精确能控.

对任意给定的初值 $(\widehat{U}_0, \widehat{U}_1) \in (H_0^1(\Omega))^N \times (L^2(\Omega))^N$, 记 $\mathcal{U}_{\mathrm{ad}}(\widehat{U}_0, \widehat{U}_1)$ 为所有可实现系统 (I) 在 $T > 0$ 时精确内部能控的内部控制 H 所组成的允许集. 类似于 [40] 中的定理 3.8, 有

定理 7.4 设系统 (I) 在空间 $(H_0^1(\Omega))^N \times (L^2(\Omega))^N$ 中在时刻 $T > T(x_0)$ 精确能控, 那么对充分小的 $\epsilon > 0$, 内部控制 $H \in \mathcal{U}_{\mathrm{ad}}(\widehat{U}_0, \widehat{U}_1)$ 在区间 $(T-\epsilon, T) \times \omega$ 上的值可被任意地选取.

证 令 $\epsilon > 0$ 满足 $T - \epsilon > T(x_0)$, 并任意给定

$$\widehat{H}_\epsilon \in (L^2(T - \epsilon, T; L^2(\Omega)))^M. \tag{7.47}$$

在时间区间 $[T - \epsilon, T]$ 上求解系统 (I) 具内部控制 $H = \widehat{H}_\epsilon$ 及终端条件

$$t = T: \quad \widehat{U}_\epsilon = \widehat{U}'_\epsilon = 0, \quad x \in \Omega$$

的后向初边值问题, 得到唯一的弱解 $\widehat{U}_\epsilon$.

由于 $T - \epsilon > T(x_0)$, 在区间 $[0, T - \epsilon]$ 上系统 (I) 仍然精确能控, 于是可以找到一个内部控制

$$\widetilde{H}_\epsilon \in \left(L^2(0, T - \epsilon; L^2(\Omega)) \right)^M,$$

使得相应的解 $\widetilde{U}_\epsilon$ 满足初始条件

$$t = 0: \quad \widetilde{U}_\epsilon = \widehat{U}_0, \quad \widetilde{U}'_\epsilon = \widehat{U}_1 \tag{7.48}$$

及终端条件

$$t = T - \epsilon: \quad \widetilde{U}_\epsilon = \widehat{U}_\epsilon, \quad \widetilde{U}'_\epsilon = \widehat{U}'_\epsilon. \tag{7.49}$$

取

$$H = \begin{cases} \widetilde{H}_\epsilon & t \in (0, T - \epsilon), \\ \widehat{H}_\epsilon & t \in (T - \epsilon, T) \end{cases} \tag{7.50}$$

及

$$U = \begin{cases} \widetilde{U}_\epsilon & t \in (0, T - \epsilon), \\ \widehat{U}_\epsilon & t \in (T - \epsilon, T), \end{cases} \tag{7.51}$$

易证 U 是问题 (I)—(I$_0$) 的一个弱解, 满足

$$U \in (C^0(0, T; H_0^1(\Omega)))^N \cap (C^1(0, T; L^2(\Omega)))^N,$$

且内部控制 $H \in \left(L^2(0,T;L^2(\omega))\right)^M$ 可实现系统 (I) 的精确内部能控性. 定理得证.

$\square$

§ 3. 非精确内部能控性

命题 7.2 设 E,F 是两个 Hilbert 空间, 而 $\mathcal{T}$ 是一个从 E 到 F 的线性连续映射. 那么存在一个正常数 c, 使得

$$\inf_{\mathcal{T}x=y} \|x\|_E \leqslant c\|y\|_F, \quad \forall y \in F. \tag{7.52}$$

证 记 E 的闭子空间 $\mathcal{N}$ 是映射 $\mathcal{T}$ 的核空间. 于是商空间 $E/\mathcal{N}$ 是一个 Hilbert 空间, 且 $\mathcal{T}$ 仍是由 $E/\mathcal{N}$ 到 F 的连续映射. 由 Banach-Schauder 开映射定理, $\mathcal{T}^{-1}$ 是从 F 到 $E/\mathcal{N}$ 的有界映射. 因此存在一个正常数 c, 使得

$$\inf_{\mathcal{T}x=y} \|x\|_E = \|\dot{x}\|_{E/\mathcal{N}} \leqslant c\|y\|_F, \quad \forall y \in F, \tag{7.53}$$

其中 $\dot{x} = x + \mathcal{N}$ 是 x 平行于 $\mathcal{N}$ 的等价类. 命题得证.

$\square$

由于集合 $\mathcal{U}_{\mathrm{ad}}(\widehat{U}_0, \widehat{U}_1)$ 是凸、闭且非空的, 由 Hilbert 投影定理, 存在唯一的内部控制 $H_0 \in \mathcal{U}_{\mathrm{ad}}(\widehat{U}_0, \widehat{U}_1)$, 使其在所有的内部控制中取到最小的范数, 即成立

$$\|H_0\|_{(L^2(0,T;L^2(\Omega)))^M} = \inf_{H \in \mathcal{U}_{\mathrm{ad}}(\widehat{U}_0, \widehat{U}_1)} \|H\|_{(L^2(0,T;L^2(\Omega)))^M}. \tag{7.54}$$

此外, 下述定理表明 H_0 连续依赖于初值.

命题 7.3 设系统 (I) 在空间 $(H_0^1(\Omega))^N \times (L^2(\Omega))^N$ 中在时刻 $T > 0$ 精确能控, 那么存在一个正常数 $c > 0$, 使得对任意给定的初值 $(\widehat{U}_0, \widehat{U}_1) \in (H_0^1(\Omega))^N \times (L^2(\Omega))^N$, 由 (7.54) 给出的最优内部控制 H_0 满足

$$\|H_0\|_{(L^2(0,T;L^2(\Omega)))^M} \leqslant c\|(\widehat{U}_0, \widehat{U}_1)\|_{(H_0^1(\Omega))^N \times (L^2(\Omega))^N}. \tag{7.55}$$

证　对任意给定的 $H \in (L^2(0, T; L^2(\Omega)))^M$, 求解如下后向问题:

$$\begin{cases} V'' - \Delta V + AV = D\chi_\omega H, & (t, x) \in (0, T) \times \Omega, \\ V = 0, & (t, x) \in (0, T) \times \Gamma, \\ t = T: \ V = V' = 0, & x \in \Omega. \end{cases} \tag{7.56}$$

由命题 3.1,

$$\mathcal{T}: \quad H \to (V(0), V'(0)) \tag{7.57}$$

是一个由 $(L^2(0, T; L^2(\Omega)))^M$ 到 $(H_0^1(\Omega))^N \times (L^2(\Omega))^N$ 的线性连续映射.

另一方面, 系统 (I) 的精确能控性蕴含着 $\mathcal{T}$ 是一个双射. 由命题 7.2, 成立 (7.55). 命题得证. □

在内部控制部分缺失的情形下, 我们有如下的否定性结果.

定理 7.5 设 $\Omega \subset \mathbb{R}^m$ 是具光滑边界 Γ 的有界区域. 若内部控制的个数少于 N, 即 $\mathrm{rank}(D) < N$, 那么无论控制时间 $T > 0$ 取多大, 由 N 个波动方程组成的耦合系统 (I) 在空间 $(H_0^1(\Omega))^N \times (L^2(\Omega))^N$ 中均不是精确内部能控的.

证　设 $E \in \mathbb{R}^N$ 是一个单位向量, 且满足 $D^\mathrm{T} E = 0$. 对任意给定的函数 $(\theta, \eta) \in H_0^1(\Omega) \times L^2(\Omega)$, 选取特殊的初始条件:

$$t = 0: \quad U = \theta E, \quad U' = \eta E. \tag{7.58}$$

若系统 (I) 精确能控, 则由命题 3.1 和 (7.55), 存在一个正常数 c 使得

$$\|(U, U')\|_{(C^0([0,T]; H_0^1(\Omega) \times L^2(\Omega)))^N} \leqslant c \|(\theta, \eta)\|_{H_0^1(\Omega) \times L^2(\Omega)}, \tag{7.59}$$

由 [54, 定理 5.1],

$$L^2(0, T; H_0^1(\Omega)) \cap H^1(0, T; L^2(\Omega)) \hookrightarrow L^2(0, T; L^2(\Omega))$$

是一个紧嵌入, 从而

$$(\theta, \eta) \to U \tag{7.60}$$

是由 $H_0^1(\Omega) \times L^2(\Omega)$ 到 $(L^2(0, T; L^2(\Omega)))^N$ 的一个紧映射.

将 E 作用到系统 (I) 上, 并记 $w = E^{\mathrm{T}} U$, 可得如下的后向问题:

$$\begin{cases} w'' - \Delta w = -E^{\mathrm{T}} A U, & (t, x) \in (0, T) \times \Omega, \\ w = 0, & (t, x) \in (0, T) \times \Gamma, \\ t = T: w = w' = 0, & x \in \Omega. \end{cases} \tag{7.61}$$

注意到 (7.59), (7.61) 中方程的右端 $-E^{\mathrm{T}} A U$ 属于空间 $L^2(0, T; L^2(\Omega))$. 由命题 3.1 及映射 (7.60) 的紧性, 可得恒等映射

$$(\theta, \eta) \to (w(0), w'(0)) = (\theta, \eta)$$

在 $H_0^1(\Omega) \times L^2(\Omega)$ 中是紧的, 这就得到了矛盾. 定理得证. □

联合定理 7.3 以及定理 7.5, 我们有

定理 7.6 设 $\Omega \subset \mathbb{R}^m$ 是一个具光滑边界 Γ 的有界区域. 对任意给定的 $x_0 \in \mathbb{R}^m$, 设 $T(x_0)$ 及 $\Gamma(x_0)$ 由 (7.4) 式定义, 而 ω 是 $\overline{\Gamma}(x_0)$ 在 Ω 中的一个邻域. 由 N 个波动方程组成的耦合系统 (I) 在空间 $(H_0^1(\Omega))^N \times (L^2(\Omega))^N$ 中在时刻 $T > T(x_0)$ 精确能控当且仅当内部控制矩阵 D 的秩为 N.

§ 4. 逼近内部能控性 (续)

显然, 精确内部能控性蕴含着逼近内部能控性. 由于 (3.15) 中控制矩阵 D 的秩可能远远小于 N, 这是考虑逼近内部能控性的主要原因. 然而, 下述结果表明实现逼近内部能控性的内部控制序列 $\{H_n\}_{n \in \mathbb{N}}$ 一般是无界的.

命题 7.4 设 $\Omega \subset \mathbb{R}^m$ 是具光滑边界 Γ 的有界区域, ω 是 Ω 的一个子区域. 系统 (I) 在空间 $(H_0^1(\Omega) \times L^2(\Omega))^N$ 中精确能控, 当且仅当在空间 $(L^2(0, T; L^2(\Omega)))^M$

中可以找到有界内部控制序列 $\{H_n\}_{n \in \mathbb{N}}$, 使得系统 (I) 在空间 $(H_0^1(\Omega) \times L^2(\Omega))^N$ 中逼近能控.

证　我们仅说明其充分性. 对任意给定的初值 $(\widehat{U}_0, \widehat{U}_1) \in (H_0^1(\Omega) \times L^2(\Omega))^N$, 设 $(L^2(0, T; L^2(\Omega)))^M$ 中的有界序列 $\{H_n\}_{n \in \mathbb{N}}$ 是实现系统 (I) 逼近能控性的内部控制序列. 不失一般性, 可设存在一个内部控制 $H \in (L^2(0, T; L^2(\Omega)))^M$, 使得在空间 $(L^2(0, T; L^2(\Omega)))^M$ 中,

$$H_n \rightharpoonup H \text{ 弱收敛.} \tag{7.62}$$

将 $H = H_n$ 作为内部控制, 求解问题 (I) 及 (I$_0$) 得到相应的解序列 $\{U_n\}_{n \in \mathbb{N}}$. 由命题 3.1, 线性映射 (3.2) 在相应弱拓扑下也是连续的, 即在空间 $(L^2(0, T; H_0^1(\Omega) \times L^2(\Omega)))^N$ 中, 成立

$$(U_n, U_n') \rightharpoonup (U, U') \text{ 弱收敛.} \tag{7.63}$$

对任意给定的初值 $(\widehat{\Phi}_0, \widehat{\Phi}_1) \in (L^2(\Omega) \times H^{-1}(\Omega))^N$, 设 Φ 为伴随系统 (I*) 相应的解. 对任意给定的 t $(0 < t < T)$, 将 Φ 作为乘子作用在系统 (I*) 上, 并在 $[0, t] \times \Omega$ 上分部积分, 可得

$$
\begin{aligned}
&\langle (U_n(t), U_n'(t)), (\Phi'(t), -\Phi(t)) \rangle \\
&= \langle (\widehat{U}_0, \widehat{U}_1), (\widehat{\Phi}_1, -\widehat{\Phi}_0) \rangle + \int_0^t \int_\Omega \Phi^{\mathrm{T}} D \chi_\omega H_n \mathrm{d}x \mathrm{d}t,
\end{aligned}
\tag{7.64}
$$

其中 $\langle \cdot, \cdot \rangle$ 表示空间 $(H_0^1(\Omega) \times L^2(\Omega))^N$ 和 $(H^{-1}(\Omega) \times L^2(\Omega))^N$ 的对偶积. 当 $n \to +\infty$ 时在 (7.64) 中取极限, 并注意到 (7.62)—(7.63), 可得

$$
\begin{aligned}
&\langle (U(t), U'(t)), (\Phi'(t), -\Phi(t)) \rangle \\
&= \langle (\widehat{U}_0, \widehat{U}_1), (\widehat{\Phi}_1, -\widehat{\Phi}_0) \rangle + \int_0^t \int_\Omega \Phi^{\mathrm{T}} D \chi_\omega H \mathrm{d}x \mathrm{d}t.
\end{aligned}
\tag{7.65}
$$

这意味着 U 是在内部控制 H 的作用下系统 (I) 及初值 $(\widehat{U}_0, \widehat{U}_1)$ 相应的解, 其中 H 由 (7.62) 中序列 $\{H_n\}_{n \in \mathbb{N}}$ 的弱极限给出. 特别地, 注意到 (3.4), 就得到

$$U(T) = U'(T) = 0. \tag{7.66}$$

从而, 系统 (I) 精确能控. 命题得证.   □

由定理 7.6 和命题 7.4 可直接得到下面的命题.

命题 7.5 设 $\Omega \subset \mathbb{R}^m$ 是具光滑边界 Γ 的有界区域, 而 ω 是 Ω 的一个子区域. 在秩条件 $\mathrm{rank}(D) < N$ 成立的前提下, 若系统 (I) 逼近能控, 那么至少可以找到一组初值 $(\widehat{U}_0, \widehat{U}_1)$, 使得相应的内部控制序列 $\{H_n\}_{n \in \mathbb{N}}$ 是无界的.

第八章

精确内部同步性

基于第七章的结果, 在本章, 我们将讨论精确内部同步性及相关的问题.

§1. 精确内部同步性

根据定理 7.6, 系统 (I) 精确能控当且仅当 $\mathrm{rank}(D) = N$, 即内部控制矩阵 D 是可逆的. 在内部控制部分缺失的情形下, 即 $M = \mathrm{rank}(D) < N$ 时, 我们给出**精确内部同步性**的定义如下.

定义 8.1 称系统 (I) 在时刻 $T > 0$ 精确内部同步, 若对任意给定初值 $(\widehat{U_0}, \widehat{U_1}) \in (H_0^1(\Omega))^N \times (L^2(\Omega))^N$, 存在一个支集在 $[0, T]$ 中的内部控制 $H \in (L^2(0, +\infty; L^2(\Omega)))^M$, 使得系统 (I) 相应的解 $U = U(t, x)$ 满足如下的终端条件:

$$t \geqslant T: \quad u^{(1)} \equiv \cdots \equiv u^{(N)} := u, \tag{8.1}$$

其中 $u = u(t, x)$ 事先未知, 称为**精确同步态**.

定理 8.1 设 $\Omega \subset \mathbb{R}^m$ 是具光滑边界 Γ 的有界区域. 假设在秩条件 $\mathrm{rank}(D) = N - 1$ 成立的前提下, 系统 (I) 精确同步, 则耦合阵 $A = (a_{ij})$ 必满足如下的**行和条**

件:

$$\sum_{j=1}^{N} a_{ij} := a, \quad i = 1, \cdots, N, \tag{8.2}$$

其中 a 是一个与 $i = 1, \cdots, N$ 无关的常数.

证 由精确内部同步性 (8.1), 存在一个正常数 T 以及一个标量函数 u, 对 $i = 1, \cdots, N$, 成立

$$t \geqslant T: \quad u'' - \Delta u + (\sum_{j=1}^{N} a_{ij})u = 0, \quad x \in \Omega. \tag{8.3}$$

特别地, 对 $i, k = 1, \cdots, N$, 成立

$$t \geqslant T: \quad (\sum_{j=1}^{N} a_{ij})u = (\sum_{j=1}^{N} a_{kj})u, \quad x \in \Omega. \tag{8.4}$$

另一方面, 由定理 7.5, 系统 (I) 不是精确能控的, 从而至少存在一个初值 $(\widehat{U}_0, \widehat{U}_1)$ 使得无论内部控制 H 如何选取, 相应的同步态 u 在 $[T, \infty)$ 上不会恒为 0. 这就得到了行和条件 (8.2). 定理得证. □

假设同步阵 C_1 由 (5.3) 给定, 而向量 e 由 (5.4) 给定, 那么精确内部同步性 (8.1) 可以等价地写为

$$t \geqslant T: \quad U = ue. \tag{8.5}$$

另一方面, 行和条件 (8.2) 等价于 C_1-相容性条件:

$$A\mathrm{Ker}(C_1) \subseteq \mathrm{Ker}(C_1). \tag{8.6}$$

由引理 2.7 (其中取 $p = 1$), 存在唯一的 $(N-1)$ 阶矩阵 A_1, 使得

$$C_1 A = A_1 C_1. \tag{8.7}$$

设 $W_1 = (w^1, \cdots, w^{N-1})^{\mathrm{T}}$. 由 (8.7), 关于变量 U 的原系统 (I) 可以改写为关

于变量 $W_1 = C_1 U$ 的如下化约系统:

$$\begin{cases} W_1'' - \Delta W_1 + A_1 W_1 = C_1 D \chi_\omega H, & (t,x) \in (0, +\infty) \times \Omega, \\ W_1 = 0, & (t,x) \in (0, +\infty) \times \Gamma \end{cases} \tag{8.8}$$

及初始条件

$$t = 0: \quad W_1 = C_1 \widehat{U}_0, \quad W_1' = C_1 \widehat{U}_1, \quad x \in \Omega. \tag{8.9}$$

命题 8.1 假设 C_1-相容性条件 (8.6) 成立, 那么, 原系统 (I) 具精确内部同步性等价于对应的化约系统 (8.8) 具精确内部能控性.

证 显然, 线性映射

$$(\widehat{U}_0, \widehat{U}_1) \to (C_1 \widehat{U}_0, C_1 \widehat{U}_1) \tag{8.10}$$

是从 $(H_0^1(\Omega))^N \times (L^2(\Omega))^N$ 到 $(H_0^1(\Omega))^{N-1} \times (L^2(\Omega))^{N-1}$ 的满射. 于是, 系统 (I) 的精确内部同步性蕴含着化约系统 (8.8) 的精确内部能控性.

另一方面, 若化约系统 (8.8) 精确内部能控, 由定义, 可立得系统 (I) 精确内部同步. 命题得证. □

根据定理 7.6 和命题 8.1, 我们可以立刻得到

定理 8.2 设 $\Omega \subset \mathbb{R}^m$ 是具光滑边界 Γ 的有界区域. 对任意给定的 $x_0 \in \mathbb{R}^m$, 设 ω 是 $\overline{\Gamma}(x_0)$ 在 Ω 中的一个邻域, 而 $\Gamma(x_0)$ 由 (7.4) 式定义, 在 C_1-相容性条件 (8.6) 成立的条件下, 若满足如下秩条件

$$\text{rank}(C_1 D) = N - 1, \tag{8.11}$$

则系统 (I) 在空间 $(H_0^1(\Omega))^N \times (L^2(\Omega))^N$ 中具精确内部同步性.

定理 8.3 假设系统 (I) 精确同步, 则必可得秩条件 (8.11). 特别地, 若

$$\text{rank}(D) = N - 1, \tag{8.12}$$

则耦合阵 A 必定满足 C_1-相容性条件 (8.6).

证 若耦合阵 A 满足 C_1-相容性条件 (8.6), 则根据命题 8.1, 化约系统 (8.8) 精确能控. 从而由定理 7.6, 可得 $\operatorname{rank}(C_1 D) = N - 1$.

反之, 将 C_1 作用到系统 (I) 上, 并注意到 (8.5), 当 $t \geqslant T$ 时就成立 $C_1 A U = 0$. 由于耦合阵 A 不满足 C_1-相容性条件 (8.6), 矩阵

$$\begin{pmatrix} C_1 \\ C_1 A \end{pmatrix} \tag{8.13}$$

列满秩, 于是当 $t \geqslant T$ 时, 成立 $U = 0$. 再一次由定理 7.6, 可得 $\operatorname{rank}(D) = N$. 定理得证. □

§ 2. 精确内部同步态

若系统 (I) 在时刻 $T > 0$ 精确内部同步, 易知对于 $t \geqslant T$, 由 (8.1) 定义的精确同步态 $u = u(t, x)$ 满足如下齐次波动方程系统:

$$\begin{cases} u'' - \Delta u + au = 0, & (t, x) \in (T, +\infty) \times \Omega, \\ u = 0, & (t, x) \in (T, +\infty) \times \Gamma, \end{cases} \tag{8.14}$$

其中 a 由行和条件 (8.2) 给定. 因此, 精确同步态 $u = u(t, x)$ 关于时间 t 的演化完全取决于 (u, u') 在 $t = T$ 时刻的取值:

$$t = T: \quad u = \widehat{u}_0, \quad u' = \widehat{u}_1, \quad x \in \Omega. \tag{8.15}$$

定理 8.4 假设耦合阵 A 满足 C_1-相容性条件 (8.6), 那么, 当初始条件 $(\widehat{U}_0, \widehat{U}_1)$ 取遍空间 $(H_0^1(\Omega))^N \times (L^2(\Omega))^N$ 时, 精确同步态 $u = u(t, x)$ 在时刻 $t = T$ 相应的取值 (u, u') 的能达集是整个空间 $H_0^1(\Omega) \times L^2(\Omega)$.

证 记

$$V = \{(\widehat{u}_0 e, \widehat{u}_1 e) | (\widehat{u}_0, \widehat{u}_1) \in H_0^1(\Omega) \times L^2(\Omega)\},$$

其中 $e = (1, \cdots, 1)^{\mathrm{T}}$. 引入算子

$$\begin{pmatrix} 0 & I_N \\ \Delta - A & 0 \end{pmatrix}, \tag{8.16}$$

其中 I_N 为 N 阶单位阵. 由于 A 满足 C_1-相容性条件, 子空间 V 关于由算子 (8.16) 生成的 C^0 半群 $\{S(t)\}_{t \geqslant 0}$ 是不变的. 于是, 系统 (I) 在 V 上生成了一个 C^0 半群 $S(t)$. 由时间可逆性, $S(T)$ 取遍整个子空间 V, 相应地, $(u(T), u'(T))$ 取遍整个空间 $H_0^1(\Omega) \times L^2(\Omega)$. 定理得证. □

对于任意给定的初值 $(\widehat{U}_0, \widehat{U}_1)$, 我们将讨论如何确定系统 (I) 的精确同步态.

设 $\epsilon_1, \cdots, \epsilon_q$ (相应地, $\mathcal{E}_1, \cdots, \mathcal{E}_q$) 是 A (相应地, A^{T}) 的一组长度为 q 的 Jordan 链, 满足

$$\begin{cases} A\epsilon_l = a\epsilon_l + \epsilon_{l+1}, & 1 \leqslant l \leqslant q, \\ A^{\mathrm{T}}\mathcal{E}_k = a\mathcal{E}_k + \mathcal{E}_{k-1}, & 1 \leqslant k \leqslant q, \\ \mathcal{E}_k^{\mathrm{T}}\epsilon_l = \delta_{kl}, & 1 \leqslant k, l \leqslant q, \end{cases} \tag{8.17}$$

其中

$$\epsilon_q = (1, \cdots, 1)^{\mathrm{T}}, \quad \epsilon_{q+1} = 0, \quad \mathcal{E}_0 = 0.$$

显然, $\epsilon_q = e$ 和 $\mathcal{E}_1 = E_1$ 分别是矩阵 A 和 A^{T} 相应于同一特征值 a 的特征向量.

考虑 $\mathbb{R}^N$ 到子空间 $\mathrm{Span}\{\epsilon_1, \cdots, \epsilon_q\}$ 上的投影算子 P:

$$P = \sum_{k=1}^{q} \epsilon_k \otimes \mathcal{E}_k, \tag{8.18}$$

其中 $\otimes$ 表示张量积, 且满足

$$(\epsilon_k \otimes \mathcal{E}_k)U = \mathcal{E}_k^{\mathrm{T}} U \epsilon_k, \quad \forall U \in \mathbb{R}^N, \ 1 \leqslant k \leqslant q.$$

投影算子 P 可以由一个 N 阶矩阵来表示, 从而可以将空间 $\mathbb{R}^N$ 做如下的分解:

$$\mathbb{R}^N = \mathrm{Im}(P) \bigoplus \mathrm{Ker}(P),$$

其中 $\oplus$ 表示子空间的直和. 此外, 有

$$\mathrm{Im}(P) = \mathrm{Span}\{\epsilon_1, \cdots, \epsilon_q\}, \quad \mathrm{Ker}(P) = (\mathrm{Span}\{\mathcal{E}_1, \cdots, \mathcal{E}_q\})^{\perp} \tag{8.19}$$

及 $PA = AP$.

设 $U = U(t, x)$ 为问题 (I)—(I$_0$) 的解. 定义

$$\begin{cases} U_c := (I - P)U, \\ U_s := PU. \end{cases} \tag{8.20}$$

若系统 (I) 精确同步, 则有

$$t \geqslant T: \quad U = u\epsilon_q, \tag{8.21}$$

其中 $u = u(t, x)$ 是精确同步态. 于是, 注意到 (8.20)—(8.21), 可得

$$t \geqslant T: \quad \begin{cases} U_c = u(I - P)\epsilon_q = 0, \\ U_s = uP\epsilon_q = u\epsilon_q. \end{cases}$$

U_c 和 U_s 将分别称为 U 的**能控部分**和**同步部分**.

将投影算子 P 作用到问题 (I)—(I$_0$) 上, 并注意到 $PA = AP$, 立刻得到

命题 8.2 能控部分 U_c 是如下问题的解:

$$\begin{cases} U_c'' - \Delta U_c + AU_c = (I - P)D\chi_\omega H, & (t, x) \in (0, +\infty) \times \Omega, \\ U_c = 0, & (t, x) \in (0, +\infty) \times \Gamma, \\ t = 0: \quad U_c = (I - P)\widehat{U}_0, \ U_c' = (I - P)\widehat{U}_1, & x \in \Omega; \end{cases} \tag{8.22}$$

而同步部分 U_s 是如下问题的解:

$$\begin{cases} U_s'' - \Delta U_s + AU_s = PD\chi_\omega H, & (t, x) \in (0, +\infty) \times \Omega, \\ U_s = 0, & (t, x) \in (0, +\infty) \times \Gamma, \\ t = 0: \quad U_s = P\widehat{U}_0, \ U_s' = P\widehat{U}_1, & x \in \Omega. \end{cases} \tag{8.23}$$

注 **8.1** 事实上, 通过内部控制 H 的作用, 一方面, 使得 U_c 系统对初始条件 $((I-P)\widehat{U}_0, (I-P)\widehat{U}_1) \in \text{Ker}(P) \times \text{Ker}(P)$ 实现精确内部能控性; 另一方面, 使得 U_s 系统对初始条件 $(P\widehat{U}_0, P\widehat{U}_1) \in \text{Im}(P) \times \text{Im}(P)$ 实现精确内部同步性.

引入集合

$$\mathcal{D}_{N-1} = \{D \in \mathbb{M}^{N \times (N-1)} | \text{rank}(C_1 D) = \text{rank}(D) = N-1\}. \tag{8.24}$$

命题 8.3 如下定义 $N \times (N-1)$ 矩阵 D:

$$\text{Im}(D) = (\text{Span}\{\mathcal{E}_q\})^\perp. \tag{8.25}$$

就成立 $D \in \mathcal{D}_{N-1}$.

证 显然, $\text{rank}(D) = N-1$. 另一方面, 由于 $(\epsilon_q, \mathcal{E}_q) = 1$, 有 $\epsilon_q \notin (\text{Span}\{\mathcal{E}_q\})^\perp = \text{Im}(D)$. 注意到 $\text{Ker}(C_1) = \text{Span}\{\epsilon_q\}$, 可得 $\text{Im}(D) \cap \text{Ker}(C_1) = \{0\}$. 于是, 由引理 2.5 可得 $\text{rank}(C_1 D) = \text{rank}(D) = N-1$. 命题得证. $\square$

定理 8.5 若 $q = 1$, 则存在一个内部控制矩阵 $D \in \mathcal{D}_{N-1}$, 使得同步部分 U_s 与内部控制 H 无关. 反之, 若同步部分 U_s 与内部控制 H 无关, 则 $q = 1$.

证 若 $q = 1$, 由命题 8.3, 可由 (8.25) 取内部控制矩阵 $D \in \mathcal{D}_{N-1}$. 注意到 (8.19), 可知

$$\text{Ker}(P) = (\text{Span}\{\mathcal{E}_q\})^\perp = \text{Im}(D). \tag{8.26}$$

于是 $PD = 0$, 因此问题(8.23)的解 U_s 与内部控制 H 无关.

反之, 设内部控制 H_1 和 H_2 均可实现系统 (I) 的精确内部同步性. 若问题(8.23)相应的解 U_s 与内部控制 H_1 和 H_2 无关, 就有

$$PD(H_1 - H_2) = 0, \quad (t, x) \in (0, T) \times \omega. \tag{8.27}$$

由定理 7.4 和命题 8.1, $C_1 D(H_1 - H_2)$ 在 $(T - \epsilon) \times \omega$ 上的值可以任意给定. 由于矩阵 $C_1 D$ 可逆, $(H_1 - H_2)$ 在 $(T - \epsilon) \times \omega$ 上的值可以任意选取, 这表明 $PD = 0$,

从而有

$$\mathrm{Im}(D) \subseteq \mathrm{Ker}(P). \tag{8.28}$$

注意到 (8.19), 我们有 $\dim \mathrm{Ker}(P) = N - q$, 且 $\dim \mathrm{Im}(D) = N - 1$, 从而 $q = 1$.
定理得证. □

推论 8.1 假设 $\mathrm{Ker}(C_1)$ 和 $\mathrm{Im}(C_1^{\mathrm{T}})$ 均是耦合阵 A 的不变子空间, 那么存在一个内部控制矩阵 $D \in \mathcal{D}_{N-1}$, 使得系统 (I) 精确同步, 且同步部分 U_s 与内部控制 H 无关.

证 注意到 $\mathrm{Ker}(C_1) = \mathrm{Span}\{e\}$, 其中 $e = (1, \cdots, 1)^{\mathrm{T}}$. 由于 $\mathrm{Im}(C_1^{\mathrm{T}})$ 是耦合阵 A 的一个不变子空间, 由引理 2.4, $\mathrm{Ker}(C_1)$ 是 A^{T} 的一个不变子空间. 这样, e 也是 A^{T} 对应于同一个特征值 a 的特征向量, 而 a 由 (8.2) 给定. 于是, 取 $E = e/N$, 有 $(E, e) = 1$, 从而有 $q = 1$. 由定理 8.5, 可选取一个内部控制矩阵 $D \in \mathcal{D}_{N-1}$, 使得系统 (I) 的同步部分 U_s 与内部控制 H 无关. 推论得证. □

接下来, 我们讨论一般的情况: $q \geqslant 1$. 记

$$\psi_k = \mathcal{E}_k^{\mathrm{T}} U, \quad 1 \leqslant k \leqslant q, \tag{8.29}$$

并将 U_s 写成

$$U_s = \sum_{k=1}^{q} \mathcal{E}_k^{\mathrm{T}} U \epsilon_k = \sum_{k=1}^{q} \psi_k \epsilon_k.$$

$\psi_1, \cdots, \psi_q$ 实际上就是 U_s 在双正交基 $\{\epsilon_1, \cdots, \epsilon_q\}$ 和 $\{\mathcal{E}_1, \cdots, \mathcal{E}_q\}$ 下的坐标.

注意到 (8.17), 易得

定理 8.6 设 $\epsilon_1, \cdots, \epsilon_q$ (相应地, $\mathcal{E}_1, \cdots, \mathcal{E}_q$) 是耦合阵 A (相应地, A^{T}) 对应于特征值 a 的 Jordan 链, 且 $\epsilon_q = (1, \cdots, 1)^{\mathrm{T}}$. 则同步部分 $U_s = (\psi_1, \cdots, \psi_q)^{\mathrm{T}}$ 将由下面问题 (其中 $1 \leqslant k \leqslant q$) 的解确定:

$$\begin{cases} \psi_k'' - \Delta \psi_k + a \psi_k + \psi_{k-1} = \chi_\omega h_k, & (t, x) \in (0, +\infty) \times \Omega, \\ \psi_k = 0, & (t, x) \in (0, +\infty) \times \Gamma, \\ t = 0: \quad \psi_k = \mathcal{E}_k^{\mathrm{T}} \widehat{U}_0, \quad \psi_k' = \mathcal{E}_k^{\mathrm{T}} \widehat{U}_1, \quad x \in \Omega, \end{cases} \tag{8.30}$$

其中

$$\psi_0 = 0 \quad 且 \quad h_k = \mathcal{E}_k^{\mathrm{T}} DH, \quad 1 \leqslant k \leqslant q. \tag{8.31}$$

此外, 当 $t \geqslant T$ 时, 精确同步态由 $u = \phi_q$ 给出.

证 首先, 对 $1 \leqslant k \leqslant q$, 将问题 (8.23) 与 $\mathcal{E}_k$ 作内积, 可得 (8.30)—(8.31).

另一方面, 注意到 (8.21), 对 $1 \leqslant k \leqslant q$, 我们得到

$$t \geqslant T: \quad \psi_k = \mathcal{E}_k^{\mathrm{T}} U = u \mathcal{E}_k^{\mathrm{T}} \epsilon_q = u \delta_{kq}, \tag{8.32}$$

其中 δ_{kq} 为 Kronecker 记号. 因此, 精确同步态 u 由

$$t \geqslant T: \quad u = u(t, x) = \psi_q(t, x)$$

给出. 定理得证. □

在特殊情形 $q = 1$ 下, 由定理 8.5 和定理 8.6, 我们有

推论 8.2 当 $q = 1$ 时, 可以选取内部控制矩阵 $D \in \mathcal{D}_{N-1}$, 使得 $D^{\mathrm{T}} \mathcal{E}_1 = 0$. 于是, 精确同步态 u 由下式

$$t \geqslant T: \quad u = \psi, \quad x \in \Omega \tag{8.33}$$

决定, 其中 ψ 是如下问题的解:

$$\begin{cases} \psi'' - \Delta \psi + a\psi = 0, & (t, x) \in 0, +\infty) \times \Omega, \\ \psi = 0, & (t, x) \in (0, +\infty) \times \Gamma, \\ t = 0: \quad \psi = \mathcal{E}_1^{\mathrm{T}} \widehat{U}_0, \quad \psi' = \mathcal{E}_1^{\mathrm{T}} \widehat{U}_1, & x \in \Omega, \end{cases} \tag{8.34}$$

其中 a 由 (8.2) 给定.

反之, 若同步部分 U_s 与内部控制 H 无关, 则必定成立

$$q = 1 \quad 及 \quad D^{\mathrm{T}} \mathcal{E}_1 = 0.$$

因此, 精确同步态 u 由 (8.33) 式给出, 其中 ψ 是问题 (8.34) 的解. 特别地, 若初值 $(\widehat{U}_0, \widehat{U}_1)$ 满足

$$\mathcal{E}_1^{\mathrm{T}} \widehat{U}_0 = \mathcal{E}_1^{\mathrm{T}} \widehat{U}_1 = 0,$$

则系统 (I) 精确能控.

关系式 (8.32) 表明只有最后一个分量 ψ_q 是同步的, 而其他分量均化为 0. 但为了得到分量 ψ_q, 我们仍然需要求解关于变量 $(\psi_1, \cdots, \psi_q)^{\mathrm{T}}$ 的整个问题 (8.30)—(8.31). 因此, 除了 $q = 1$ 的特殊情形, 精确同步态 u 均依赖于为实现精确内部同步所取的内部控制 H, 于是, 一般而言, 我们并不能唯一地确定精确同步态 u. 但是, 对精确同步态 u 有下面的近似估计结果.

定理 8.7 设 $\Omega \subset \mathbb{R}^m$ 是具光滑边界 Γ 的有界区域. 设系统 (I) 对某个内部控制矩阵 $D \in \mathcal{D}_{N-1}$ 精确同步. 设 ψ 是如下问题的解:

$$\begin{cases} \psi'' - \Delta\psi + a\psi = 0, & (t, x) \in (0, +\infty) \times \Omega, \\ \psi = 0, & (t, x) \in (0, +\infty) \times \Gamma, \\ t = 0: \quad \psi = \mathcal{E}_q^{\mathrm{T}} \widehat{U}_0, \quad \psi' = \mathcal{E}_q^{\mathrm{T}} \widehat{U}_1, \quad x \in \Omega, \end{cases} \tag{8.35}$$

其中 a 由 (8.2) 给定. 并假设

$$D^{\mathrm{T}} \mathcal{E}_q = 0. \tag{8.36}$$

则存在一个依赖于 $T > 0$ 的正常数 c_T, 使得精确同步态 u 在时刻 $T > 0$ 满足下面的估计:

$$\|(u, u') - (\psi, \psi')\|_{H^2(\Omega) \times H^1(\Omega)}^2 \leqslant c_T \|C_1(\widehat{U}_0, \widehat{U}_1)\|_{(H_0^1(\Omega) \times L^2(\Omega))^{N-1}}^2. \tag{8.37}$$

证 由命题 8.3, 可选取一个内部控制矩阵 $D \in \mathcal{D}_{N-1}$, 使得 (8.36) 成立. 于是, 考虑 (8.30) 中的第 q 个方程, 可得如下的问题:

$$\begin{cases} \psi_q'' - \Delta\psi_q + a\psi_q + \psi_{q-1} = 0, & (t, x) \in (0, +\infty) \times \Omega, \\ \psi_q = 0, & (t, x) \in (0, +\infty) \times \Gamma, \\ t = 0: \quad \psi_q = \mathcal{E}_q^{\mathrm{T}} \widehat{U}_0, \quad \psi_q' = \mathcal{E}_q^{\mathrm{T}} \widehat{U}_1, \quad x \in \Omega. \end{cases} \tag{8.38}$$

由 (8.32), 可得

$$t \geqslant T: \quad \psi_q = u, \quad \psi_{q-1} \equiv 0. \tag{8.39}$$

由于问题 (8.35) 和 (8.38) 具有相同的初始条件和相同的齐次 Dirichlet 边界条件, 注意到 $\phi_{q-1} \in C^0(0,T; H_0^1(\Omega))$, 由命题 3.1, 存在正常数 c', 使得

$$\|(u,u')(T) - (\psi, \psi')(T)\|^2_{H^2(\Omega) \times H^1(\Omega)} \leqslant c' \int_0^T \|\psi_{q-1}\|^2_{H_0^1(\Omega)} \mathrm{d}s. \tag{8.40}$$

注意到条件 $\mathcal{E}_{q-1}^{\mathrm{T}} \epsilon_q = 0$ 蕴含着

$$\mathcal{E}_{q-1} \in (\mathrm{Span}\{\epsilon_q\})^\perp = (\mathrm{Ker}(C_1))^\perp = \mathrm{Im}(C_1^{\mathrm{T}})$$

是 C_1^{T} 的列向量的一个线性组合. 故存在一个正常数 c'', 使得

$$\|\psi_{q-1}(s)\|^2_{H_0^1(\Omega)} = \|\mathcal{E}_{q-1}^{\mathrm{T}} U(s)\|^2_{H_0^1(\Omega)} \leqslant c'' \|C_1 U(s)\|^2_{(H_0^1(\Omega))^{N-1}}. \tag{8.41}$$

由于 $W_1 = C_1 U$, 化约系统 (8.8) 的精确内部能控性表明: 存在一个不依赖于初值但依赖于 $T > 0$ 的正常数 c_T, 使成立

$$\int_0^T \|C_1 U(s)\|^2_{(H_0^1(\Omega))^{N-1}} \mathrm{d}s \leqslant c_T \|C_1(\widehat{U}_0, \widehat{U}_1)\|^2_{(H_0^1(\Omega) \times L^2(\Omega))^{N-1}}. \tag{8.42}$$

最后, 将 (8.41)—(8.42) 代入 (8.40), 可得估计式 (8.37). 定理得证. □

第九章

精确内部同步的稳定性

在本章中, 我们将建立系统 (I) 的非逼近能控性和精确同步态不依赖于所施控制之间的等价性, 主要思路是利用紧摄动理论来消除精确同步态的不确定性. 本章的内容主要取自 [47].

§ 1. 预同步态

设在条件 $\mathrm{rank}(D) = N - 1$ 成立的前提下, 系统 (I) 在时刻 $T > 0$ 精确同步. 由定理 8.3 可得 $\mathrm{rank}(C_1 D) = N - 1$. 由引理 2.6 (其中取 $p = 1$), 可得

$$\mathrm{Ker}(D^{\mathrm{T}}) \bigoplus \mathrm{Im}(C_1^{\mathrm{T}}) = \mathbb{R}^N. \tag{9.1}$$

此外, 记 $\mathrm{Ker}(C_1) = \mathrm{Span}\{e\}$, 而 $\mathrm{Ker}(D^{\mathrm{T}}) = \mathrm{Span}\{E\}$, 其中 $e = (1, \cdots, 1)^{\mathrm{T}}$, 就有

$$E^{\mathrm{T}} e = 1. \tag{9.2}$$

定义预同步态为

$$\phi = E^{\mathrm{T}} U. \tag{9.3}$$

由 (8.5) 和 (9.2) 可得

$$t \geqslant T: \quad \phi = E^{\mathrm{T}} U = E^{\mathrm{T}} eu = u. \tag{9.4}$$

因此预同步态 ϕ 可很好地描述精确同步态 u.

定理 9.1 设 $\Omega \subset \mathbb{R}^m$ 是具光滑边界 Γ 的有界区域, 且 Γ 满足乘子控制条件 (3.20). 设 $\omega \subset \Omega$ 是 Γ 的一个邻域. 若在条件 $\mathrm{rank}(D) = N - 1$ 成立的前提下, 系统 (I) 精确同步. 那么预同步态 ϕ 不依赖于所施的控制当且仅当

$$\mathrm{rank}(D, AD, \cdots, A^{N-1}D) = N - 1. \tag{9.5}$$

证 由命题 3.1,

$$F: \quad H \to U \tag{9.6}$$

是由控制空间 $(L^1(0, +\infty; L^2(\Omega)))^M$ 到解空间

$$(C_{\mathrm{loc}}^0(0, +\infty; H_0^1(\Omega)) \cap C_{\mathrm{loc}}^1(0, +\infty; L^2(\Omega)))^N$$

的一个连续映射. 于是 Fréchet 导数 $\widehat{U} \stackrel{\triangle}{=} F'(0)\widehat{H}$ 满足如下系统

$$\begin{cases} \widehat{U}'' - \Delta \widehat{U} + A\widehat{U} = D\chi_\omega \widehat{H}, & (t,x) \in (0, +\infty) \times \Omega, \\ \widehat{U} = 0, & (t,x) \in (0, +\infty) \times \Gamma \end{cases} \tag{9.7}$$

及初始条件

$$t = 0: \quad \widehat{U} = \widehat{U}' = 0, \quad x \in \Omega. \tag{9.8}$$

由 (9.1), 存在常数 $b \in \mathbb{R}$ 和向量 $x \in \mathbb{R}^{N-1}$, 使得

$$A^{\mathrm{T}} E = bE - C_1^{\mathrm{T}} x. \tag{9.9}$$

将 E^{T} 作用到系统 (9.7) 上, 可得

$$E^{\mathrm{T}}\widehat{U}'' - \Delta E^{\mathrm{T}}\widehat{U} + bE^{\mathrm{T}}\widehat{U} = x^{\mathrm{T}}C_1\widehat{U}, \quad (t,x) \in (0,+\infty) \times \Omega. \tag{9.10}$$

由于 $\phi = E^{\mathrm{T}}U$ 不依赖于所施的控制, 因此 Fréchet 导数 $E^{\mathrm{T}}\widehat{U} = 0$. 由 (9.10), 对所有的 $\widehat{H} \in (L^2(0,+\infty; L^2(\Omega)))^{N-1}$, 成立

$$x^{\mathrm{T}}C_1\widehat{U} \equiv 0, \quad (t,x) \in (0,+\infty) \times \Omega. \tag{9.11}$$

由定理 8.3, A 满足 C_1-相容性条件 (8.6). 由引理 2.7 (其中取 $p = 1$), 存在 $(N-1)$ 阶矩阵 A_1, 使得 $C_1A = A_1C_1$. 于是, 将 C_1 作用到系统 (9.7) 上, 并记 $D_1 = C_1D$ 及 $\widehat{W}_1 = C_1\widehat{U}$, 就得到如下的化约系统:

$$\begin{cases} \widehat{W}_1'' - \Delta\widehat{W}_1 + A_1\widehat{W}_1 = D_1\chi_\omega\widehat{H}, & (t,x) \in (0,+\infty) \times \Omega, \\ \widehat{W}_1 = 0, & (t,x) \in (0,+\infty) \times \Gamma \end{cases} \tag{9.12}$$

及初始条件

$$t = 0: \quad \widehat{W}_1 = 0, \quad \widehat{W}_1' = 0, \quad x \in \Omega. \tag{9.13}$$

由命题 8.1 可知, 系统(9.12)在时刻 $T > 0$ 精确能控. 由注 7.1 可知, 当 $\widehat{H}$ 取遍空间 $(L^2(0,T; L^2(\Omega)))^{N-1}$ 时, 终端状态 $(\widehat{W}_1(T), \widehat{W}_1'(T))$ 取遍空间 $(H_0^1(\Omega) \times L^2(\Omega))^{N-1}$, 而 $\widehat{W}_1 = C_1\widehat{U}$. 由(9.11)可得 $x = 0$, 因此有 $A^{\mathrm{T}}E = bE$, 从而 $\mathrm{Ker}(D^{\mathrm{T}})$ 是 A^{T} 的最大不变子空间. 由引理 2.1, 就得到秩条件 (9.5).

　　反之, 由引理 2.1, 条件 (9.2) 和 (9.5) 蕴含着 $A^{\mathrm{T}}E = aE$, 其中 a 由 (8.2) 给出. 将 E^{T} 作用到系统 (I) 上, 并记 $\phi = E^{\mathrm{T}}U$, 可以得到下述系统:

$$\begin{cases} \phi'' - \Delta\phi + a\phi = 0, & (t,x) \in (0,+\infty) \times \Omega, \\ \phi = 0, & (t,x) \in (0,+\infty) \times \Gamma \end{cases} \tag{9.14}$$

及初始条件

$$t = 0: \quad \phi = E^{\mathrm{T}}\widehat{U}_0, \quad \phi' = E^{\mathrm{T}}\widehat{U}_1, \quad x \in \Omega. \tag{9.15}$$

因此, 预同步态 ϕ 可以由初值 $(\widehat{U}_0, \widehat{U}_1)$ 唯一决定, 且不依赖于所施的控制. 定理得证. □

定理 9.2 设 $\Omega \subset \mathbb{R}^m$ 是具光滑边界 Γ 的有界区域, 且 Γ 满足乘子控制条件 (3.20). 设 $\omega \subset \Omega$ 是 Γ 的一个邻域. 若在条件 $\mathrm{rank}(D) = N - 1$ 成立的前提下, 系统 (I) 精确同步, 那么预同步态 ϕ 不依赖于所施的控制当且仅当系统 (I) 不是逼近能控的.

证 由定理 3.3, Kalman 秩条件 (3.15) 是系统 (I) 具逼近能控性的充分必要条件. 注意到 $\mathrm{rank}(D) = N - 1$, 系统 (I) 的非逼近能控性等价于条件 (9.5) 成立, 因此由定理 9.1, 等价于 ϕ 不依赖于所施的控制. 定理得证. □

推论 9.1 设 $\Omega \subset \mathbb{R}^m$ 是具光滑边界 Γ 的有界区域, 且 Γ 满足乘子控制条件 (3.20). 设 $\omega \subset \Omega$ 是 Γ 的一个邻域. 在秩条件 $\mathrm{rank}(D) = N - 1$ 成立的前提下, 若系统 (I) 精确同步, 但不逼近能控, 那么精确同步态 u 不依赖于所施的控制.

证 由定理 9.2, 非逼近能控性蕴含着预同步态 ϕ 不依赖于所施的控制, 因此由 (9.4) 蕴含着精确同步态 u 不依赖于所施的控制. 推论得证. □

§2. 精确内部同步的能达集

设系统 (I) 在时刻 $T > 0$ 精确同步, 且精确同步态 u 满足下述系统:

$$\begin{cases} u'' - \Delta u + au = 0, & (t,x) \in (T, +\infty) \times \Omega, \\ u = 0, & (t,x) \in (T, +\infty) \times \Gamma. \end{cases} \tag{9.16}$$

对任意给定的初值 $(\widehat{U}_0, \widehat{U}_1) \in (H_0^1(\Omega) \times L^2(\Omega))^N$, 记 $\mathcal{U}_{\mathrm{ad}}(\widehat{U}_0, \widehat{U}_1)$ 为所有可实现系统 (I) 精确同步性的内部控制 H 所组成的允许集.

相应地, 我们给出

定义 9.1 系统 (I) 在时刻 $T > 0$ **精确同步的能达集**定义为

$$\mathcal{A}_T(\widehat{U}_0, \widehat{U}_1) = \left\{ (u(T), u'(T)), \quad H \in \mathcal{U}_{\mathrm{ad}}(\widehat{U}_0, \widehat{U}_1) \right\}. \tag{9.17}$$

由于 $\mathcal{U}_{\mathrm{ad}}(\widehat{U}_0, \widehat{U}_1)$ 是 $(L^2(0,T; L^2(\Omega)))^{N-1}$ 中的一个凸闭集, 由线性性, $\mathcal{A}_T(\widehat{U}_0, \widehat{U}_1)$ 也是 $H_0^1(\Omega) \times L^2(\Omega)$ 中的凸集, 然而, 与控制问题不同 (参见 [6, 70]), 精确同步的能达集一般不是闭集.

在后面的定理 9.3 中, 我们将给出 $\mathcal{A}_T(\widehat{U}_0, \widehat{U}_1)$ 的结构, 并验证精确同步态 (u, u') 不依赖于所施的控制.

定理 9.3 设 $\Omega \subset \mathbb{R}^m$ 是具光滑边界 Γ 的有界区域, 且 Γ 满足乘子控制条件 (3.20). 设 $\omega \subset \Omega$ 是 Γ 的一个邻域. 在秩条件 $\mathrm{rank}(D) = N - 1$ 成立的前提下, 若系统 (I) 在时刻 $T > 0$ 精确同步, 且逼近能控, 那么精确同步的能达集 $\mathcal{A}_{2T}(\widehat{U}_0, \widehat{U}_1)$ 在 $H_0^1(\Omega) \times L^2(\Omega)$ 中是稠密的.

证 首先, 对任意给定的初值 $(\widehat{U}_0, \widehat{U}_1) \in (H_0^1(\Omega) \times L^2(\Omega))^N$ 及任意给定的控制 $H_c \in (L^2(0,T; L^2(\Omega)))^{N-1}$, 考察如下问题:

$$\begin{cases} U_c'' - \Delta U_c + A U_c = D\chi_\omega H_c, & (t,x) \in (0,T) \times \Omega, \\ U_c = 0, & (t,x) \in (0,T) \times \Gamma, \\ t = 0: \quad U_c = \widehat{U}_0, \quad U_c' = \widehat{U}_1, \quad x \in \Omega. \end{cases} \tag{9.18}$$

上述系统在时刻 $T > 0$ 的逼近能控性蕴含着当 H_c 取遍空间 $(L^2(0,T; L^2(\Omega)))^{N-1}$ 时, 子空间

$$\mathcal{C}(\widehat{U}_0, \widehat{U}_1) = \left\{ (U_c(T), U_c'(T)) \right\} \tag{9.19}$$

在 $(H_0^1(\Omega) \times L^2(\Omega))^N$ 中是稠密的.

接下来, 对任意给定的初值 $(U_T, V_T) \in (H_0^1(\Omega) \times L^2(\Omega))^N$, 考察下述问题:

$$\begin{cases} U_s'' - \Delta U_s + A U_s = D\chi_\omega H_s, & (t,x) \in (T, 2T) \times \Omega, \\ U_s = 0, & (t,x) \in (T, 2T) \times \Gamma, \\ t = T: \quad U_s = U_T, \quad U_s' = V_T, \quad x \in \Omega. \end{cases} \tag{9.20}$$

由于系统 (I) 精确同步, 在空间 $(L^2(T, 2T; L^2(\Omega)))^{N-1}$ 中存在一个支集在 $[T, 2T]$ 中

的内部控制, 以及函数

$$u \in C^0_{\text{loc}}([2T, +\infty); H^1_0(\Omega)) \cap C^1_{\text{loc}}([2T, +\infty); L^2(\Omega)),$$

使得问题 (9.20) 的解 U_s 满足

$$t \geqslant 2T : \quad U_s = ue, \tag{9.21}$$

其中 $e = (1, \cdots, 1)^{\text{T}}$.

假设由问题 (9.20) 给出的控制 H_s 范数最小, 就存在一个正常数 c, 使得

$$\|U_s\|_{(C^0([T,2T];H^1_0(\Omega)) \cap C^1([T,2T];L^2(\Omega)))^N} \leqslant c\|(U_T, V_T)\|_{(H^1_0(\Omega) \times L^2(\Omega))^N}. \tag{9.22}$$

最后, 由 [54, 定理 5.1] 或 [71, 推论 5, p. 86], 嵌入

$$(C^0([T, 2T]; H^1_0(\Omega)) \cap C^1([T, 2T]; L^2(\Omega)))^N \hookrightarrow (L^2(T, 2T; L^2(\Omega)))^N \tag{9.23}$$

是紧的, 于是由空间 $(H^1_0(\Omega) \times L^2(\Omega))^N$ 到 $(L^2(T, 2T; L^2(\Omega)))^N$ 的映射

$$(U_T, V_T) \to U_s \tag{9.24}$$

也是紧的.

记 $\text{Ker}(D^{\text{T}}) = \text{Span}\{E\}$. 将 E^{T} 作用到问题 (9.20) 上, 并记预同步态为 $\phi = E^{\text{T}}U_s$, 可得到下述问题:

$$\begin{cases} \phi'' - \Delta\phi = -E^{\text{T}}AU_s, & (t, x) \in (T, 2T) \times \Omega, \\ \phi = 0, & (t, x) \in (T, 2T) \times \Gamma, \\ t = T : \quad \phi = E^{\text{T}}U_T, \quad \phi' = E^{\text{T}}V_T, \quad x \in \Omega. \end{cases} \tag{9.25}$$

对问题 (9.25), 我们补充关于变量 $W_1 = (w^{(1)}, \cdots, w^{(N-1)})^{\mathrm{T}}$ 的下述问题:

$$
\begin{cases}
W_1'' - \Delta W_1 = 0, & (t, x) \in (T, 2T) \times \Omega, \\
W_1 = 0, & (t, x) \in (T, 2T) \times \Gamma, \\
t = T: \quad W_1 = C_1 U_T, \quad W_1' = C_1 V_T, & x \in \Omega.
\end{cases}
\tag{9.26}
$$

记

$$
\Phi = \begin{pmatrix} \phi \\ W_1 \end{pmatrix} \quad 及 \quad F = \begin{pmatrix} E^{\mathrm{T}} A U_s \\ 0 \end{pmatrix}.
\tag{9.27}
$$

将问题 (9.25) 和 (9.26) 表述为如下形式:

$$
t \geqslant T: \quad \left(\Phi, \Phi'\right) = \mathcal{R}(t) B(U_T, V_T) - \int_T^t \mathcal{R}(t - \tau)\left(0, F(\tau)\right) \mathrm{d}\tau,
\tag{9.28}
$$

其中, 由引理 2.6 (其中取 $p = 1$), 矩阵 $D^{\mathrm{T}} = (E, C_1^{\mathrm{T}})$ 是可逆的, 而 $\mathcal{R}(t)$ 是相应的半群.

令 $R = \mathcal{R}(2T)B$, 而

$$
L: \quad (U_T, V_T) \to \int_T^{2T} \mathcal{R}(2T - \tau)\left(0, F(\tau)\right) \mathrm{d}\tau.
\tag{9.29}
$$

在 (9.28) 中取 $t = 2T$, 可得

$$
\left(\Phi(2T), \Phi'(2T)\right) = (R - L)(U_T, V_T).
\tag{9.30}
$$

下面证明 $\mathrm{Ker}(R - L) = \{0\}$. 为此目的, 令 $(R - L)(U_T, V_T) = (0, 0)$, 这意味着问题 (9.25)—(9.26) 的解 Φ 满足终端条件

$$
\phi(2T) = \phi'(2T) = 0
\tag{9.31}
$$

及

$$
W_1(2T) = W_1'(2T) = 0.
\tag{9.32}
$$

首先, 条件 (9.32) 蕴含着 $W_1 \equiv 0$, 于是 $U_T, V_T \in \mathrm{Ker}(C_1)$. 接下来, 由定理 8.3, C_1-相容性条件 (8.6) 成立, 在此条件下, 无扰动系统 (9.20) (其中取 $H_s = 0$) 是一个同步系统 (参见 [29]). 由于 $U_T, V_T \in \mathrm{Ker}(C_1)$, 问题 (9.20) (其中取 $H_s = 0$) 相应的解 U_s 在 $t \geqslant T$ 时属于空间 $\mathrm{Ker}(C_1)$, 故满足终端条件 (9.21), 从而 $U_s(2T), U_s'(2T) \in \mathrm{Ker}(C_1)$. 而终端条件 (9.31) 意味着 $U_s(2T), U_s'(2T) \in \{\mathrm{Span}\{E\}\}^{\perp}$. 由引理 2.6 可得

$$\{\mathrm{Span}\{E\}\}^{\perp} \cap \mathrm{Ker}(C_1) = \{\mathrm{Ker}(D^{\mathrm{T}})\}^{\perp} \cap \mathrm{Ker}(C_1) = \{0\}. \qquad (9.33)$$

于是有 $U_s(2T) = U_s'(2T) = 0$, 这蕴含着 $U_T = V_T = 0$. 于是 $\mathrm{Ker}(R - L) = \{0\}$.

由于 R 是 $(H_0^1(\Omega) \times L^2(\Omega))^N$ 中的一个同构, 且由于 (9.24) 是一个紧映射, L 是 $(H_0^1(\Omega) \times L^2(\Omega))^N$ 中的一个紧算子, 从而由 Fredholm 择一原理 (参见 [8]), 可得 $\dim \mathrm{Ker}\,(R - L)^* = \dim \mathrm{Ker}\,(R - L) = 0$. 于是有

$$\mathrm{Im}(R - L) = \{\mathrm{Ker}(R - L)^*\}^{\perp} = (H_0^1(\Omega) \times L^2(\Omega))^N. \qquad (9.34)$$

此外, 由 Banach-Schauder 开映射定理 (参见 [8]), $R - L$ 是 $(H_0^1(\Omega) \times L^2(\Omega))^N$ 中的一个同构.

对任意给定的 $(\Psi(2T), \Psi'(2T)) \in (H_0^1(\Omega) \times L^2(\Omega))^N$, 定义

$$(U_T, V_T) = (R - L)^{-1}(\Psi(2T), \Psi'(2T)). \qquad (9.35)$$

由于 $\mathcal{C}(\widehat{U}_0, \widehat{U}_1)$ 在空间 $(H_0^1(\Omega) \times L^2(\Omega))^N$ 中是稠密的, 存在一个内部控制 $H_c \in (L^2(0, T; L^2(\Omega)))^{N-1}$, 使得问题 (9.18) 的解 U_c 满足

$$\|(U_T, V_T) - (U_c(T), U_c'(T))\|_{(H_0^1(\Omega) \times L^2(\Omega))^N} \leqslant \epsilon. \qquad (9.36)$$

于是, 记 $c = \|R - L\|$, 就有

$$\|(\Psi(2T), \Psi'(2T)) - (R - L)(U_c(T), U_c'(T))\|_{(H_0^1(\Omega) \times L^2(\Omega))^N} \leqslant c\epsilon. \qquad (9.37)$$

回顾前面的论述, $\phi = E^{\mathrm{T}}U_s$ 是 $(R-L)(U_c(T), U_c'(T))$ 的第一个分量, 相应地, 记 $(\psi(2T), \psi'(2T))$ 为 $(\Psi(2T), \Psi'(2T))$ 的第一个分量. 考虑到所有这些, 由 (9.37) 可得

$$\|(\psi(2T), \psi'(2T)) - (\phi(2T), \phi'(2T))\|_{H_0^1(\Omega) \times L^2(\Omega)} \leqslant c\epsilon. \tag{9.38}$$

注意到 (9.4), 可得

$$\|(\psi(2T), \psi'(2T)) - (u(2T), u'(2T))\|_{H_0^1(\Omega) \times L^2(\Omega)} \leqslant c\epsilon. \tag{9.39}$$

最后, 取

$$H = \begin{cases} H_c, & t \in (0, T), \\ H_s, & t \in (T, 2T), \\ 0, & t > 2T, \end{cases} \tag{9.40}$$

那么 H 就是系统 (I) 在时刻 $2T$ 实现精确同步性的内部控制, 且对任意给定的 $(\psi(2T), \psi'(2T)) \in H_0^1(\Omega) \times L^2(\Omega)$, 在 $t = 2T$ 时刻, 终端状态 (u, u') 可以任意接近 $(\psi(2T), \psi'(2T))$, 从而, 终端状态 (u, u') 在空间 $H_0^1(\Omega) \times L^2(\Omega)$ 中稠密. 定理得证. $\qquad\qquad\square$

§3. 精确内部同步的稳定性

定理 9.4 设 $\Omega \subset \mathbb{R}^m$ 是一个具光滑边界 Γ 的有界区域, 且 Γ 满足乘子控制条件 (3.20). 设 $\omega \subset \Omega$ 是 Γ 的一个邻域. 下面的论断是等价的:

(a) 在 Kalman 秩条件 (9.5) 下, 系统 (I) 精确同步;

(b) 系统 (I) 精确同步, 且精确同步的能达集 $\mathcal{A}_{2T}(\widehat{U}_0, \widehat{U}_1)$ 化约为单元素集合;

(c) 系统 (I) 精确同步, 但不逼近能控.

证 $(a) \Longrightarrow (b)$. 由定理 8.3 可得 $\mathrm{rank}(D) \geqslant N - 1$, 这与 (9.5) 结合可推出 $\mathrm{rank}(D) = N - 1$. 于是, 由定理 9.1, 预同步态 ϕ 不依赖于所施的控制, 从而

由 (9.4), 精确同步态 u 也不依赖于所施的控制. 特别地, 精确同步的能达集化约为由 (9.14)—(9.15) 给出的单元素集合:

$$\mathcal{A}_{2T}(\widehat{U}_0, \widehat{U}_1) = (\phi, \phi').$$

$(b) \Longrightarrow (c)$. 设系统 (I) 逼近能控. 由定理 9.3, $\mathcal{A}_{2T}(\widehat{U}_0, \widehat{U}_1)$ 在 $H_0^1(\Omega) \times L^2(\Omega)$ 中稠密. 这与精确同步态的能达集 $\mathcal{A}_{2T}(\widehat{U}_0, \widehat{U}_1)$ 化约为一个单元素集合相悖.

$(c) \Longrightarrow (a)$. 一方面, 由定理 3.3, 非逼近能控性蕴含着

$$\operatorname{rank}(D, AD, \cdots, A^{N-1}D) \leqslant N - 1.$$

由定理 8.3, 成立 $\operatorname{rank}(D) \geqslant N - 1$, 这隐含着 Kalman 秩条件 (9.5) 成立.

定理得证. □

第十章

分组精确内部同步性

为了考察内部控制个数进一步减少的情形, 在本章我们对系统 (I) 考察分组精确内部同步性.

§1. 分组精确内部同步性

设 $p \geqslant 1$ 为一整数, 并取整数 $n_0, n_1, \cdots, n_p$ 满足

$$0 = n_0 < n_1 < \cdots < n_p = N, \tag{10.1}$$

且对 $1 \leqslant r \leqslant p$ 成立 $n_r - n_{r-1} \geqslant 2$. 我们将状态变量 U 的分量划分为 p 组:

$$(u^{(1)}, \cdots, u^{(n_1)}), (u^{(n_1+1)}, \cdots, u^{(n_2)}), \cdots, (u^{(n_{p-1}+1)}, \cdots, u^{(N)}). \tag{10.2}$$

定义 10.1 称系统 (I) 在时刻 $T > 0$ **分 p 组精确内部同步**, 若对任意给定的初值 $(\widehat{U}_0, \widehat{U}_1) \in (H_0^1(\Omega))^N \times (L^2(\Omega))^N$, 存在一个支集在 $[0, T]$ 中的内部控制 $H \in$

$(L^2(0,+\infty; L^2(\Omega)))^{N-p}$, 使得系统 (I) 的相应解 $U = U(t,x)$ 满足

$$t \geqslant T : \begin{cases} u^{(1)} \equiv \cdots \equiv u^{(n_1)} := u_1, \\ u^{(n_1+1)} \equiv \cdots \equiv u^{(n_2)} := u_2, \\ \cdots \\ u^{(n_{p-1}+1)} \equiv \cdots \equiv u^{(N)} := u_p, \end{cases} \tag{10.3}$$

其中 $u = (u_1, \cdots, u_p)^{\mathrm{T}}$ 称为**分 p 组精确同步态**, 它是事先未知的.

设 C_p 和 $e_1, \cdots, e_p$ 分别由 (2.10) 和 (2.12) 定义. 易见**分 p 组精确内部同步性** (10.3) 可等价地写成

$$t \geqslant T : \quad C_p U \equiv 0, \tag{10.4}$$

或

$$t \geqslant T : \quad U = \sum_{r=1}^{p} u_r e_r. \tag{10.5}$$

假设 A 满足 C_p-相容性条件:

$$A \mathrm{Ker}(C_p) \subseteq \mathrm{Ker}(C_p). \tag{10.6}$$

由引理 2.7, 存在一个 $(N-p)$ 阶矩阵 A_p, 使得

$$C_p A = A_p C_p. \tag{10.7}$$

将矩阵 C_p 作用在系统 (I) 上, 且记 $W_p = C_p U$, 可以得到如下的**化约系统**:

$$\begin{cases} W_p'' - \Delta W_p + A_p W_p = C_p D \chi_\omega H, & (t,x) \in (0,+\infty) \times \Omega, \\ W_p = 0, & (t,x) \in (0,+\infty) \times \Gamma \end{cases} \tag{10.8}$$

及其初始条件

$$t = 0 : \quad W_p = C_p \widehat{U}_0, \quad W_p' = C_p \widehat{U}_1, \quad x \in \Omega. \tag{10.9}$$

设 C_p-相容性条件 (10.6) 成立, 则原始系统 (I) 的分 p 组精确内部同步性等价于化约系统 (10.8) 的精确内部能控性. 此外, 由定理 7.6, 我们立刻得到以下定理.

定理 10.1 设 $\Omega \subset \mathbb{R}^m$ 是一个具光滑边界 Γ 的有界区域. 对任意给定的 $x_0 \in \mathbb{R}^m$, 设 ω 是 $\overline{\Gamma}(x_0)$ 在 Ω 中的一个邻域, 其中 $\Gamma(x_0)$ 由 (7.4) 式定义. 假设 C_p-相容性条件 (10.6) 成立, 那么系统 (I) 在空间 $(H_0^1(\Omega))^N \times (L^2(\Omega))^N$ 中分 p 组精确同步当且仅当成立秩条件

$$\mathrm{rank}(C_p D) = N - p. \tag{10.10}$$

接下来, 我们给出系统 (I) 具分 p 组精确内部同步性的必要条件.

定理 10.2 若系统 (I) 分 p 组精确同步, 则必成立 (10.10) 式. 此外, 若成立

$$\mathrm{rank}(D) = N - p, \tag{10.11}$$

则必成立 C_p-相容性条件 (10.6).

证 设 $C_{\widetilde{p}}$ 是由 (2.25) 定义的扩张矩阵. 根据引理 2.9, 存在 $(N - \widetilde{p})$ 阶矩阵 $A_{\widetilde{p}}$, 使成立 $C_{\widetilde{p}} A = A_{\widetilde{p}} C_{\widetilde{p}}$. 将矩阵 $C_{\widetilde{p}}$ 作用到系统 (I) 上, 且记 $W_{\widetilde{p}} = C_{\widetilde{p}} U$, 可以得到如下的化约系统:

$$\begin{cases} W_{\widetilde{p}}'' - \Delta W_{\widetilde{p}} + A_{\widetilde{p}} W_{\widetilde{p}} = C_{\widetilde{p}} D \chi_\omega H, & (t, x) \in (0, +\infty) \times \Omega, \\ W_{\widetilde{p}} = 0, & (t, x) \in (0, +\infty) \times \Gamma. \end{cases} \tag{10.12}$$

另一方面, 将矩阵 C_p 作用到系统 (I) 的方程上, 由 (10.4) 依次可得

$$t \geqslant T: \quad C_p A U = 0, \ C_p A^2 U = 0, \ \cdots, \tag{10.13}$$

即

$$t \geqslant T: \quad C_{\widetilde{p}} U = 0. \tag{10.14}$$

于是化约系统 (10.12) 在空间 $(H_0^1(\Omega) \times L^2(\Omega))^{N - \widetilde{p}}$ 中精确能控. 由定理 7.6, 可得

$$\mathrm{rank}(C_{\widetilde{p}} D) = N - \widetilde{p}. \tag{10.15}$$

注意到 (10.11), 由引理 2.9, 可得 C_p-相容性条件 (10.6). 定理得证.　　　　□

注 10.1　在最小秩条件 (10.11) 成立, 即取最少的内部控制个数时, C_p-相容性条件 (10.6) 才是系统 (I) 具分 p 组精确内部同步性的必要条件.

注 10.2　内部控制矩阵 D 的秩 M 代表作用在原系统 (I) 上的内部控制的个数, 而矩阵 $C_p D$ 的秩代表有效地作用到化约系统 (10.8) 上的内部控制的个数. 将内部控制矩阵 D 作如下分解:

$$D = D_0 + D_1, \tag{10.16}$$

其中 $D_0 \in \mathrm{Ker}(C_p)$, 而 $D_1 \in \mathrm{Im}(C_p^{\mathrm{T}})$. D_0 部分将在化约系统 (10.8) 中消失, 从而它对于原系统 (I) 的分 p 组精确内部同步性的实现是不起任何作用的. 因此, 为了最小化内部控制的个数, 我们仅关心满足条件

$$\mathrm{Im}(D) \cap \mathrm{Ker}(C_p) = \{0\} \tag{10.17}$$

的内部控制矩阵 D, 或由引理 2.5, 仅关心满足条件

$$\mathrm{rank}(C_p D) = \mathrm{rank}(D) = N - p \tag{10.18}$$

的内部控制矩阵 D.

此外, 我们有

命题 10.1　(参见 [40]) 设集合 $\mathcal{D}_{N-p}$ 表示满足条件 (10.18) 的 $N \times (N-p)$ 矩阵全体, 即

$$\mathcal{D}_{N-p} = \{D \in \mathbb{M}^{N \times (N-p)} | \ \mathrm{rank}(C_p D) = \mathrm{rank}(D) = N - p\}. \tag{10.19}$$

对任意给定的内部控制矩阵 $D \in \mathcal{D}_{N-p}$, 子空间 $\mathrm{Ker}(C_p)$ 和 $\mathrm{Ker}(D^{\mathrm{T}})$ 双正交.

此外, 我们有

$$\mathcal{D}_{N-p} = \{C_p^{\mathrm{T}} D_1 + (e_1, \cdots, e_p) D_0\}, \tag{10.20}$$

其中 D_1 是一个 $(N-p)$ 阶可逆阵, D_0 是一个 $p \times (N-p)$ 矩阵, 而向量 $e_1, \cdots, e_p$ 则由 (2.12) 给出.

§ 2. 分组精确内部同步态

在 C_p-相容性条件 (10.6) 成立的前提下, 易知当 $t \geqslant T$ 时, 分 p 组精确同步态 $u = (u_1, \cdots, u_p)^{\mathrm{T}}$ 满足如下齐次波动方程的耦合系统:

$$\begin{cases} u'' - \Delta u + \widetilde{A}u = 0, & (t, x) \in (T, +\infty) \times \Omega, \\ u = 0, & (t, x) \in (T, +\infty) \times \Gamma, \end{cases} \tag{10.21}$$

其中 $\widetilde{A} = (\alpha_{rs})$ 如下给出:

$$\alpha_{rs} = \sum_{j=n_{s-1}+1}^{n_s} a_{ij}, \quad n_{r-1} + 1 \leqslant i \leqslant n_r, \ 1 \leqslant r, s \leqslant p. \tag{10.22}$$

因此, 分 p 组精确同步态 $u = (u_1, \cdots, u_p)^{\mathrm{T}}$ 关于时间 t 的演化完全取决于在 $t = T$ 时刻 (u, u') 的取值:

$$t = T: \quad u = \widehat{u}_0, \quad u' = \widehat{u}_1 \quad x \in \Omega, \tag{10.23}$$

其中 $\widehat{u}_0 = (\widehat{u}_0^{(1)}, \cdots, \widehat{u}_0^{(p)})^{\mathrm{T}}$, 而 $\widehat{u}_1 = (\widehat{u}_1^{(1)}, \cdots, \widehat{u}_1^{(p)})^{\mathrm{T}}$.

定理 10.3 设耦合阵 A 满足 C_p-相容性条件 (10.6), 那么, 当初始条件 $(\widehat{U}_0, \widehat{U}_1)$ 取遍空间 $(H_0^1(\Omega))^N \times (L^2(\Omega))^N$ 时, 分 p 组精确同步态 $u = u(t, x)$ 在时刻 $t = T$ 相应的取值 $(\widehat{u}_0, \widehat{u}_1)$ 的能达集是整个空间 $(H_0^1(\Omega))^p \times (L^2(\Omega))^p$.

一般而言, 分 p 组精确同步态 $u = (u_1, \cdots, u_p)^{\mathrm{T}}$ 依赖于所施的内部控制 H. 但是, 我们可建立一个估计以示分 p 组精确同步态 $u = (u_1, \cdots, u_p)^{\mathrm{T}}$ 与某个不依赖于内部控制 H 的问题的解之间的误差.

我们首先考察特殊的情形: A^{T} 有一个双正交于 $\mathrm{Ker}(C_p) = \mathrm{Span}\{e_1, \cdots, e_p\}$ 的不变子空间 $\mathrm{Span}\{E_1, \cdots, E_p\}$, 即成立

$$e_i^{\mathrm{T}} E_j = \delta_{ij}, \quad 1 \leqslant i, j \leqslant p, \tag{10.24}$$

其中向量 $e_1, \cdots, e_p$ 由 (2.12) 给定, 而 δ_{ij} 是 Kronecker 记号.

定理 10.4 设 $\Omega \subset \mathbb{R}^m$ 是具光滑边界 Γ 的有界区域. 设耦合矩阵 A 满足 C_p-相容性条件 (10.6). 进一步假设 A^{T} 有一个双正交于 $\mathrm{Ker}(C_p) = \mathrm{Span}\{e_1, \cdots, e_p\}$ 的不变子空间 $\mathrm{Span}\{E_1, \cdots, E_p\}$, 则存在一个内部控制矩阵 $D \in \mathcal{D}_{N-p}$, 使得分 p 组精确同步态 $u = (u_1, \cdots, u_p)^{\mathrm{T}}$ 可以由

$$t \geqslant T: \quad u = \psi \tag{10.25}$$

唯一确定, 其中 $\psi = (\psi_1, \cdots, \psi_p)^{\mathrm{T}}$ 是与所施的内部控制 H 无关的下述问题的解: 对 $s = 1, 2, \cdots, p$,

$$\begin{cases} \psi_s'' - \Delta \psi_s + \sum\limits_{r=1}^{p} \alpha_{sr} \psi_s = 0, & (t, x) \in (0, +\infty) \times \Omega, \\ \psi_s = 0, & (t, x) \in (0, +\infty) \times \Gamma, \\ t = 0: \ \psi_s = E_s^{\mathrm{T}} \widehat{U}_0, \quad \psi_s' = E_s^{\mathrm{T}} \widehat{U}_1, \quad x \in \Omega, \end{cases} \tag{10.26}$$

其中 $\alpha_{sr}(s, r = 1, \cdots, p)$ 由 (10.22) 给定.

证 由于子空间 $\mathrm{Span}\{E_1, \cdots, E_p\}$ 和 $\mathrm{Span}\{e_1, \cdots, e_p\}$ 双正交, 由命题 10.1, 取

$$D = C_p^{\mathrm{T}} - (e_1, \cdots, e_p)(E_1, \cdots, E_p)^{\mathrm{T}} C_p^{\mathrm{T}}, \tag{10.27}$$

可得到一个内部控制矩阵 $D \in \mathcal{D}_{N-p}$, 使得

$$\mathrm{Span}\{E_1, \cdots, E_p\} \subseteq \mathrm{Ker}(D^{\mathrm{T}}). \tag{10.28}$$

另一方面, 由于子空间 $\mathrm{Span}\{E_1, \cdots, E_p\}$ 是 A^{T} 的不变子空间, 注意到 (10.22) 和 (10.24), 易证

$$A^{\mathrm{T}} E_s = \sum_{r=1}^{p} \alpha_{sr} E_r, \quad s = 1, \cdots, p. \tag{10.29}$$

于是, 将向量 E_s 内积作用在系统 (I) 上, 并记 $\psi_s = E_s^{\mathrm{T}} U$, 就得到问题 (10.26). 最后, 由分 p 组精确内部同步性 (10.5) 及关系式 (10.24), 可得

$$t \geqslant T: \quad \psi_s = E_s^{\mathrm{T}} U = \sum_{r=1}^{p} E_s^{\mathrm{T}} e_r u_r = u_s, \quad s = 1, \cdots, p. \tag{10.30}$$

定理得证. □

定理 10.5 设 $\Omega \subset \mathbb{R}^m$ 是具光滑边界 Γ 的有界区域. 设 $D \in \mathcal{D}_{N-p}$ 且 C_p-相容性条件 (10.6) 成立. 对任意给定的初值 $(\widehat{U}_0, \widehat{U}_1) \in (H_0^1(\Omega) \times L^2(\Omega))^N$, 存在不依赖于初值、但依赖于时间 T 的一个正常数 c_T, 使得分 p 组精确同步态 $u = (u_1, \cdots, u_p)^{\mathrm{T}}$ 满足如下的估计式:

$$\begin{aligned}
&\|(u, u')(T) - (\psi, \psi')(T)\|_{(H^2(\Omega) \times H^1(\Omega))^p}^2 \\
&\leqslant c_T \|C_p(\widehat{U}_0, \widehat{U}_1)\|_{(H_0^1(\Omega) \times L^2(\Omega))^{N-p}}^2,
\end{aligned} \tag{10.31}$$

其中, $\psi = (\psi_1, \cdots, \psi_p)^{\mathrm{T}}$ 是问题 (10.26) 的解, 而 $\mathrm{Span}\{E_1, \cdots, E_p\}$ 则双正交于 $\mathrm{Span}\{e_1, \cdots, e_p\}$.

证 由命题 10.1, 子空间 $\mathrm{Ker}(C_p)$ 和 $\mathrm{Ker}(D^{\mathrm{T}})$ 双正交. 注意到 (10.22) 和 (10.24), 直接计算可知, 对 $s, k = 1, \cdots, p$ 成立

$$\begin{aligned}
&e_k^{\mathrm{T}} \Big(A^{\mathrm{T}} E_s - \sum_{r=1}^{p} \alpha_{sr} E_r \Big) \\
&= (A e_k)^{\mathrm{T}} E_s - \sum_{r=1}^{p} \alpha_{sr} e_k^{\mathrm{T}} E_r \\
&= \sum_{l=1}^{p} \alpha_{lk} e_k^{\mathrm{T}} E_s - \sum_{r=1}^{p} \alpha_{sr} e_k^{\mathrm{T}} E_r = \alpha_{sk} - \alpha_{sk} = 0,
\end{aligned} \tag{10.32}$$

从而

$$A^{\mathrm{T}} E_s - \sum_{r=1}^{p} \alpha_{sr} E_r \in \{\mathrm{Ker}(C_p)\}^{\perp} = \mathrm{Im}(C_p^{\mathrm{T}}), \quad s = 1, \cdots, p. \tag{10.33}$$

因此, 存在一个向量 $R_s \in \mathbb{R}^{N-p}$, 使得

$$A^{\mathrm{T}} E_s - \sum_{r=1}^{p} \alpha_{sr} E_r = C_p^{\mathrm{T}} R_s. \tag{10.34}$$

将向量 E_s 与问题 (I)—(I$_0$) 作内积, 并记 $\phi_s = E_s^{\mathrm{T}} U$ $(s = 1, \cdots, p)$, 易得

$$\begin{cases} \phi_s'' - \Delta \phi_s + \sum_{r=1}^{p} \alpha_{sr} \phi_r = R_s^{\mathrm{T}} C_p U, & (t, x) \in (0, +\infty) \times \Omega, \\ \phi_s = 0, & (t, x) \in (0, +\infty) \times \Gamma, \\ t = 0: \ \phi_s = E_s^{\mathrm{T}} \widehat{U}_0, \quad \phi_s' = E_s^{\mathrm{T}} \widehat{U}_1, \quad x \in \Omega. \end{cases} \tag{10.35}$$

注意到问题 (10.26) 和 (10.35) 具相同的初值、相同的 Dirichlet 边值条件, 且 $R_s^{\mathrm{T}} C_p U$ $\in C^0(0, T; H_0^1(\Omega))$, 由命题 3.1 知, 存在一个不依赖于初值的正常数 c, 使成立

$$\| (\phi_s, \phi_s')(T) - (\psi_s, \psi_s')(T) \|_{(H^2(\Omega) \times H^1(\Omega))^p}^2$$
$$\leqslant c \int_0^T \| C_p U(s) \|_{(H_0^1(\Omega))^{N-p}}^2 \mathrm{d}s. \tag{10.36}$$

由于 $C_p U = W_p$, 化约系统 (10.8) 的精确内部能控性表明: 存在一个不依赖于初值但依赖于时间 $T > 0$ 的正常数 c_T, 使成立

$$\int_0^T \| C_p U(s) \|_{(H_0^1(\Omega))^{N-p}}^2 \mathrm{d}s \leqslant c_T \| C_p (\widehat{U}_0, \widehat{U}_1) \|_{(H_0^1(\Omega) \times L^2(\Omega))^{N-p}}^2. \tag{10.37}$$

最后, 注意到

$$t \geqslant T: \quad \phi_s = E_s^{\mathrm{T}} U = \sum_{r=1}^{p} E_s^{\mathrm{T}} e_r u_r = u_s, \quad s = 1, \cdots, p, \tag{10.38}$$

将 (10.37)—(10.38) 代入 (10.36), 就可得 (10.31). 定理得证. $\qquad\square$

注 10.3 (参见 [40]) 在定理 10.4 的假设下, 在直和分解 $\mathbb{R}^N = \mathrm{Ker}(C_p) \bigoplus W^{\perp}$ 下耦合阵 A 可分块对角化, 其中 $W^{\perp} = \mathrm{Span}\{E_{p+1}, \cdots, E_N\}$. 换言之, 存在一个 $(N-p)$ 阶矩阵 $\widehat{A}$, 使成立

$$A(e_1, \cdots, e_p, E_{p+1}, \cdots, E_N) = (e_1, \cdots, e_p, E_{p+1}, \cdots, E_N) \begin{pmatrix} \widetilde{A} & 0 \\ 0 & \widehat{A} \end{pmatrix},$$

其中 $\widetilde{A} = (\alpha_{rs})$ 由 (10.22) 给定. 此时, 分 p 组精确同步态不依赖于所施的内部控制 H.

第十一章

分组精确内部同步的稳定性

在本章中, 我们将进一步深化前一章的研究内容, 并说明状态变量可以分为三组: 第一组由 $(N-p)$ 个分量组成, 它将被精确地牵引到任意给定的目标; 第二组由 $(p-q)$ 个分量组成, 它可以被逼近地牵引到任意给定的目标; 而最后一组由 q 个分量组成, 它不依赖于所施的控制. 因此, 我们可以说明分 p 组精确同步态对所施的控制的依赖性. 本章的内容主要取自 [50].

§1. 分组预同步态

假设在秩条件 $\mathrm{rank}(D) = N - p$ 成立的前提下, 系统 (I) 在时刻 $T > 0$ 分 p 组精确同步, 由定理 10.2, 成立 $\mathrm{rank}(C_p D) = N - p$. 由引理 2.6 可得

$$\mathrm{Ker}(D^{\mathrm{T}}) \bigoplus \mathrm{Im}(C_p^{\mathrm{T}}) = \mathbb{R}^N. \tag{11.1}$$

此外, 令

$$\mathrm{Ker}(C_p) = \mathrm{Span}\{e_1, \cdots, e_p\}$$

及

$$\mathrm{Ker}(D^{\mathrm{T}}) = \mathrm{Span}\{E_1, \cdots, E_p\}.$$

由于 $\mathrm{Ker}(C_p)$ 和 $\mathrm{Ker}(D^{\mathrm{T}})$ 双正交, 不失一般性, 可设

$$E_r^{\mathrm{T}} e_s = \delta_{rs}, \quad 1 \leqslant r, s \leqslant p, \tag{11.2}$$

其中 δ_{rs} 表示 Kronecker 记号.

现如下定义**分 p 组预同步态** $\phi = (\phi_1, \cdots, \phi_p)^{\mathrm{T}}$:

$$t \geqslant 0: \quad \phi_r = E_r^{\mathrm{T}} U, \quad 1 \leqslant r \leqslant p. \tag{11.3}$$

注意到 (10.5), 可以得到

$$t \geqslant T: \quad \phi_r = E_r^{\mathrm{T}} U = \sum_{s=1}^{p} E_r^{\mathrm{T}} e_s u_s = u_r. \tag{11.4}$$

因此, 分 p 组预同步态 $(\phi_1, \cdots, \phi_p)^{\mathrm{T}}$ 可很好地描述分 p 组精确同步态 $(u_1, \cdots, u_p)^{\mathrm{T}}$.

定理 11.1　设 $\Omega \subset \mathbb{R}^m$ 是具光滑边界 Γ 的有界区域, 且 Γ 满足乘子控制条件 (3.20). 设 $\omega \subset \Omega$ 是 Γ 的一个邻域. 在秩条件 $\mathrm{rank}(D) = N - 1$ 成立的前提下, 若系统 (I) 分 p 组精确同步, 那么分 p 组预同步态 $(\phi_1, \cdots, \phi_p)^{\mathrm{T}}$ 不依赖于所施的控制当且仅当秩条件

$$\mathrm{rank}(D, AD, \cdots, A^{N-1}D) = N - p \tag{11.5}$$

成立.

证　由命题 3.1, 从空间 $(L^2(0, T; L^2(\Omega)))^{N-p}$ 到 $(C^0([0, T]; H_0^1(\Omega) \times L^2(\Omega)))^N$ 的线性映射

$$F: \quad H \to (U, U') \tag{11.6}$$

是连续的, 且 Fréchet 导数 $\widehat{U} \stackrel{\triangle}{=} F'(0)\widehat{H}$ 满足下述系统

$$
\begin{cases}
\widehat{U}'' - \Delta\widehat{U} + A\widehat{U} = D\chi_\omega\widehat{H}, & (t,x) \in (0,T) \times \Omega, \\
\widehat{U} = 0, & (t,x) \in (0,T) \times \Gamma
\end{cases}
\tag{11.7}
$$

及初始条件:

$$
t = 0: \quad \widehat{U} = \widehat{U}' = 0 \quad x \in \Omega.
\tag{11.8}
$$

由 (11.1), 存在系数 β_{rs} $(1 \leqslant r,s \leqslant p)$ 和向量 $X_r \in \mathbb{R}^{N-p}$ $(1 \leqslant r \leqslant p)$, 使得

$$
A^{\mathrm{T}}E_r = \sum_{s=1}^{p} \beta_{rs}E_s - C_p^{\mathrm{T}}X_r, \quad 1 \leqslant r \leqslant p.
\tag{11.9}
$$

对 $1 \leqslant r \leqslant p$, 将 E_r^{T} 作用到系统 (11.7) 上, 并记 $\widehat{\phi}_r = E_r^{\mathrm{T}}\widehat{U}$, 可得

$$
\widehat{\phi}_r'' - \Delta\widehat{\phi}_r + \sum_{s=1}^{p} \beta_{rs}\widehat{\phi}_s = X_r^{\mathrm{T}}C_p\widehat{U}, \quad (t,x) \in (0,T) \times \Omega.
\tag{11.10}
$$

对所有的 r $(1 \leqslant r \leqslant p)$, 由于 ϕ_r 不依赖于所施的控制, 其 Fréchet 导数 $\widehat{\phi}_r = 0$, 于是有

$$
X_r^{\mathrm{T}}C_p\widehat{U} \equiv 0, \quad (t,x) \in (0,T) \times \Omega, \quad \forall\widehat{H} \in (L^2(0,T;L^2(\Omega)))^{N-p}.
\tag{11.11}
$$

另一方面, 在秩条件 $\mathrm{rank}(D) = N - p$ 成立的前提下, 由定理 10.2, A 满足 C_p-相容性条件 (10.6). 由引理 2.7, 存在 $(N-p)$ 阶矩阵 A_p, 使得 $C_pA = A_pC_p$. 将 C_p 作用到系统 (11.7) 上, 并记 $\widehat{W}_p = C_p\widehat{U}$ 及 $D_p = C_pD$, 就得到下述系统:

$$
\begin{cases}
\widehat{W}_p'' - \Delta\widehat{W}_p + A_p\widehat{W}_p = D_p\chi_\omega\widehat{H}, & (t,x) \in (0,T) \times \Omega, \\
\widehat{W}_p = 0, & (t,x) \in (0,T) \times \Gamma
\end{cases}
\tag{11.12}
$$

及初始条件

$$t = 0: \quad \widehat{W}_p = 0, \quad \widehat{W}_p' = 0, \quad x \in \Omega. \tag{11.13}$$

由于秩条件 $\mathrm{rank}(D_p) = N - p$ 成立, 化约系统 (11.12) 在时刻 $T > 0$ 精确能控, 于是当 $\widehat{H}$ 取遍空间 $(L^2(0, T; L^2(\Omega)))^{N-p}$ 时, 终端状态 $(\widehat{W}_p(T), \widehat{W}_p'(T))$ 取遍空间 $(H_0^1(\Omega) \times L^2(\Omega))^{N-p}$. 从而, 由 (11.11) 可得

$$X_r = 0, \quad 1 \leqslant r \leqslant p.$$

因此, 注意到 (11.9) 中 E_s 属于 $\mathrm{Ker}(D^{\mathrm{T}}) = \mathrm{Span}\{E_1, \cdots, E_p\}$, p 维子空间 $\mathrm{Ker}(D^{\mathrm{T}})$ 是 A^{T} 包含在 $\mathrm{Ker}(D^{\mathrm{T}})$ 中的最大不变子空间. 从而由引理 2.1 可推出秩条件 (11.5).

反之, 注意到秩条件 (11.5) 和 $\dim \mathrm{Ker}(D^{\mathrm{T}}) = p$, 由引理 2.1, $\mathrm{Ker}(D^{\mathrm{T}})$ 是 A^{T} 包含在 $\mathrm{Ker}(D^{\mathrm{T}})$ 中的最大不变子空间. 于是由命题 6.3, 预同步态 $(\phi_1, \cdots, \phi_p)^{\mathrm{T}}$ 不依赖于所施的控制, 可由初值唯一确定. 定理得证. □

§2. 分组精确内部同步的能达集

将表述式 (10.5) 代入系统 (I), 可得分 p 组精确同步态 $u = (u_1, \cdots, u_p)^{\mathrm{T}}$ 满足下述系统: 对 $r = 1, \cdots, p$,

$$\begin{cases} u_r'' - \Delta u_r + \sum_{s=1}^p \alpha_{sr} u_s = 0, & (t, x) \in (T, +\infty) \times \Omega, \\ u_r = 0, & (t, x) \in (T, +\infty) \times \Gamma, \end{cases} \tag{11.14}$$

其中 α_{rs} 由 (10.22) 给出.

与精确同步的情形类似, 当 H 取遍空间 $\mathcal{U}_{\mathrm{ad}}(\widehat{U}_0, \widehat{U}_1)$ 时, 系统 (I) 的分 p 组精确同步态在时刻 $t \geqslant T$ 的取值所构成的集合

$$\mathcal{A}_t(\widehat{U}_0, \widehat{U}_1) = \{(u(t), u'(t)), \quad H \in \mathcal{U}_{\mathrm{ad}}(\widehat{U}_0, \widehat{U}_1)\} \tag{11.15}$$

称为在时刻 $t \geqslant T$ 系统 (I) **分 p 组精确同步的能达集**. $\mathcal{A}_T(\widehat{U}_0, \widehat{U}_1)$ 也是空间 $(H_0^1(\Omega) \times L^2(\Omega))^p$ 中的一个凸集. 我们将给出 $\mathcal{A}_T(\widehat{U}_0, \widehat{U}_1)$ 的结构, 并说明分 p 组精确同步态不依赖于所施的控制.

定理 11.2 设 $\Omega \subset \mathbb{R}^m$ 是具光滑边界 Γ 的有界区域, 且 Γ 满足乘子控制条件 (3.20). 设 $\omega \subset \Omega$ 是 Γ 的一个邻域. 假设在秩条件 $\operatorname{rank}(D) = N - p$ 成立的前提下, 系统 (I) 在时刻 $T > 0$ 分 p 组精确同步, 且逼近能控. 那么分 p 组精确同步的能达集 $\mathcal{A}_{2T}(\widehat{U}_0, \widehat{U}_1)$ 在空间 $(H_0^1(\Omega) \times L^2(\Omega))^p$ 中稠密.

证 对任意给定的初值 $(\widehat{U}_0, \widehat{U}_1) \in (H_0^1(\Omega) \times L^2(\Omega))^N$, 考察下述问题:

$$\begin{cases} U_c'' - \Delta U_c + A U_c = D \chi_\omega H_c, & (t, x) \in (0, T) \times \Omega, \\ U_c = 0, & (t, x) \in (0, T) \times \Gamma, \\ t = 0: \quad U_c = \widehat{U}_0, \quad U_c' = \widehat{U}_1, \quad x \in \Omega. \end{cases} \tag{11.16}$$

(11.16) 中的系统的逼近能控性意味着当 H_c 取遍空间 $(L^2(0, T; L^2(\Omega)))^{N-p}$ 时, 子空间

$$\mathcal{C}(\widehat{U}_0, \widehat{U}_1) = \left\{ (U_c(T), U_c'(T)) \right\} \tag{11.17}$$

在 $(H_0^1(\Omega) \times L^2(\Omega))^N$ 中稠密.

对任意给定的在时刻 $t = T$ 的初值 $(U_T, V_T) \in (H_0^1(\Omega) \times L^2(\Omega))^N$, 记 H_s 表示在空间 $(L^2(T, +\infty; L^2(\Omega)))^{N-p}$ 中支集在区间 $[T, 2T]$ 中的控制, 且使下述系统能实现分 p 组精确同步性:

$$\begin{cases} U_s'' - \Delta U_s + A U_s = D \chi_\omega H_s, & (t, x) \in (T, 2T) \times \Omega, \\ U_s = 0, & (t, x) \in (T, 2T) \times \Gamma, \\ t = T: \quad U_s = U_T, \quad U_s' = V_T, \quad x \in \Omega. \end{cases} \tag{11.18}$$

假设 H_s 取到最小范数, 那么存在正常数 c, 使得

$$\|U_s\|_{(C^0([T,2T];H_0^1(\Omega)) \cap C^1([T,2T];L^2(\Omega)))^N} \leqslant c \|(U_T, V_T)\|_{(H_0^1(\Omega) \times L^2(\Omega))^N}. \tag{11.19}$$

由 [54, 定理 5.1] 或 [71, 推论 5, p. 86], 嵌入

$$C^0([T,2T];H_0^1(\Omega)) \cap C^1([T,2T];L^2(\Omega)) \hookrightarrow L^2(T,2T;L^2(\Omega)) \tag{11.20}$$

是紧的, 从而从空间 $(H_0^1(\Omega) \times L^2(\Omega))^N$ 到空间 $(L^2(T,2T;L^2(\Omega)))^N$ 的映射

$$(U_T, V_T) \to U_s \tag{11.21}$$

也是紧的.

对 $1 \leqslant r \leqslant p$, 将 E_r^{T} 作用到问题 (11.18) 上, 并记

$$\phi_r = E_r^{\mathrm{T}} U_s, \tag{11.22}$$

可得到下述问题:

$$\begin{cases} \phi_r'' - \Delta\phi_r = -E_r^{\mathrm{T}} AU_s, & (t,x) \in (T,2T) \times \Omega, \\ \phi_r = 0, & (t,x) \in (T,2T) \times \Gamma, \\ t = T: \quad \phi_r = E_r^{\mathrm{T}} U_T, \quad \phi_r' = E_r^{\mathrm{T}} V_T, \quad x \in \Omega. \end{cases} \tag{11.23}$$

对问题 (11.23) 补充下述问题:

$$\begin{cases} W_p'' - \Delta W_p = 0, & (t,x) \in (T,2T) \times \Omega, \\ W_p = 0, & (t,x) \in (T,2T) \times \Gamma, \\ t = T: \quad W_p = C_p U_T, \quad W_p' = C_p V_T, \quad x \in \Omega. \end{cases} \tag{11.24}$$

令

$$\Phi = \begin{pmatrix} \phi_1 \\ \vdots \\ \phi_p \\ W_p \end{pmatrix}, \quad F = \begin{pmatrix} E_1^{\mathrm{T}} AU_s \\ \vdots \\ E_p^{\mathrm{T}} AU_s \\ 0 \end{pmatrix}. \tag{11.25}$$

可将问题 (11.23) 和 (11.24) 改写成下述形式:

$$
\begin{cases}
\Phi'' - \Delta\Phi + F = 0, & (t,x) \in (T, 2T) \times \Omega, \\
\Phi = 0, & (t,x) \in (T, 2T) \times \Gamma, \\
t = T: \quad \Phi = BU_T, \quad \Phi' = BV_T, & x \in \Omega,
\end{cases}
\tag{11.26}
$$

其中由引理 2.6, 矩阵 $B = (E_1, \cdots, E_p, C_p^{\mathrm{T}})^{\mathrm{T}}$ 是可逆的. 于是有

$$
(\Phi, \Phi') = \mathcal{R}(t)B(U_T, V_T) - \int_T^t \mathcal{R}(t - \tau)\left(0, F(\tau)\right) \mathrm{d}\tau,
\tag{11.27}
$$

其中 $\mathcal{R}(t)$ 是相应的半群.

令 $R = \mathcal{R}(2T)B$, 且记

$$
L: \quad (U_T, V_T) \to \int_T^{2T} \mathcal{R}(2T - \tau)\left(0, F(\tau)\right) \mathrm{d}s.
\tag{11.28}
$$

在 (11.27) 中取 $t = 2T$, 有

$$
(\Phi(2T), \Phi'(2T)) = (R - L)(U_T, V_T).
\tag{11.29}
$$

令 $(R - L)(U_T, V_T) = (0, 0)$, 问题 (11.23)—(11.24) 的解 Φ 就满足终端条件

$$
\phi_r(2T) = \phi_r'(2T) = 0, \quad 1 \leqslant r \leqslant p
\tag{11.30}
$$

及

$$
W_p(2T) = W_p'(2T) = 0.
\tag{11.31}
$$

首先, 条件 (11.31) 蕴含着 $W_p \equiv 0$, 于是 $U_T, V_T \in \mathrm{Ker}(C_p)$. 在条件 $\mathrm{rank}(D) = N - p$ 成立的前提下, 由定理 10.2, A 满足 C_p-相容性条件 (10.6). 将 C_p 作用到问

题 (11.18) 上, 就得到 $C_p U_s$ 满足在 $t = T$ 时刻具零初始条件的系统:

$$\begin{cases} C_p U_s'' - \Delta C_p U_s + A_p C_p U_s = 0, & (t, x) \in (T, 2T) \times \Omega, \\ C_p U_s = 0, & (t, x) \in (T, 2T) \times \Gamma, \\ t = T: \quad C_p U_s = 0, \quad C_p U_s' = 0, \quad x \in \Omega. \end{cases} \tag{11.32}$$

显然, $H_s = 0$ 具最小范数, 且实现系统 (I) 的分 p 组精确同步性, 因此有 $C_p U_s \equiv 0$, 即, 对所有的 $t \ (T \leqslant t \leqslant 2T)$ 有 $U_s \in \mathrm{Ker}(C_p)$.

另一方面, 注意到 (11.22), 条件 (11.30) 意味着

$$E_r^{\mathrm{T}} U_s(2T) = E_r^{\mathrm{T}} U_s'(2T) = 0, \quad r = 1, \cdots, p,$$

即 $U_s(2T), U_s'(2T) \in \{\mathrm{Span}\{E_1, \cdots, E_p\}\}^\perp$. 由于 $\{\mathrm{Span}\{E_1, \cdots, E_p\}\}^\perp \cap \mathrm{Ker}(C_p)$ $= \{0\}$, 就得到 $U_s(2T) = U_s'(2T) = 0$. 在问题 (11.18) 中取 $H_s = 0$, 可得 $U_T = V_T = 0$. 于是 $\mathrm{Ker}(R - L) = \{0\}$.

由映射 (11.21) 的紧性可知 R 是一个同构, 而 L 是 $(H_0^1(\Omega) \times L^2(\Omega))^N$ 中的紧映射, 于是由 Fredholm 择一原理 (参见 [8]), $(R - L)$ 是 $(H_0^1(\Omega) \times L^2(\Omega))^N$ 中的一个同构.

对任意给定的 $(\Psi(2T), \Psi'(2T)) \in (H_0^1(\Omega) \times L^2(\Omega))^N$, 定义

$$(U_T, V_T) = (R - L)^{-1}(\Psi(2T), \Psi'(2T)). \tag{11.33}$$

由稠密性, 对任意给定的 $\epsilon > 0$, 存在内部控制 $H_c \in (L^2(0, T; L^2(\Omega)))^{N-p}$, 使得问题 (11.16) 相应的解 U_c 满足

$$\|(U_T, V_T) - (U_c(T), U_c'(T))\|_{(H_0^1(\Omega) \times L^2(\Omega))^N} \leqslant \epsilon, \tag{11.34}$$

即

$$\|(\Psi(2T), \Psi'(2T)) - (R - L)(U_c(T), U_c'(T))\|_{(H_0^1(\Omega) \times L^2(\Omega))^N} \leqslant c\epsilon, \tag{11.35}$$

其中 c 是一个正常数. 由于 $\phi = (\phi_1, \cdots, \phi_p)^{\mathrm{T}}$ 是 $(R-L)(U_c(T), U_c'(T))$ 的最初 p 个分量, 相应地, $\psi = (\psi_1, \cdots, \psi_p)^{\mathrm{T}}$ 是 Ψ 的最初 p 个分量, 注意到 (11.4), 由 (11.35) 可得

$$\|(\psi(2T), \psi'(2T)) - (u(2T), u'(2T))\|_{(H_0^1(\Omega) \times L^2(\Omega))^p} \leqslant c\epsilon. \tag{11.36}$$

最后, 结合上述分析, 取

$$H = \begin{cases} H_c, & t \in (0, T), \\ H_s, & t \in (T, 2T), \\ 0, & t > 2T. \end{cases} \tag{11.37}$$

显然, H 可在时刻 $2T$ 时实现系统 (I) 的分 p 组精确同步性, 使得对空间 $(H_0^1(\Omega) \times L^2(\Omega))^p$ 中任意给定的目标值 $(\psi(2T), \psi'(2T))$, 分 p 组精确同步态在时刻 $2T$ 的值 $(u(2T), u'(2T))$ 可以任意接近 $(\psi(2T), \psi'(2T))$, 因此终端值 $(u(2T), u'(2T))$ 在空间 $(H_0^1(\Omega) \times L^2(\Omega))^p$ 中稠密. 定理得证. $\qquad\square$

现考虑一般的情形. 若系统 (I) 分 p 组精确同步, 由定理 6.3, 系统 (I) 也是逼近 C_q 同步的, 其中 C_q 由 (2.41) 给出. 由于 A 满足 C_q-相容性条件, 由引理 2.7 (其中取 $C_p = C_q$), 存在一个 $(N-q)$ 阶矩阵 $\bar{A}$, 使成立 $C_q A = \bar{A} C_q$. 将 C_q 作用到系统 (I) 上, 并记

$$\overline{U} = C_q U, \quad \overline{D} = C_q D, \tag{11.38}$$

可得化约系统

$$\begin{cases} \overline{U}'' - \Delta \overline{U} + \overline{A}\overline{U} = \overline{D}\chi_\omega H, & (t, x) \in (0, +\infty) \times \Omega, \\ \overline{U} = 0, & (t, x) \in (0, +\infty) \times \Gamma. \end{cases} \tag{11.39}$$

现求解方程 $C_q U = \overline{U}$. 不失一般性, 我们可假设 $C_q C_q^{\mathrm{T}} = I$. 由引理 2.13 可得

$$C_p U = C_p C_q^{\mathrm{T}} \overline{U}. \tag{11.40}$$

记

$$\overline{N} = N - q, \quad \overline{p} = p - q. \tag{11.41}$$

如下定义 $(\overline{N} - \overline{p}) \times \overline{N}$ 矩阵 C_{pq}:

$$C_{pq} = C_p C_q^{\mathrm{T}}, \tag{11.42}$$

可得

$$C_p U = C_{pq} \overline{U}. \tag{11.43}$$

由于 C_{pq} 是 $(\overline{N} - \overline{p}) \times \overline{N}$ 行满秩矩阵, 可写

$$\mathrm{Ker}(C_{pq}) = \mathrm{Span}\{\overline{e}_1, \cdots, \overline{e}_{\overline{p}}\}, \tag{11.44}$$

其中对 $s = 1, \cdots, \overline{p}$, 有 $\overline{e}_s \in \mathbb{R}^{\overline{N}}$.

命题 11.1 假设系统 (I) 分 p 组精确同步, 那么化约系统 (11.39) 在空间 $(H_0^1(\Omega) \times L^2(\Omega))^{\overline{N}}$ 中分 $\overline{p}$ 组精确同步, 且也逼近能控.

证 首先, 由定理 6.3, 系统 (I) 逼近 C_q 同步, 换言之, 以 $\overline{U} = C_q U$ 为状态变量的化约系统 (11.39) 在空间 $(H_0^1(\Omega) \times L^2(\Omega))^{\overline{N}}$ 中逼近能控.

另一方面, 注意到 (11.43), 系统 (I) 的分 p 组精确同步性蕴含着

$$t \geqslant T: \quad C_{pq} \overline{U} = 0, \tag{11.45}$$

或等价地, 存在函数 $\overline{u}_1, \cdots, \overline{u}_{\overline{p}}$, 使得

$$t \geqslant T: \quad \overline{U} = \sum_{l=1}^{\overline{p}} \overline{e}_l \overline{u}_l. \tag{11.46}$$

由于矩阵 C_{pq} 是行满秩的, 在一组合适的基下, 此矩阵可以写成 (2.10) 的形式 (参见 [40, 定理 10.14]). 在此情形下, (11.45) 或 (11.46) 意味着化约系统 (11.39) 分 $\overline{p}$ 组精确同步, 且分 $\overline{p}$ 组精确同步态为 $(\overline{u}_1, \cdots, \overline{u}_{\overline{p}})^{\mathrm{T}}$. 命题得证.　　□

相应地, 记

$$\bar{\mathcal{A}}_t(\widehat{U}_0, \widehat{U}_1) = \{(\overline{u}(t), \overline{u}'(t))\}, \tag{11.47}$$

其中 $\overline{u} = (\overline{u}_1, \cdots, \overline{u}_{\overline{p}})^{\mathrm{T}}$ 为化约系统 (11.39) 在时刻 $t > T$ 分 $\overline{p}$ 组精确同步的能达集. 接下来, 我们给出 $\bar{\mathcal{A}}_{2T}(\widehat{U}_0, \widehat{U}_1)$ 的结构.

定理 11.3 设 $\Omega \subset \mathbb{R}^m$ 是具光滑边界 Γ 的有界区域, 且 Γ 满足乘子控制条件 (3.20). 设 $\omega \subset \Omega$ 是 Γ 的一个邻域. 假设在条件 $\mathrm{rank}(D) = N-p$ 成立的前提下, 系统 (I) 在时刻 $T > 0$ 分 p 组精确同步, 那么 $\bar{\mathcal{A}}_{2T}(\widehat{U}_0, \widehat{U}_1)$ 在 $(H_0^1(\Omega) \times L^2(\Omega))^{\overline{p}}$ 中稠密.

证 由命题 11.1, 化约系统 (11.39) 分 $\overline{p}$ 组精确同步, 且逼近能控.

另一方面, 由定理 10.2, 秩条件 $\mathrm{rank}(C_p D) = N - p$ 成立. 由于 $\mathrm{Ker}(C_q) \subseteq \mathrm{Ker}(C_p)$, 可得

$$N - p = \mathrm{rank}(C_p D) \leqslant \mathrm{rank}(C_q D) \leqslant N - p,$$

从而有

$$\mathrm{rank}(\overline{D}) = \mathrm{rank}(C_q D) = N - p = \overline{N} - \overline{p}.$$

因此, 对化约系统 (11.39) 应用定理 11.2 就可以得到 $\bar{\mathcal{A}}_{2T}(\widehat{U}_0, \widehat{U}_1)$ 在空间 $(H_0^1(\Omega) \times L^2(\Omega))^{\overline{p}}$ 中的稠密性. 定理得证. □

定理 11.4 设 $\Omega \subset \mathbb{R}^m$ 是具光滑边界 Γ 的有界区域, 且 Γ 满足乘子控制条件 (3.20). 设 $\omega \subset \Omega$ 是 Γ 的一个邻域. 在秩条件

$$\mathrm{rank}(D) = N - p \tag{11.48}$$

及

$$\mathrm{rank}(D, AD, \cdots, A^{N-1}D) = N - q \tag{11.49}$$

成立的前提下, 其中 q 由 (2.43) 给出, 若系统 (I) 在时刻 $T > 0$ 分 p 组精确同步, 那么存在投影 P 和 Q, 使得 $P\mathcal{A}_{2T}(\widehat{U}_0, \widehat{U}_1)$ 在空间 $(H_0^1(\Omega) \times L^2(\Omega))^{\overline{p}}$ 中稠密, 而 $Q\mathcal{A}_{2T}(\widehat{U}_0, \widehat{U}_1)$ 不依赖于所施的控制.

证 将 (10.5) 和 (11.46) 代入关系式 $\overline{U} = C_q U$, 可以得到

$$t \geqslant T: \quad \sum_{l=1}^{\overline{p}} \overline{e}_l \overline{u}_l = \sum_{r=1}^{p} C_q e_r u_r, \tag{11.50}$$

于是有

$$t \geqslant T: \quad \overline{u}_l = \sum_{r=1}^{p} \overline{e}_l^{\mathrm{T}} C_q e_r u_r, \quad l = 1, \cdots, \overline{p}. \tag{11.51}$$

如下定义 $\overline{p} \times p$ 矩阵 P:

$$P = (\overline{e}_1, \cdots, \overline{e}_{\overline{p}})^{\mathrm{T}} C_q (e_1, \cdots, e_p) = (\overline{e}_l^{\mathrm{T}} C_q e_r)_{1 \leqslant l \leqslant \overline{p}; 1 \leqslant r \leqslant p}, \tag{11.52}$$

记 $\overline{u} = (\overline{u}_1, \cdots, \overline{u}_{\overline{p}})^{\mathrm{T}}$, 于是有

$$(\overline{u}(2T), \overline{u}'(2T)) = P\mathcal{A}_{2T}(\widehat{U}_0, \widehat{U}_1), \tag{11.53}$$

从而由定理 11.3, $P\mathcal{A}_{2T}(\widehat{U}_0, \widehat{U}_1)$ 在空间 $(H_0^1(\Omega) \times L^2(\Omega))^{\overline{p}}$ 中稠密.

另一方面, 在秩条件 (11.49) 成立的前提下, 由引理 2.1, q 维子空间

$$V = \mathrm{Span}\{\mathcal{E}_1, \cdots, \mathcal{E}_q\} \tag{11.54}$$

是 A^{T} 包含在 $\mathrm{Ker}(D^{\mathrm{T}})$ 中的最大不变子空间. 注意到 (10.5), 由命题 6.3, 投影

$$\psi_l = \mathcal{E}_l^{\mathrm{T}} U = \sum_{r=1}^{p} \mathcal{E}_l^{\mathrm{T}} e_r u_r, \quad l = 1, \cdots, q \tag{11.55}$$

不依赖于所施的控制. 于是, 如下定义 $q \times p$ 阶投影矩阵 Q:

$$Q = (\mathcal{E}_1, \cdots, \mathcal{E}_q)^{\mathrm{T}}(e_1, \cdots, e_p) = (\mathcal{E}_l^{\mathrm{T}} e_r)_{1 \leqslant l \leqslant q; 1 \leqslant r \leqslant p}, \tag{11.56}$$

并记 $\psi = (\psi_1, \cdots, \psi_q)^{\mathrm{T}}$, 就得到

$$(\psi(2T), \psi'(2T)) = Q\mathcal{A}_{2T}(\widehat{U}_0, \widehat{U}_1), \tag{11.57}$$

且 $Q\mathcal{A}_{2T}(\widehat{U}_0,\widehat{U}_1)$ 不依赖于所施的控制. 定理得证.   □

命题 11.2 设投影矩阵 P 和 Q 分别由 (11.52) 和 (11.56) 给出, 就成立 $\mathrm{Im}(Q^{\mathrm{T}})$ $\cap \mathrm{Im}(P^{\mathrm{T}}) = \{0\}$.

证 反之, 假设成立 $\mathrm{Im}(Q^{\mathrm{T}}) \cap \mathrm{Im}(P^{\mathrm{T}}) \neq \{0\}$. 由 (11.52) 和 (11.56), 存在不全为零的 $x \in \mathbb{R}^q$ 和 $y \in \mathbb{R}^{\overline{p}}$, 使得

$$(e_1,\cdots,e_p)^{\mathrm{T}}(\mathcal{E}_1,\cdots,\mathcal{E}_q)x = (e_1,\cdots,e_p)^{\mathrm{T}}C_q^{\mathrm{T}}(\overline{e}_1,\cdots,\overline{e}_{\overline{p}})y,$$

即

$$(\mathcal{E}_1,\cdots,\mathcal{E}_q)x = C_q^{\mathrm{T}}(\overline{e}_1,\cdots,\overline{e}_{\overline{p}})y + \mathrm{Im}(C_p^{\mathrm{T}}).$$

由命题 6.4 (其中取 $C_p = C_q$), 就有 $\mathrm{Im}(C_q^{\mathrm{T}}) \cap V = \{0\}$, 其中 V 由 (11.54) 给出. 于是有

$$(\mathcal{E}_1,\cdots,\mathcal{E}_q)x = 0.$$

从而可得 $x = 0$, 且

$$C_q^{\mathrm{T}}(\overline{e}_1,\cdots,\overline{e}_{\overline{p}})y \in \mathrm{Im}(C_p^{\mathrm{T}}).$$

注意到 (11.42) 和 (11.44) 就有

$$C_p C_q^{\mathrm{T}}(\overline{e}_1,\cdots,\overline{e}_{\overline{p}})y = C_{pq}(\overline{e}_1,\cdots,\overline{e}_{\overline{p}})y = 0,$$

于是有

$$C_q^{\mathrm{T}}(\overline{e}_1,\cdots,\overline{e}_{\overline{p}})y \in \mathrm{Ker}(C_p) \cap \mathrm{Im}(C_p^{\mathrm{T}}) = \{0\}.$$

注意到 $\mathrm{rank}(C_q^{\mathrm{T}}) = N - q$, 可得 $(\overline{e}_1,\cdots,\overline{e}_{\overline{p}})y = 0$, 从而 $y = 0$. 这就导致了矛盾. 命题得证.   □

§3. 分组精确内部同步的稳定性

定理 11.5 设 $\Omega \subset \mathbb{R}^m$ 是一个具光滑边界 Γ 的有界区域, 且 Γ 满足乘子控制条件 (3.20). 设 $\omega \subset \Omega$ 是 Γ 的一个邻域. 在秩条件 $\text{rank}(D) = N - p$ 和 (11.49) 成立的前提下, 若系统 (I) 分 p 组精确同步, 那么在一组合适的基下, 状态变量 U 可以分为三组:

第一组由 $(N-p)$ 个分量组成, 可将被精确地牵引到空间 $(H_0^1(\Omega) \times L^2(\Omega))^{N-p}$ 中任意一个给定的目标;

第二组由 $(p-q)$ 个分量组成, 可被逼近地牵引到空间 $(H_0^1(\Omega) \times L^2(\Omega))^{\overline{p}}$ 中任意一个给定的目标;

而最后一组由 q 个分量组成, 不依赖于所施的控制.

证 首先说明

$$(C_p^{\mathrm{T}}, C_q^{\mathrm{T}}\overline{e}_1, \cdots, C_q^{\mathrm{T}}\overline{e}_{\overline{p}}, \mathcal{E}_1, \cdots, \mathcal{E}_q) \tag{11.58}$$

构成 $\mathbb{R}^N$ 的一组基.

设 V 由 (11.54) 给出. 由命题 6.4 (其中取 $C_p = C_q$), 有 $\text{Im}(C_q^{\mathrm{T}}) \cap V = \{0\}$. 于是只需要说明子族

$$C_p^{\mathrm{T}}, \ C_q^{\mathrm{T}}\overline{e}_1, \ \cdots, \ C_q^{\mathrm{T}}\overline{e}_{\overline{p}}$$

的线性无关性. 取 $x \in \mathbb{R}^{N-p}$ 及 $a_1, \cdots, a_{\overline{p}} \in \mathbb{R}$, 使得

$$C_p^{\mathrm{T}}x + C_q^{\mathrm{T}}(a_1\overline{e}_1 + \cdots + a_{\overline{p}}\overline{e}_{\overline{p}}) = 0.$$

注意到 $C_{pq} = C_p C_q^{\mathrm{T}}$, 就得到

$$C_p C_p^{\mathrm{T}}x + C_{pq}(a_1\overline{e}_1 + \cdots + a_{\overline{p}}\overline{e}_{\overline{p}}) = 0.$$

注意到 (11.44) 及 $C_p C_p^{\mathrm{T}}$ 的可逆性, 就有 $x = 0$. 由于 C_p 列满秩, 就有 $C_q^{\mathrm{T}}(a_1\overline{e}_1 +$

$\cdots + a_{\overline{p}}\overline{e}_{\overline{p}}) = 0$, 再由 C_q^{T} 列满秩, 就得到

$$a_1\overline{e}_1 + \cdots + a_{\overline{p}}\overline{e}_{\overline{p}} = 0,$$

从而 $a_1 = \cdots = a_{\overline{p}} = 0$.

在 (11.58) 这组基下, 由化约系统 (10.8) 的精确能控性, 第一组

$$C_p U = (w_1, \cdots, w_{N-p})^{\mathrm{T}}$$

可被精确地牵引到空间 $(H_0^1(\Omega) \times L^2(\Omega))^{N-p}$ 中任意给定的目标值.

注意到 (11.52), 由定理 11.4, 第二组

$$Pu = (\overline{e}_1, \cdots, \overline{e}_{\overline{p}})^{\mathrm{T}} C_q(e_1, \cdots, e_p)u = (\overline{e}_1, \cdots, \overline{e}_{\overline{p}})^{\mathrm{T}} C_q U = (\overline{u}_1, \cdots, \overline{u}_{\overline{p}})^{\mathrm{T}}$$

可被逼近地牵引到空间 $(H_0^1(\Omega) \times L^2(\Omega))^{\overline{p}}$ 中任意给定的目标值.

而由 (11.56), 最后一组

$$Qu = (\mathcal{E}_1, \cdots, \mathcal{E}_q)^{\mathrm{T}}(e_1, \cdots, e_p)u = (\mathcal{E}_1, \cdots, \mathcal{E}_q)^{\mathrm{T}} U = (\psi_1, \cdots, \psi_q)^{\mathrm{T}}$$

满足保守系统 (6.13) (其中取 $d = q$), 因此不依赖于所施的控制. 定理得证. □

由于分 p 组精确同步性蕴含着分 p 组逼近同步性, 定理 6.4 在分 p 组精确同步性的框架下依然成立. 于是有

命题 11.3 设 $\Omega \subset \mathbb{R}^m$ 是具光滑边界 Γ 的有界区域, 且 Γ 满足乘子控制条件 (3.20). 设 $\omega \subset \Omega$ 是 Γ 的一个邻域. 若系统 (I) 分 p 组精确同步, 则下述论断等价:

(a) 控制矩阵 D 满足 Kalman 秩条件 (11.5);

(b) $\mathrm{Im}(C_p^{\mathrm{T}})$ 是 A^{T} 的不变子空间, 且它有一个补空间 V, 使得系统 (I) 在 V 上的投影不依赖于所施的控制;

(c) $\mathrm{Im}(C_p^{\mathrm{T}})$ 是 A^{T} 的不变子空间, 且它有一个补空间 V, 使得 V 是 A^{T} 包含在 $\mathrm{Ker}(D^{\mathrm{T}})$ 中的不变子空间.

因此, 在 Kalman 秩条件 (11.5) 成立的前提下, A^{T} 可分块对角化依然是系统 (I) 具分 p 组精确同步性的必要条件. 下述结果表明 A^{T} 可分块对角化条件之充分性.

命题 11.4 设 $\Omega \subset \mathbb{R}^m$ 是具光滑边界 Γ 的有界区域, 且 Γ 满足乘子控制条件 (3.20). 设 $\omega \subset \Omega$ 是 Γ 的一个邻域. 假设 $\mathrm{Im}(C_p^{\mathrm{T}})$ 有一个补空间 V, 使得 $\mathrm{Im}(C_p^{\mathrm{T}})$ 和 V 都是 A^{T} 的不变子空间, 那么必存在一个满足 Kalman 秩条件 (11.5) 的控制矩阵 D, 使得系统 (I) 在时刻 $T > 2d_0(\Omega)$ 分 p 组精确同步, 其中 $d_0(\Omega)$ 为由 (3.21) 式定义的 Ω 的欧氏直径.

证 由 $\mathrm{Ker}(D^{\mathrm{T}}) = V$ 定义控制矩阵 D. 由于 V 是 A^{T} 包含在 $\mathrm{Ker}(D^{\mathrm{T}})$ 中的最大不变子空间, 由引理 2.1 可得

$$\mathrm{rank}(D, AD, \cdots, A^{N-1}D) = N - p.$$

注意到

$$\mathrm{Im}(C_p^{\mathrm{T}}) \cap \mathrm{Ker}(D^{\mathrm{T}}) = \{0\},$$

由引理 2.5 可得秩条件 $\mathrm{rank}(C_p D) = N - p$. 从而由定理 10.1, 系统 (I) 分 p 组精确同步. 命题得证. $\qquad\square$

定理 11.6 设 $\Omega \subset \mathbb{R}^m$ 是一个具光滑边界 Γ 的有界区域, 且 Γ 满足乘子控制条件 (3.20). 设 $\omega \subset \Omega$ 是 Γ 的一个邻域. 那么下述论断等价:

(a) 在 Kalman 秩条件 (11.5) 成立的前提下, 系统 (I) 分 p 组精确同步;

(b) 在秩条件 $\mathrm{rank}(D) = N - p$ 成立的前提下, 系统 (I) 分 p 组精确同步, 且分 p 组精确同步态 $(u_1, \cdots, u_p)^{\mathrm{T}}$ 不依赖于所施的控制;

(c) 系统 (I) 分 p 组精确同步, 且不能拓展成其他的分组逼近同步性.

证 $(a) \Longrightarrow (b)$. 由于系统 (I) 分 p 组精确同步, 由定理 10.2 可得 $\mathrm{rank}(D) \geqslant N - p$, 又因为成立 Kalman 秩条件 (11.5), 就有 $\mathrm{rank}(D) = N - p$. 因此, 由定理 11.1 可得分 p 组预同步态 $(\phi_1, \cdots, \phi_p)^{\mathrm{T}}$ 不依赖于所施的控制, 从而分 p 组精确同步态 $(u_1, \cdots, u_p)^{\mathrm{T}}$ 也不依赖于所施的控制.

$(b) \Longrightarrow (c)$. 假设系统 (I) 逼近 C_q 同步, 由定理 11.4, $P\mathcal{A}_{2T}(\widehat{U}_0, \widehat{U}_1)$ 在空间 $(H_0^1(\Omega) \times L^2(\Omega))^{\overline{p}}$ 中稠密, 这与 $(u_1, \cdots, u_p)^{\mathrm{T}}$ 不依赖于所施的控制相矛盾.

$(c) \Longrightarrow (a)$. 显然, 系统 (I) 分 p 组逼近同步, 且不能拓展成其他的逼近同步性. 因此可以应用定理 6.5 来得到 Kalman 秩条件(11.5).

定理得证.   □

§ 4. 注记

我们首先考虑控制矩阵 D 的结构. 令

$$D = D_0 + D_1,$$

且

$$\mathrm{Im}(D_0) \subseteq \mathrm{Ker}(C_p), \quad \mathrm{Im}(D_1) \subseteq \mathrm{Im}(C_p^{\mathrm{T}}).$$

由于 $D_p = C_p D = C_p D_1$, 矩阵 D_0 对化约系统 (6.9) 不起任何作用, 然而, 它却修正了原系统 (I). 换言之, 控制矩阵的 D_0 这一部分并不会改变同步性, 但是它却修正了分组精确同步态.

从控制的角度来看, 化约系统 (6.9) 的总控制数

$$\mathrm{rank}\, C_p(D, AD, \cdots, A^{N-1}D)$$

关于 $D_0 \in \mathrm{Ker}(C_p)$ 的选取是稳定的, 但是原系统 (I) 的总控制数

$$\mathrm{rank}\, (D, AD, \cdots, A^{N-1}D)$$

可能会因 $D_0 \in \mathrm{Ker}(C_p)$ 的不同而改变. 这是一般情况下分组精确同步态依赖于所施控制的原因.

更确切地说, 在秩条件 (11.48) 和 (11.49) 成立的前提下, 由定理 11.4, 分 p 组精确同步态只有一部分可由初值唯一地确定, 而另一部分是无法确定的. 由命题 11.2, 可得

$$\mathrm{Im}(P^{\mathrm{T}}) \cap \{\mathrm{Ker}(Q)\}^{\perp} = \mathrm{Im}(P^{\mathrm{T}}) \cap \mathrm{Im}(Q^{\mathrm{T}}) = \{0\},$$

其中投影矩阵 P 和 Q 分别由 (11.52) 和 (11.56) 给出. 注意到

$$\dim \mathrm{Im}(P^{\mathrm{T}}) = \dim \mathrm{Ker}(Q) = \overline{p},$$

其中 $\overline{p} = p - q$, 由引理 2.3, 子空间 $\mathrm{Im}(P^{\mathrm{T}})$ 和 $\mathrm{Ker}(Q)$ 双正交, 相应地, $\mathrm{Ker}(P)$ 和 $\mathrm{Im}(Q^{\mathrm{T}})$ 双正交.

分别选取 $p \times \overline{p}$ 矩阵 Q_0, 使成立

$$\mathrm{Im}(Q_0) = \mathrm{Ker}(Q), \quad PQ_0 = I_{\overline{p}},$$

及 $p \times q$ 矩阵 P_0, 使成立

$$\mathrm{Im}(P_0) = \mathrm{Ker}(P), \quad QP_0 = I_q.$$

此外, 注意到

$$QQ_0 = 0 \quad 及 \quad PP_0 = 0, \tag{11.59}$$

在 $Q_0 \bigoplus P_0$ 这组基下可得到仿射投影:

$$u = Q_0 Pu + P_0 Qu, \quad u \in \mathbb{R}^p. \tag{11.60}$$

如图 1 所示, 此投影服从平行四边形法则: Pu 是 u 在 Q_0 方向上的投影, 而 Qu 是 u 在 P_0 方向上的投影.

特别地, 我们有

$$\mathcal{A}_{2T}(\widehat{U}_0, \widehat{U}_1) = Q_0 \overline{u} + P_0 \psi, \tag{11.61}$$

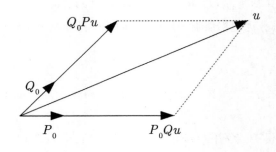

图1 u 的仿射投影

其中 $\overline{u} = (\overline{u}_1, \cdots, \overline{u}_{\overline{p}})^{\mathrm{T}}$ 及 $\psi = (\psi_1, \cdots, \psi_q)^{\mathrm{T}}$ 分别由 (11.53) 和 (11.57) 给出. 由定理 11.4, 投影 $\overline{u}$ 可以逼近地牵引到空间 $(H_0^1(\Omega) \times L^2(\Omega))^{\overline{p}}$ 中任意给定的目标值, 而投影 ψ 不依赖于所施的控制, 因而是不能控的. 这很好地解释了定理 11.4.

现令

$$u = (u_1, \cdots, u_p)^{\mathrm{T}}, \quad \overline{u} = (\overline{u}_1, \cdots, \overline{u}_{\overline{p}})^{\mathrm{T}}, \quad \psi = (\psi_1, \cdots, \psi_q)^{\mathrm{T}}.$$

由于控制 H 在 $[0, T]$ 中有紧支集, 关系式 (11.61) 可以容易地从 $t = 2T$ 拓展到区间 $[2T, +\infty)$ 上, 即有

$$t \geqslant 2T: \quad U = (e_1, \cdots, e_p)(Q_0, P_0) \begin{pmatrix} \overline{u} \\ \psi \end{pmatrix}. \tag{11.62}$$

当 $p = q$ 时, $\overline{u}$ 这部分在 (11.62) 中消失, 于是 (11.62) 可以化简为

$$t \geqslant 2T: \quad U = \sum_{r=1}^{p} e_r \psi_r, \tag{11.63}$$

其中 $\psi = (\psi_1, \cdots, \psi_p)^{\mathrm{T}}$ 由 (6.13) (其中取 $d = p$) 给出, 且 ψ 不依赖于所施的控制. 这就再一次得到了定理 8.5 和定理 10.4.

当 $p > q$ 时, 很自然地选取控制 $H \in \mathcal{U}_{\mathrm{ad}}(\widehat{U}_0, \widehat{U}_1)$ 使得在 (11.62) 中 $\overline{u} \sim 0$, 就

得到逼近:

$$t \geqslant 2T: \quad U \sim (e_1, \cdots, e_p)P_0\psi, \tag{11.64}$$

其中 $\psi = (\psi_1, \cdots, \psi_p)^{\mathrm{T}}$ 由 (6.13) (其中取 $d = p$) 给出, 且不依赖于所施的控制. 此结果阐明了定理 10.5 中估计 (10.31) 的意义.

特别地, 当 $p = 1$ 且 ψ 消失时, 对任意给定的函数 $\overline{u}$, 表达式 (11.62) 说明

$$t \geqslant 2T: \quad U \sim e\overline{u} \tag{11.65}$$

其中 $e = (1, \cdots, 1)^{\mathrm{T}}$ 由 (5.4) 给出. 这改进了定理 8.7 中的估计式 (8.37).

最后，我们提出了下述最优同步问题:

$$\inf_{H \in \mathcal{U}_{\mathrm{ad}}(\widehat{U}_0, \widehat{U}_1)} (\|(u, u')\|^2_{(H^1_0(\Omega) \times L^2(\Omega))^p} + \|H\|^2_{(L^2(0,2T;L^2(\Omega))^{N-p}}). \tag{11.66}$$

这是最优控制与同步理论中一个富有挑战性的问题.

在 Kalman 秩条件 (11.5) 成立的前提下, 由定理 11.6 可得 $p = q$, 且 $u = \psi$ 不依赖于所施的控制. 在此情形下, 对化约系统 (10.8) 的精确能控性可应用 Hilbert 唯一性方法得到具最小范数的控制 H.

对任意给定的控制 $H \in \mathcal{U}_{\mathrm{ad}}(\widehat{U}_0, \widehat{U}_1)$, 控制 H 的等价类

$$\dot{H} = H + \mathrm{Ker}(C_p)$$

可提供化约系统 (10.8) 同样的解 W_p. 然而, 不同的控制 $H \in \dot{H}$ 对于原系统 (I) 产生不同的解 U, 且由系统 (11.14) 所给出的精确同步态 $(u_1, \cdots, u_p)^{\mathrm{T}}$ 也是不一样的. 这使得最优同步问题 (11.66) 非常复杂. 此外, 能达集 $\mathcal{A}_{2T}(\widehat{U}_0, \widehat{U}_1)$ 一般既不闭也不开! 这对应用泛函分析中的常用方法来解决问题制造了很大的困难 (参见 [11]).

第十二章

精确内部同步族

在本章中, 我们将前面的研究从特定的分组推广到一般的分组. 为此, 我们将研究在相同的控制矩阵 D 下实现几个分组精确内部同步性的可能性. 本章的内容主要取自 [49].

§ 1. 广义同步性

令 Θ_μ 是一个 $(N-p) \times N$ 行满秩矩阵. 若系统 (I) 的解 U 满足

$$t \geqslant T: \quad \Theta_\mu U = 0, \tag{12.1}$$

则称系统 (I) **精确 Θ_μ 同步**, 或关于 Θ_μ 广义同步. 对此, 相应的研究及结果可参见 [73].

对于同一个控制矩阵 D, 我们想要找到所有的矩阵 Θ_μ, 使得系统 (I) 精确 Θ_μ 同步.

记 $\theta_i^{(j)}$ 是矩阵 A 关于特征值 a_i 的 Jordan 链:

$$\theta_i^{(0)} = 0, \quad (A - a_i I)\theta_i^{(j)} = \theta_i^{(j-1)}, \quad 1 \leqslant i \leqslant d, \quad 1 \leqslant j \leqslant \widehat{\mu}_i. \tag{12.2}$$

记 $\mathcal{M}_p$ 是满足

$$0 \leqslant \mu_i \leqslant \widehat{\mu}_i, \quad |\mu| = \sum_{i=1}^{d} \mu_i = p \qquad (12.3)$$

的长度为 p 的多重指标 $\mu = (\mu_1, \cdots, \mu_d) \in \mathbb{N}^d$ 所构成的集合. 对任意给定的 $\mu \in \mathcal{M}_p$, 如下定义 $(N-p) \times N$ 矩阵 Θ_μ:

$$\mathrm{Ker}(\Theta_\mu) = \mathrm{Span}\{\theta_1^{(1)}, \cdots, \theta_1^{(\mu_1)}; \cdots; \theta_d^{(1)}, \cdots, \theta_d^{(\mu_d)}\}. \qquad (12.4)$$

显然, 矩阵 Θ_μ 给出了关系

$$\Theta_\mu \sim \Theta_{\mu'} \Longleftrightarrow \mathrm{Ker}(\Theta_\mu) = \mathrm{Ker}(\Theta_{\mu'}) \qquad (12.5)$$

所示的等价类. 当 μ 取遍集合 $\mathcal{M}_p$ 时, (12.4) 提供了所有满足 Θ_μ-相容性条件

$$A\,\mathrm{Ker}(\Theta_\mu) \subseteq \mathrm{Ker}(\Theta_\mu) \qquad (12.6)$$

的矩阵族.

由引理 2.7 (其中取 $C_p = \Theta_\mu$), 存在一个 $(N-p)$ 阶矩阵 A_μ, 使得 $\Theta_\mu A = A_\mu \Theta_\mu$. 将 Θ_μ 作用到系统 (I) 上, 并记 $W_\mu = \Theta_\mu U$, 就得到化约系统

$$\begin{cases} W_\mu'' - \Delta W_\mu + A_\mu W_\mu = \Theta_\mu D\chi_\omega H, & (t,x) \in (0, +\infty) \times \Omega, \\ W_\mu = 0, & (t,x) \in (0, +\infty) \times \Gamma. \end{cases} \qquad (12.7)$$

这样, 系统 (I) 的精确 Θ_μ 同步性就等价于具 $(N-p)$ 个方程的化约系统 (12.7) 的精确能控性. 由定理 10.1 可得

命题 12.1 在 Θ_μ-相容性条件 (12.6) 成立的前提下, 原系统 (I) 精确 Θ_μ 同步当且仅当成立

$$\mathrm{rank}(D) = \mathrm{rank}(\Theta_\mu D) = N - p. \qquad (12.8)$$

我们的目标是找到一个控制矩阵 D, 使对同一系统的所有多重指标 $\mu \in \mathcal{M}_p$ 都

成立秩条件 (12.8). 注意到 $\mathcal{M}_p$ 的基数可能比 $\mathrm{rank}(D)$ 大得多, 只用一个控制矩阵 D 就能够对所有的 $\mu \in \mathcal{M}_p$ 都成立秩条件 (12.8), 这是不平凡的, 甚至是令人惊讶的.

下面的结果是广义 Vandermonde 矩阵的一个简化的变体, 其证明取自 Ecole Polytechnique 的一个材料.

引理 12.1 设 $0 < a_1 < \cdots < a_n$ 及 $0 < \beta_1 < \cdots < \beta_n$, 那么下述广义 Vandermonde 矩阵的行列式是严格正的:

$$\det \begin{pmatrix} a_1^{\beta_1} & a_2^{\beta_1} & \cdots & a_n^{\beta_1} \\ a_1^{\beta_2} & a_2^{\beta_2} & \cdots & a_n^{\beta_2} \\ \vdots & \vdots & \ddots & \vdots \\ a_1^{\beta_n} & a_2^{\beta_n} & \cdots & a_n^{\beta_n} \end{pmatrix} > 0. \tag{12.9}$$

证 首先, 利用广义 Descartes 符号规则 (参见 [26]), 对任意给定的不全为零的实系数 $c_1, \cdots, c_n$, 函数

$$H_n(x) = c_1 x^{\beta_1} + c_2 x^{\beta_2} + \cdots + c_n x^{\beta_n}, \quad x > 0$$

最多有 $(n-1)$ 个严格正的零点. 为了清楚起见, 我们在这里给出一个直接证明.

当 $n = 1$ 时, 此结论是显然的. 假设对 $(n-1)$ 时结论成立. 反之, 若 H_n 有 n 个严格正的零点, 从而函数

$$g_n(x) = \frac{H_n(x)}{x^{\beta_1}} = c_1 + c_2 x^{\beta_2 - \beta_1} + \cdots + c_n x^{\beta_n - \beta_1}, \quad x > 0$$

也是如此. 由 Rolle 定理, g_n 的导数

$$g_n'(x) = c_2(\beta_2 - \beta_1) x^{\beta_2 - \beta_1 - 1} + \cdots + c_n(\beta_n - \beta_1) x^{\beta_n - \beta_1 - 1}$$

有 $(n-1)$ 个严格正的零点, 从而函数

$$x^{\beta_1 + 1} g_n'(x) = c_2(\beta_2 - \beta_1) x^{\beta_2} + \cdots + c_n(\beta_n - \beta_1) x^{\beta_n}$$

也是如此. 这与 $(n-1)$ 时的归纳假设相矛盾.

现证明 (12.9) 成立. 当 $n = 1$ 时, (12.9) 显然成立. 假设对 $(n-1)$ 时, (12.9) 成立. 令

$$f(x) = \det \begin{pmatrix} a_1^{\beta_1} & a_2^{\beta_1} & \cdots & a_{n-1}^{\beta_1} & x^{\beta_1} \\ a_1^{\beta_2} & a_2^{\beta_2} & \cdots & a_{n-1}^{\beta_2} & x^{\beta_2} \\ \vdots & \vdots & \ddots & \vdots & \vdots \\ a_1^{\beta_{n-1}} & a_2^{\beta_{n-1}} & \cdots & a_{n-1}^{\beta_{n-1}} & x^{\beta_{n-1}} \\ a_1^{\beta_n} & a_2^{\beta_n} & \cdots & a_{n-1}^{\beta_n} & x^{\beta_n} \end{pmatrix}.$$

根据最后一列展开行列式, 可得

$$f(x) = c_1 x^{\beta_1} + c_2 x^{\beta_2} + \cdots + c_n x^{\beta_n},$$

由 $(n-1)$ 时的归纳假设, 有

$$c_n = \det \begin{pmatrix} a_1^{\beta_1} & a_2^{\beta_1} & \cdots & a_{n-1}^{\beta_1} \\ a_1^{\beta_2} & a_2^{\beta_2} & \cdots & a_{n-1}^{\beta_2} \\ \vdots & \vdots & \ddots & \vdots \\ a_1^{\beta_{n-1}} & a_2^{\beta_{n-1}} & \cdots & a_{n-1}^{\beta_{n-1}} \end{pmatrix} > 0.$$

由于 f 在 $x = a_1, \cdots, a_{n-1}$ 处为零, 由第一步所示, f 最多有 $(n-1)$ 个严格正的零点, 于是 $a_1, \cdots, a_{n-1}$ 就是 f 在区间 $(0, +\infty)$ 上的所有零点. 由连续性, 当 $x > a_{n-1}$ 时, f 的符号不会发生变化, 特别地, 有 $f(a_n) > 0$, 于是对 n, (12.9) 式成立. 引理得证. □

命题 12.2 令

$$G = \begin{pmatrix} a_1^1 & a_2^1 & \cdots & a_{N-p}^1 \\ a_1^2 & a_2^2 & \cdots & a_{N-p}^2 \\ \vdots & \vdots & \vdots & \vdots \\ a_1^i & a_2^i & \cdots & a_{N-p}^i \\ \vdots & \vdots & \vdots & \vdots \\ a_1^N & a_2^N & \cdots & a_{N-p}^N \end{pmatrix}, \tag{12.10}$$

其中

$$0 < a_1 < a_2 < \cdots < a_{N-p}. \tag{12.11}$$

令

$$Q = (\theta_1^{(1)}, \cdots, \theta_1^{(\widehat{\mu}_1)}, \cdots, \theta_d^{(1)}, \cdots, \theta_d^{(\widehat{\mu}_d)}). \tag{12.12}$$

定义

$$D = QG, \tag{12.13}$$

那么对所有的 $\mu \in \mathcal{M}_p$, 都成立秩条件 (12.8).

证　由引理 12.1 有 $\mathrm{rank}(D) = N - p$. 令

$$Q^{-\mathrm{T}} = (\eta_1^{(1)}, \cdots, \eta_1^{(\widehat{\mu}_1)}, \cdots, \eta_d^{(1)}, \cdots, \eta_d^{(\widehat{\mu}_d)}). \tag{12.14}$$

于是, 可以得到

$$(\theta_i^{(k)}, \eta_j^{(l)}) = \delta_{kl}\delta_{ij}.$$

从而有

$$\begin{aligned}
\mathrm{Im}(\Theta_\mu^{\mathrm{T}}) &= (\mathrm{Ker}(\Theta_\mu))^\perp \\
&= \mathrm{Span}\{\eta_1^{(\mu_1+1)}, \cdots, \eta_1^{(\widehat{\mu}_1)}; \cdots; \eta_d^{(\mu_d+1)}, \cdots, \eta_d^{(\widehat{\mu}_d)}\}.
\end{aligned} \tag{12.15}$$

令

$$m_i = \sum_{j=1}^{i-1} \widehat{\mu}_j, \quad 1 \leqslant i \leqslant d.$$

对任意给定的 $1 \leqslant i \leqslant d$ 和 $1 \leqslant j \leqslant \widehat{\mu}_i$, 定义

$$\mathcal{E}_i^{(j)} = (0, \cdots, 0, \overset{(m_i+j-1)}{1}, 0, \cdots, 0)^{\mathrm{T}} \tag{12.16}$$

和

$$E_{\overline{\mu}} = \mathrm{Span}\{\mathcal{E}_1^{(\mu_1+1)}, \cdots, \mathcal{E}_1^{(\widehat{\mu}_1)}; \cdots; \mathcal{E}_d^{(\mu_d+1)}, \cdots, \mathcal{E}_d^{(\widehat{\mu}_d)}\},$$

就有

$$\Theta_\mu^{\mathrm{T}} = Q^{-\mathrm{T}} E_{\overline{\mu}},$$

从而有

$$\Theta_\mu D = E_{\overline{\mu}}^{\mathrm{T}} Q^{-1} Q G = E_{\overline{\mu}}^{\mathrm{T}} G.$$

矩阵 $E_{\overline{\mu}}^{\mathrm{T}} G$ 实际上是从矩阵 G 中提取 $(N-p)$ 行所得, 即

$$E_{\overline{\mu}}^{\mathrm{T}} G = \begin{pmatrix} a_1^{j_1} & a_2^{j_1} & \cdots & a_{N-p}^{j_1} \\ a_1^{j_2} & a_2^{j_2} & \cdots & a_{N-p}^{j_2} \\ \vdots & \vdots & \vdots & \vdots \\ \vdots & \vdots & \vdots & \vdots \\ a_1^{j_{N-p}} & a_2^{j_{N-p}} & \cdots & a_{N-p}^{j_{N-p}} \end{pmatrix}, \tag{12.17}$$

其中指标 j_i $(i = 1, \cdots, N-p)$ 由 (12.16) 给出, 使得

$$1 \leqslant j_1 < j_2 < \cdots < j_{N-p} \leqslant N. \tag{12.18}$$

在条件 (12.11) 和 (12.18) 成立的前提下, 再一次应用引理 12.1, 可知 (12.17) 的行列式是严格正的, 从而秩条件 (12.8) 成立. 命题得证.   □

最后, 结合命题 12.1 和 12.2 可得

命题 12.3 假设控制矩阵 D 由 (12.13) 给出, 那么对所有的 $\mu \in \mathcal{M}_p$, 系统 (I) 精确 Θ_μ 同步.

§2. 精确内部同步族

设 $p \geqslant 1$ 是一个整数, 并取整数 $n_0, n_1, \cdots, n_p$ 满足

$$0 = n_0 < n_1 < \cdots < n_p = N, \tag{12.19}$$

且对 $1 \leqslant r \leqslant p$ 成立 $n_r - n_{r-1} \geqslant 2$. 将状态变量 U 的分量划为 p 组:

$$(u^{(1)}, \cdots, u^{(n_1)}), \ (u^{(n_1+1)}, \cdots, u^{(n_2)}), \cdots, (u^{(n_{p-1}+1)}, \cdots, u^{(n_p)}). \tag{12.20}$$

回顾前面分 p 组精确同步的定义: 称系统 (I) 分 p 组精确同步, 若存在事先未知的函数 u_r $(1 \leqslant r \leqslant p)$, 成立

$$t \geqslant T: \quad u^{(k)} = u_r, \quad n_{r-1} + 1 \leqslant k \leqslant n_r, \quad 1 \leqslant r \leqslant p. \tag{12.21}$$

设 C_p 由 (2.10) 给定, 而 $e_1, \cdots, e_p$ 由 (2.12) 给定, 那么 (12.21) 可改写为

$$t \geqslant T: \quad U = \sum_{r=1}^{p} u_r e_r. \tag{12.22}$$

设 σ 为集合 $\{1, \cdots, N\}$ 的一个置换. 将状态变量 U 的分量划为 p 组:

$$(u^{\sigma(1)}, \cdots, u^{\sigma(n_1)}), \cdots, (u^{\sigma(n_{p-1}+1)}, \cdots, u^{\sigma(n_p)}). \tag{12.23}$$

称系统 (I) **关于分组** (12.23) **分** p **组精确同步**, 若系统 (I) 的解 U 满足

$$t \geqslant T: \quad u^{\sigma(k)} = u_r, \quad n_{r-1} + 1 \leqslant k \leqslant n_r, \quad 1 \leqslant r \leqslant p \tag{12.24}$$

其中函数 u_r $(1 \leqslant r \leqslant p)$ 是事先未知的.

相应地, 如下定义矩阵 $C_p^{(\sigma)}$:

$$\text{Ker} \, (C_p^{(\sigma)}) = \text{Span}\{e_1^{(\sigma)}, \cdots, e_p^{(\sigma)}\}, \tag{12.25}$$

其中

$$(e_r^{(\sigma)})_i = (e_r)_{\sigma(i)}, \quad 1 \leqslant i \leqslant N, \quad 1 \leqslant r \leqslant p. \tag{12.26}$$

那么分 p 组精确内部同步性 (12.24) 可改写为

$$t \geqslant T: \quad U = \sum_{r=1}^{p} u_r e_r^{(\sigma)}. \tag{12.27}$$

对 $1 \leqslant r \leqslant p$, 每个组的分量个数 $(n_r - n_{r-1})$ 随着划分 (12.20) 变化, 且每个组 $(u^{\sigma(n_{r-1}+1)}, \cdots, u^{\sigma(n_r)})$ 的分量由置换 σ 决定.

下面, 我们将建立精确 Θ_μ 同步性和关于 $C_p^{(\sigma)}$-划分的分 p 组精确同步性之间的关系. 我们首先证明

命题 12.4　设矩阵 Θ_μ 和 $C_p^{(\sigma)}$ 分别由 (12.4) 和 (12.25) 给出. 若对控制矩阵 D, 系统 (I) 精确 Θ_μ 同步, 那么在一组合适的基下, 该系统关于 $C_p^{(\sigma)}$-划分分 p 组精确同步.

证　由于 $\mathrm{rank}(\Theta_\mu) = \mathrm{rank}(C_p^{(\sigma)}) = N - p$, 存在一个可逆矩阵 P, 使得

$$\Theta_\mu = C_p^{(\sigma)} P. \tag{12.28}$$

将 P 作用到系统 (I) 上, 并记 $\widetilde{U} = PU$, 就得到

$$\begin{cases} \widetilde{U}'' - \Delta \widetilde{U} + PAP^{-1}\widetilde{U} = PD\chi_\omega H, & (t, x) \in (0, +\infty) \times \Omega, \\ \widetilde{U} = 0, & (t, x) \in (0, +\infty) \times \Gamma. \end{cases} \tag{12.29}$$

相应地, 终端条件 (12.1) 变成

$$t \geqslant T: \quad C_p^{(\sigma)} \widetilde{U} = 0. \tag{12.30}$$

对控制矩阵 D, 由于系统 (I) 精确 Θ_μ 同步, 因此对控制矩阵 PD, 系统 (12.29) 关于 $C_p^{(\sigma)}$-划分分 p 组精确同步. 命题得证.　　□

接下来, 我们将精确 Θ_μ 同步性转化成关于不同 $C_p^{(\sigma)}$-划分的分 p 组精确同步性, 这需要对耦合阵 A 的结构附加一定的条件. 我们先给出一些预备知识.

命题 12.5 矩阵 A 有两个 Jordan 链当且仅当存在 $\mu, \mu' \in \mathcal{M}_p$, 使得

$$\mathrm{Ker}(\Theta_\mu) \cap \mathrm{Ker}(\Theta_{\mu'}) \neq \{0\}.$$

证 假设 A 有 d 个 Jordan 链, 且 $d \geqslant 2$.

若 $\widehat{\mu}_1 > p$, 定义

$$\mathrm{Ker}(\Theta_\mu) = \mathrm{Span}\{\theta_1^{(1)}, \cdots, \theta_1^{(p)}\},$$
$$\mathrm{Ker}(\Theta_{\mu'}) = \mathrm{Span}\{\theta_1^{(1)}, \cdots, \theta_1^{(p-1)}, \theta_2^{(1)}\}.$$

显然, $\theta_1^{(1)} \in \mathrm{Ker}(\Theta_\mu) \cap \mathrm{Ker}(\Theta_{\mu'})$.

若 $\widehat{\mu}_1 \leqslant p$, 注意到 $\sum_{i=1}^{d} \widehat{\mu}_i = N > p$, 存在一个满足 $1 \leqslant d_0 < d$ 的整数 d_0, 使得 $\widehat{\mu}_1 + \cdots + \widehat{\mu}_{d_0} = p_0 \leqslant p$, 但 $\widehat{\mu}_1 + \cdots + \widehat{\mu}_{d_0} + \widehat{\mu}_{d_0+1} > p$. 定义

$$\mathrm{Ker}(\Theta_\mu) = \mathrm{Span}\{\theta_1^{(1)}, \cdots, \theta_1^{(\widehat{\mu}_1)}, \cdots, \theta_{d_0}^{(1)}, \cdots, \theta_{d_0}^{(\widehat{\mu}_{d_0})}, \theta_{d_0+1}^{(1)}, \cdots, \theta_{d_0+1}^{(p-p_0)}\},$$

$$\mathrm{Ker}(\Theta_{\mu'}) = \mathrm{Span}\{\theta_1^{(1)}, \cdots, \theta_1^{(\widehat{\mu}_1)}, \cdots, \theta_{d_0}^{(1)}, \cdots, \theta_{d_0}^{(\widehat{\mu}_{d_0}-1)}, \theta_{d_0+1}^{(1)}, \cdots, \theta_{d_0+1}^{(p-p_0+1)}\}.$$

我们再次得到 $\theta_1^{(1)} \in \mathrm{Ker}(\Theta_\mu) \cap \mathrm{Ker}(\Theta_{\mu'})$.

另一个方向是平凡的. 命题得证. $\qquad\qquad\qquad\qquad\qquad\qquad\qquad\qquad\qquad$ □

命题 12.6 设 $C_p^{(\sigma)}$ 和 $C_p^{(\sigma')}$ 由 (12.25) 给出, 而 Θ_μ 和 $\Theta_{\mu'}$ 由 (12.4) 给定. 那么, 存在一个可逆矩阵 P 使得

$$\Theta_\mu = C_p^{(\sigma)} P, \quad \Theta_{\mu'} = C_p^{(\sigma')} P \tag{12.31}$$

当且仅当

$$\begin{aligned} &\dim(\mathrm{Ker}(\Theta_\mu) \cap \mathrm{Ker}(\Theta_{\mu'})) \\ =&\dim(\mathrm{Ker}(C_p^{(\sigma)}) \cap \mathrm{Ker}(C_p^{(\sigma')})) := q > 0. \end{aligned} \tag{12.32}$$

证 假设条件 (12.31) 成立, 就有

$$P(\mathrm{Ker}(\Theta_\mu) \cap \mathrm{Ker}(\Theta_{\mu'})) = \mathrm{Ker}(C_p^{(\sigma)}) \cap \mathrm{Ker}(C_p^{(\sigma')}).$$

注意到

$$\sum_{r=1}^{p} e_r^{(\sigma)} = e,$$

其中

$$e = (1, \cdots, 1)^{\mathrm{T}} \in \mathrm{Ker}(C_p^{(\sigma)}) \cap \mathrm{Ker}(C_p^{(\sigma')}),$$

就得到 (12.32).

反之, 假设 (12.32) 成立, 就有

$$\mathrm{Ker}(\Theta_\mu) \cap \mathrm{Ker}(\Theta_{\mu'}) = \mathrm{Span}\{\theta_1, \cdots, \theta_q\}.$$

将 $(\theta_1, \cdots, \theta_q)$ 完备化以得到 $\mathrm{Ker}(\Theta_\mu)$ 的一组基:

$$\mathrm{Ker}(\Theta_\mu) = \mathrm{Span}\{\theta_1, \cdots, \theta_q, \theta_{q+1}^{(\mu)}, \cdots, \theta_p^{(\mu)}\}$$

和 $\mathrm{Ker}(\Theta_{\mu'})$ 的一组基:

$$\mathrm{Ker}(\Theta_{\mu'}) = \mathrm{Span}\{\theta_1, \cdots, \theta_q, \theta_{q+1}^{(\mu')}, \cdots, \theta_p^{(\mu')}\}.$$

容易验证

$$(\theta_1, \cdots, \theta_q, \theta_{q+1}^{(\mu)}, \cdots, \theta_p^{(\mu)}, \theta_{q+1}^{(\mu')}, \cdots, \theta_p^{(\mu')}) \tag{12.33}$$

线性无关. 事实上, 设系数 a_l $(l = 1, \cdots q)$ 和 b_l, c_l $(l = q+1, \cdots p)$ 满足

$$\sum_{l=1}^{q} a_l \theta_l + \sum_{l=q+1}^{p} b_l \theta_l^{(\mu)} + \sum_{l=q+1}^{p} c_l \theta_l^{(\mu')} = 0.$$

于是可得

$$\sum_{l=1}^{q} a_l \theta_l + \sum_{l=q+1}^{p} b_l \theta_l^{(\mu)} \in \mathrm{Ker}(\Theta_\mu) \cap \mathrm{Ker}(\Theta_{\mu'}),$$

从而有

$$\sum_{l=q+1}^{p} b_l \theta_l^{(\mu)} \in \text{Ker}(\Theta_\mu) \cap \text{Ker}(\Theta_{\mu'}).$$

由于 $(\theta_{q+1}^{(\mu)}, \cdots, \theta_p^{(\mu)}) \notin \text{Ker}(\Theta_{\mu'})$, 于是就有 $\sum_{l=q+1}^{p} b_l \theta_l^{(\mu)} = 0$. 类似地, 可以得到 $\sum_{l=q+1}^{p} c_l \theta_l^{(\mu')} = 0$. 这样, 我们就得到了 (12.33) 的线性无关性.

类似地, 可写

$$\text{Ker}(C_p^{(\sigma)}) = \text{Span}\{e_1, \cdots, e_q, e_{q+1}^{(\sigma)}, \cdots, e_p^{(\sigma)}\}, \tag{12.34}$$

$$\text{Ker}(C_p^{(\sigma')}) = \text{Span}\{e_1, \cdots, e_q, e_{q+1}^{(\sigma')}, \cdots, e_p^{(\sigma')}\}, \tag{12.35}$$

其中, 对 $1 \leqslant r \leqslant q$, e_r 由 (12.26) 给定. 此外, 易证

$$(\theta_1, \cdots, \theta_q, \theta_{q+1}^{(\mu)}, \cdots, \theta_p^{(\mu)}, \theta_{q+1}^{(\mu')}, \cdots, \theta_p^{(\mu')}),$$

$$(e_1, \cdots, e_q; e_{q+1}^{(\sigma)}, \cdots, e_p^{(\sigma)}; e_{q+1}^{(\sigma')}, \cdots, e_p^{(\sigma')})$$

线性无关. 因此, 存在一个可逆矩阵 P, 使得

$$P(\theta_1, \cdots, \theta_q, \theta_{q+1}^{(\mu)}, \cdots, \theta_p^{(\mu)}, \theta_{q+1}^{(\mu')}, \cdots, \theta_p^{(\mu')})$$
$$=(e_1, \cdots, e_q; e_{q+1}^{(\sigma)}, \cdots, e_p^{(\sigma)}; e_{q+1}^{(\sigma')}, \cdots, e_p^{(\sigma')}), \tag{12.36}$$

即

$$P\text{Ker}(\Theta_\mu) = \text{Ker}(C_p^{(\sigma)}), \quad P\text{Ker}(\Theta_{\mu'}) = \text{Ker}(C_p^{(\sigma')}).$$

于是, 可以得到

$$\text{Ker}(\Theta_\mu) = \text{Ker}(C_p^{(\sigma)}P), \quad \text{Ker}(\Theta_{\mu'}) = \text{Ker}(C_p^{(\sigma')}P).$$

注意到 (12.5), 就得到 (12.31). 命题得证. □

定理 12.1 假设 A 有两个 Jordan 链, 那么存在一个 $N \times (N-p)$ 控制矩阵 D, 使得在一组合适的基下, 系统 (I) 关于由 (12.25) 任意给出的 $C_p^{(\sigma)}$ 和 $C_p^{(\sigma')}$-划分均

为分 p 组精确同步.

证　由于 A 有两个 Jordan 链, 由命题 12.5 可得

$$\dim(\mathrm{Ker}(\Theta_\mu) \cap \mathrm{Ker}(\Theta_{\mu'})) = q > 0. \tag{12.37}$$

因此, 可以任意选取矩阵 $C_p^{(\sigma)}$ 和 $C_p^{(\sigma')}$, 使得 (12.34)—(12.35) 成立. 于是, 由命题 12.6, 存在一个可逆矩阵 P, 使得 (12.31) 成立. 由命题 12.3, 对同一个控制矩阵 D, 系统 (I) 精确 Θ_μ 同步, 同时也精确 Θ'_μ 同步的. 注意到 (12.31) 和命题 12.4, 在同一组基 P 下, 对同一个控制矩阵 D, 系统 (I) 关于 $C_p^{(\sigma)}$-划分和 $C_p^{(\sigma')}$-划分均为分 p 组精确同步. 定理得证.　　　　　　　　　　　　　　　□

由限制条件 (12.34), 对相同的控制矩阵 D, 只能对一部分情况实现精确 $C_p^{(\sigma)}$ 同步性. 我们在这里不深入讨论这个问题, 仅给出一个例子来说明前面的抽象结果.

例.　在此例中, 取 $N = 6, p = 2$. 设

$$A = \begin{pmatrix} 0 & 1 & & & & \\ 0 & 0 & & & & \\ & & 0 & 1 & & \\ & & 0 & 0 & & \\ & & & & 0 & 1 \\ & & & & 0 & 0 \end{pmatrix},$$

它有三个长度为 2 的 Jordan 链:

$$\theta_1^{(1)} = \begin{pmatrix} 1 \\ 0 \\ 0 \\ 0 \\ 0 \\ 0 \end{pmatrix}, \quad \theta_1^{(2)} = \begin{pmatrix} 0 \\ 1 \\ 0 \\ 0 \\ 0 \\ 0 \end{pmatrix}; \quad \theta_2^{(1)} = \begin{pmatrix} 0 \\ 0 \\ 1 \\ 0 \\ 0 \\ 0 \end{pmatrix}, \quad \theta_2^{(2)} = \begin{pmatrix} 0 \\ 0 \\ 0 \\ 1 \\ 0 \\ 0 \end{pmatrix}$$

和

$$\theta_3^{(1)} = \begin{pmatrix} 0 \\ 0 \\ 0 \\ 0 \\ 1 \\ 0 \end{pmatrix}, \quad \theta_3^{(2)} = \begin{pmatrix} 0 \\ 0 \\ 0 \\ 0 \\ 0 \\ 1 \end{pmatrix}.$$

由于 A 分块对角化, 在 (12.12) 中有 $Q = I$, 而在 (12.13) 中有 $D = G$. 我们首先穷举由 (12.4) 给出的所有广义同步阵 Θ_μ.

$$\mathrm{Ker}(\Theta_{(2,0,0)}) = \mathrm{Span}\{\theta_1^{(1)}, \theta_1^{(2)}\}, \quad 其中\ \mu = (2,0,0),$$
$$\mathrm{Ker}(\Theta_{(1,1,0)}) = \mathrm{Span}\{\theta_1^{(1)}, \theta_2^{(1)}\}, \quad 其中\ \mu = (1,1,0)$$

及

$$\mathrm{Ker}(\Theta_{(0,2,0)}) = \mathrm{Span}\{\theta_2^{(1)}, \theta_2^{(2)}\}, \quad \mathrm{Ker}(\Theta_{(0,1,1)}) = \mathrm{Span}\{\theta_2^{(1)}, \theta_3^{(1)}\},$$
$$\mathrm{Ker}(\Theta_{(0,0,2)}) = \mathrm{Span}\{\theta_3^{(1)}, \theta_3^{(2)}\}, \quad \mathrm{Ker}(\Theta_{(1,0,1)}) = \mathrm{Span}\{\theta_1^{(1)}, \theta_3^{(1)}\},$$

或等价地, 由 (12.15),

$$\Theta_{(2,0,0)} = \begin{pmatrix} 0 & 0 & 1 & 0 & 0 & 0 \\ 0 & 0 & 0 & 1 & 0 & 0 \\ 0 & 0 & 0 & 0 & 1 & 0 \\ 0 & 0 & 0 & 0 & 0 & 1 \end{pmatrix}, \quad \Theta_{(1,1,0)} = \begin{pmatrix} 0 & 1 & 0 & 0 & 0 & 0 \\ 0 & 0 & 0 & 1 & 0 & 0 \\ 0 & 0 & 0 & 0 & 1 & 0 \\ 0 & 0 & 0 & 0 & 0 & 1 \end{pmatrix},$$

$$\Theta_{(0,2,0)} = \begin{pmatrix} 1 & 0 & 0 & 0 & 0 & 0 \\ 0 & 1 & 0 & 0 & 0 & 0 \\ 0 & 0 & 0 & 0 & 1 & 0 \\ 0 & 0 & 0 & 0 & 0 & 1 \end{pmatrix}, \quad \Theta_{(0,1,1)} = \begin{pmatrix} 1 & 0 & 0 & 0 & 0 & 0 \\ 0 & 1 & 0 & 0 & 0 & 0 \\ 0 & 0 & 0 & 1 & 0 & 0 \\ 0 & 0 & 0 & 0 & 0 & 1 \end{pmatrix},$$

$$\Theta_{(0,0,2)} = \begin{pmatrix} 1 & 0 & 0 & 0 & 0 & 0 \\ 0 & 1 & 0 & 0 & 0 & 0 \\ 0 & 0 & 1 & 0 & 0 & 0 \\ 0 & 0 & 0 & 1 & 0 & 0 \end{pmatrix}, \quad \Theta_{(1,0,1)} = \begin{pmatrix} 0 & 1 & 0 & 0 & 0 & 0 \\ 0 & 0 & 1 & 0 & 0 & 0 \\ 0 & 0 & 0 & 1 & 0 & 0 \\ 0 & 0 & 0 & 0 & 0 & 1 \end{pmatrix}.$$

由命题 12.3, 对同一个控制矩阵

$$D = \begin{pmatrix} 1 & a & b & c \\ 1 & a^2 & b^2 & c^2 \\ 1 & a^3 & b^3 & c^3 \\ 1 & a^4 & b^4 & c^4 \\ 1 & a^5 & b^5 & c^5 \\ 1 & a^6 & b^6 & c^6 \end{pmatrix}, \quad 1 < a < b < c,$$

对所有的 $\mu \in \mathcal{M}_p$, 系统 (I) 都精确 Θ_μ 同步. 由于

$$\mathrm{Ker}(\Theta_{(2,0,0)}) \cap \mathrm{Ker}(\Theta_{(1,1,0)}) \cap \mathrm{Ker}(\Theta_{(1,0,1)}) = \mathrm{Span}\{\theta_1^{(1)}\},$$

三个 (最大的) 矩阵 $\Theta_{(2,0,0)}, \Theta_{(1,1,0)}$ 和 $\Theta_{(1,0,1)}$ 满足条件 (12.32), 于是可以任意选取三个由 (12.34)—(12.35) 定义的矩阵如下:

$$\mathrm{Ker}(C_2^{(\sigma)}) = \mathrm{Span}\{e_1, e_2^{(\sigma)}\},$$
$$\mathrm{Ker}(C_2^{(\sigma')}) = \mathrm{Span}\{e_1, e_2^{(\sigma')}\},$$
$$\mathrm{Ker}(C_2^{(\sigma'')}) = \mathrm{Span}\{e_1, e_2^{(\sigma'')}\},$$

其中

$$\sigma = \begin{pmatrix} 1 & 2 & 3 & 4 & 5 & 6 \\ 1 & 3 & 5 & 2 & 4 & 6 \end{pmatrix},$$

$$\sigma' = \begin{pmatrix} 1 & 2 & 3 & 4 & 5 & 6 \\ 1 & 2 & 3 & 4 & 5 & 6 \end{pmatrix},$$

$$\sigma'' = \begin{pmatrix} 1 & 2 & 3 & 4 & 5 & 6 \\ 1 & 3 & 6 & 2 & 4 & 5 \end{pmatrix},$$

或等价地,

$$e_1 = \begin{pmatrix} 1 \\ 1 \\ 1 \\ 1 \\ 1 \\ 1 \end{pmatrix}, \quad e_2^{(\sigma)} = \begin{pmatrix} 1 \\ 0 \\ 1 \\ 0 \\ 1 \\ 0 \end{pmatrix}, \quad e_2^{(\sigma')} = \begin{pmatrix} 1 \\ 1 \\ 1 \\ 0 \\ 0 \\ 0 \end{pmatrix}, \quad e_2^{(\sigma'')} = \begin{pmatrix} 1 \\ 0 \\ 1 \\ 0 \\ 0 \\ 1 \end{pmatrix}.$$

这样, 可以由 (12.36) 定义如下矩阵 P:

$$P\theta_1^{(1)} = e_1, \quad P\theta_1^{(2)} = e_2^{(\sigma)}, \quad P\theta_2^{(1)} = e_2^{(\sigma')}, \quad P\theta_3^{(1)} = e_2^{(\sigma'')}.$$

由命题 12.6, 有

$$\theta_{(2,0,0)} = C_2^{(\sigma)} P, \quad \theta_{(1,1,0)} = C_2^{(\sigma')} P, \quad \theta_{(1,0,1)} = C_2^{(\sigma'')} P.$$

由定理 12.1, 对控制矩阵 D, 系统 (I) 关于下述三个 (最大的) 划分分 2 组精确同步:

$$\sigma\text{-划分}: \quad u_1 = u_3 = u_5, \quad u_2 = u_4 = u_6,$$

$$\sigma'\text{-划分}: \quad u_1 = u_2 = u_3, \quad u_4 = u_5 = u_6,$$

$$\sigma''\text{-划分}: \quad u_1 = u_3 = u_6, \quad u_2 = u_4 = u_5.$$

上述基的选择只是一个例子, 对于比较大的 N, 还有其他许多有趣的划分.

第 II 部分

具混合内部与边界控制
的波动方程系统

设 $\Omega \subset \mathbb{R}^m$ 是具光滑边界 Γ 的有界区域, 而 $\omega \subset \Omega$ 是 Γ 的一个邻域. 设 A 是 N 阶矩阵, 而 D_1 和 D_2 分别是 $N \times M_1$ 和 $N \times M_2$ 列满秩矩阵, A, D_1 和 D_2 均是具常元素的矩阵.

分别用 $U = (u^{(1)}, \cdots, u^{(N)})^{\mathrm{T}}$、$H = (h^{(1)}, \cdots, h^{(M_1)})^{\mathrm{T}}$ 和 $G = (g^{(1)}, \cdots, g^{(M_2)})^{\mathrm{T}}$ 表示状态变量、内部控制和边界控制, 考察系统

$$
\begin{cases}
U'' - \Delta U + AU = D_1 \chi_\omega H, & (t, x) \in (0, +\infty) \times \Omega, \\
U = D_2 G, & (t, x) \in (0, +\infty) \times \Gamma
\end{cases}
\tag{II}
$$

及初始条件

$$
t = 0: \quad U = \widehat{U}_0, \quad U' = \widehat{U}_1, \quad x \in \Omega,
\tag{II_0}
$$

其中 χ_ω 表示 ω 的特征函数, 符号 " $'$ " 表示对于时间的导数, 而 $\Delta = \sum\limits_{k=1}^{m} \frac{\partial^2}{\partial x_k^2}$ 表示 Laplace 算子.

相应地, 令

$$
\Phi = (\phi^{(1)}, \cdots, \phi^{(N)})^{\mathrm{T}}.
$$

考察相应的伴随系统:

$$
\begin{cases}
\Phi'' - \Delta \Phi + A^{\mathrm{T}} \Phi = 0, & (t, x) \in (0, T) \times \Omega, \\
\Phi = 0, & (t, x) \in (0, T) \times \Gamma
\end{cases}
\tag{II*}
$$

及初始条件

$$
t = 0: \quad \Phi = \widehat{\Phi}_0, \quad \Phi' = \widehat{\Phi}_1, \quad x \in \Omega,
\tag{II_0^*}
$$

局部分布的内部观测

$$
D_1^{\mathrm{T}} \chi_\omega \Phi = 0, \quad (t, x) \in (0, T) \times \Omega
\tag{II_1^*}
$$

及 Neumann 边界观测

$$
D_2^{\mathrm{T}} \partial_\nu \Phi = 0, \quad (t, x) \in (0, T) \times \Gamma.
\tag{II_2^*}
$$

在这一部分, 我们将证明: 当控制在系统中适当分布时, 在内部观测 (II_1^*) 和边界观测 (II_2^*) 下, Kalman 秩条件

$$\operatorname{rank}(D, AD, \cdots, A^{N-1}D) = N, \quad \text{其中 } D = (D_1, D_2)$$

仍然是伴随系统 (II^*) 具唯一解的充分必要条件.

类似地, 秩条件

$$\operatorname{rank}(D) = N, \quad \text{其中 } D = (D_1, D_2)$$

也是伴随系统 (II^*) 在内部观测 (II_1^*) 和边界观测 (II_2^*) 下具一致能观性的充分必要条件.

这一研究拓展了第 I 部分中关于内部控制的考虑以及 [40] 中关于边界控制的研究结果, 然而, 它并不是关于内部能控性和边界能控性已知结果的简单汇集, 而是一个复杂系统中几种成分的有机协调!

类似地, 我们也将考虑上述问题的同步性和分组同步性.

这一部分的工作提出了许多有趣的问题, 并在这一主题下开辟了一个新的方向.

第十三章

逼近混合能控性

在本章中, 我们将证明 Kalman 秩条件仍是伴随系统在部分内部和边界观测下具唯一解的充分必要条件, 因此也是施加混合控制的原系统具逼近能控性的充分必要条件. 本章的内容主要取自 [53].

§ 1. 引言

如下结论易由转置法证得 (参见 [5, 10, 57, 64]).

命题 13.1 设 $\Omega \subset \mathbb{R}^m$ 是具光滑边界 Γ 的有界区域. 对任意给定的初值

$$(\widehat{U}_0, \widehat{U}_1) \in (L^2(\Omega) \times H^{-1}(\Omega))^N$$

和任意给定的

$$(H, G) \in (L^2(0, T; H^{-1}(\Omega)))^{M_1} \times (L^2(0, T; L^2(\Gamma)))^{M_2},$$

系统 (II) 存在唯一的解

$$U \in (C^0([0, T]; L^2(\Omega)) \cap C^1([0, T]; H^{-1}(\Omega)))^N, \tag{13.1}$$

且映射

$$(\widehat{U}_0, \widehat{U}_1, H, G) \rightarrow (U, U') \tag{13.2}$$

在相应的拓扑下是连续的.

定义 13.1　称系统 (II) 在时刻 $T > 0$ **逼近能控**, 若对任意给定的初值 $(\widehat{U}_0, \widehat{U}_1)$ $\in (H_0^1(\Omega) \times L^2(\Omega))^N$, 在空间

$$(L^2(0, +\infty; H^{-1}(\Omega)))^{M_1} \times (L^2(0, +\infty; L^2(\Gamma)))^{M_2}$$

中存在一列支集在 $[0, T]$ 中的混合控制序列 $\{(H_n, G_n)\}_{n \in \mathbb{N}}$, 使得系统 (II) 相应的解序列 $\{U_n\}_{n \in \mathbb{N}}$ 满足下面的条件: 当 $n \rightarrow +\infty$ 时, 在空间

$$(C_{\text{loc}}^0([T, +\infty); L^2(\Omega)) \cap C_{\text{loc}}^1([T, +\infty); H^{-1}(\Omega)))^N$$

中成立

$$U_n \rightarrow 0. \tag{13.3}$$

由经典的半群理论 (参见 [64]), 伴随系统 (II*) 在空间 $(L^2(\Omega) \times H^{-1}(\Omega))^N$ 中生成一个 C^0 半群.

由第三章中的对偶方法, 系统 (II) 具逼近能控性等价于伴随系统 (II*) 在混合观测 (II_1^*) 和 (II_2^*) 下解的唯一性.

我们将说明 Kalman 秩条件:

$$\text{rank}(D, AD, \cdots, A^{N-1}D) = N, \quad \text{其中} D = (D_1, D_2) \tag{13.4}$$

是伴随系统 (II*) 在观测 (II_1^*) 和 (II_2^*) 下具唯一解的必要条件. 然而, 由于 (13.4) 中控制矩阵 D 的秩可能比 N 小得多, 部分观测 (II_1^*) 和 (II_2^*) 并不蕴含着所有的分量为 0:

$$\chi_\omega \Phi = 0, \quad (t, x) \in (0, T) \times \Omega \quad \text{或} \quad \partial_\nu \Phi = 0, \quad (t, x) \in (0, T) \times \Gamma. \tag{13.5}$$

因此, 在观测 (II_1^*) 和 (II_2^*) 下, 伴随系统 (II*) 解的唯一性不属于可以应用标准

的 Holmgren 唯一性定理的情形. 事实上, 这种情形是相当难处理的. 例如, 在内部观测情形, 由定理 3.2, 当 $T > 2d(\Omega)$ 时, Kalman 秩条件:

$$\operatorname{rank}(D_1, AD_1, \cdots, A^{N-1}D_1) = N \tag{13.6}$$

是系统具唯一解的充分条件. 而在边界观测情形, Kalman 秩条件

$$\operatorname{rank}(D_2, AD_2, \cdots, A^{N-1}D_2) = N \tag{13.7}$$

却不能对方程之间的联系提供足够的信息. 此时, 想要得到解的唯一性, 还需要一些附加条件, 例如, 耦合阵 A 是幂零的, 而 Ω 是一个星形区域 (参见 [36]) 等. 这些条件并不是必要的, 但在证明中却是必不可少的.

对混合观测的情形, 我们要将系统 (II*) 投影到合适的子空间上, 并将其划分为两个子系统, 其中一个子系统涉及内部观测, 而另一个子系统涉及边界观测. Kalman 秩条件 (13.4) 只表明有足够的观测, 还需要一些额外的代数条件来保证可根据系统的分解对观测进行一个平衡的重新划分. 用这样的方式, 才可以保证各子系统解的唯一性, 从而保证了整个系统解的唯一性.

§2. 一个唯一性定理

首先回顾在边界观测情形的下述结果.

命题 13.2 (参见 [40, 定理 8.16]) 设 $\Omega \subset \mathbb{R}^m$ 是具光滑边界 Γ 的有界区域, 且 Γ 满足乘子控制条件 (3.20). 假设 A 是一个幂零矩阵. 进一步假设

$$\operatorname{rank}(D_2, AD_2, \cdots, A^{N-1}D_2) = N. \tag{13.8}$$

那么, 对任意给定的初值 $(\widehat{\Phi}_0, \widehat{\Phi}_1) \in (H_0^1(\Omega) \times L^2(\Omega))^N$, 当时间 $T > 0$ 充分大时, 伴随系统 (II*) 在边界观测 (II$_2^*$) 下只有平凡解.

命题 13.3 对任意给定的初值 $(\widehat{\Phi}_0, \widehat{\Phi}_1) \in (H_0^1(\Omega) \times L^2(\Omega))^N$, 若伴随系统 (II*) 在观测 (II$_1^*$) 和 (II$_2^*$) 下只有平凡解, 那么必定成立 Kalman 秩条件 (13.4).

证　若 Kalman 秩条件 (13.4) 不成立, 由引理 2.1, A^{T} 包含在 $\mathrm{Ker}(D_1, D_2)^{\mathrm{T}}$ 中的最大不变子空间 V 不是 $\{0\}$. 子空间

$$\mathcal{V} = \{\phi E : \phi \in \mathcal{D}(\Omega), \ E \in V\}$$

关于算子 $-\Delta + A^{\mathrm{T}}$ 是不变的, 且系统 (II*) 在 $\mathcal{V} \subseteq \mathrm{Ker}(D_1, D_2)^{\mathrm{T}}$ 中存在非平凡解, 因此满足观测条件 (II*$_1$) 和 (II*$_2$), 这便得到了矛盾. 命题得证.　□

定理 13.1　设 $\Omega \subset \mathbb{R}^m$ 是具光滑边界 Γ 的有界区域, 且 Γ 满足乘子控制条件 (3.20). 设 ω 是 Ω 的一个子区域. 假设

(a) 控制矩阵 $D = (D_1, D_2)$ 满足 Kalman 秩条件 (13.4);

(b) A^{T} 包含在 $\mathrm{Ker}(D_1^{\mathrm{T}})$ 中的最大不变子空间 V_1 有一个补空间 V_s, 且 V_s 也是 A^{T} 的不变子空间;

(c) A^{T} 在 V_1 上的限制是一个幂零矩阵.

那么, 当控制时间 $T > 0$ 充分大时, 对任意给定的初值 $(\widehat{\Phi}_0, \widehat{\Phi}_1) \in (H_0^1(\Omega) \times L^2(\Omega))^N$, 伴随系统 (II*) 在观测条件 (II*$_1$) 和 (II*$_2$) 下只有平凡解.

证　设 $0 \leqslant p \leqslant N$, 令

$$\mathrm{rank}(D_1, AD_1, \cdots, A^{N-1}D_1) = N - p. \tag{13.9}$$

$p = 0$ 的情形对应于定理 3.2, 而 $p = N$ 的情形蕴含着 $D_1 = 0$, 因此对应于命题 13.2. 于是, 我们只需考虑 $0 < p < N$ 的情形.

记 $V_1 = \mathrm{Ker}(D_1, AD_1, \cdots, A^{N-1}D_1)^{\mathrm{T}}$ 为 p 维子空间, 由引理 2.1 可得

$$A^{\mathrm{T}}V_1 \subseteq V_1, \quad V_1 \subseteq \mathrm{Ker}(D_1^{\mathrm{T}}). \tag{13.10}$$

由 $\mathrm{Im}(E_2^{\mathrm{T}}) = V_1$ 定义 $p \times N$ 矩阵 E_2. 注意到 (13.10) 中的第一个条件, 由引理 2.4 可知 $\mathrm{Ker}(E_2)$ 是 A 的不变子空间. 由引理 2.7 (其中取 $C_p = E_2$), 存在 p 阶矩阵 A_2, 使得

$$E_2 A = A_2 E_2. \tag{13.11}$$

类似地, 由 $\mathrm{Im}(E_1^{\mathrm{T}}) = V_s$ 定义 $(N-p) \times N$ 矩阵 E_1. 由于 V_s 是 A^{T} 的不变子空间, 由引理 2.4, $\mathrm{Ker}(E_1)$ 是 A 的不变子空间. 由引理 2.7 (其中取 $C_p = E_1$), 存在 $(N-p)$ 阶矩阵 A_1, 使得

$$E_1 A = A_1 E_1. \tag{13.12}$$

由于 $\mathrm{Im}(E_1^{\mathrm{T}})$ 和 $\mathrm{Im}(E_2^{\mathrm{T}})$ 互补, 对任意给定的 $\Phi \in \mathbb{R}^N$, 可以将其写成

$$\Phi = E_1^{\mathrm{T}} \Phi_1 + E_2^{\mathrm{T}} \Phi_2, \tag{13.13}$$

其中 $\Phi_1 \in \mathbb{R}^{N-p}$, 而 $\Phi_2 \in \mathbb{R}^p$.

将系统 (II*) 分别投影到子空间 $\mathrm{Im}(E_1^{\mathrm{T}})$ 和 $\mathrm{Im}(E_2^{\mathrm{T}})$ 上, 可分别得到子系统

$$\begin{cases} \Phi_1'' - \Delta\Phi_1 + A_1^{\mathrm{T}}\Phi_1 = 0, & (t,x) \in (0, +\infty) \times \Omega, \\ \Phi_1 = 0, & (t,x) \in (0, +\infty) \times \Gamma \end{cases} \tag{13.14}$$

及

$$\begin{cases} \Phi_2'' - \Delta\Phi_2 + A_2^{\mathrm{T}}\Phi_2 = 0, & (t,x) \in (0, +\infty) \times \Omega, \\ \Phi_2 = 0, & (t,x) \in (0, +\infty) \times \Gamma. \end{cases} \tag{13.15}$$

其次, 由 (13.10) 中的第二个条件, 有 $\mathrm{Im}(E_2^{\mathrm{T}}) = V_1 \subseteq \mathrm{Ker}(D_1^{\mathrm{T}})$, 从而 $D_1^{\mathrm{T}} E_2^{\mathrm{T}} = 0$, 且 D_1-观测 (II$_1^*$) 变成

$$D_1^{\mathrm{T}}(E_1^{\mathrm{T}}\Phi_1 + E_2^{\mathrm{T}}\Phi_2) = (E_1 D_1)^{\mathrm{T}}\Phi_1 = 0, \quad (t,x) \in (0,T) \times \omega. \tag{13.16}$$

注意到 (13.12), 由引理 2.8 中的 (2.24) 可得

$$\mathrm{rank}\, E_1(D_1, AD_1, \cdots, A^{N-1}D_1) \tag{13.17}$$
$$= \mathrm{rank}(E_1 D_1, A_1 E_1 D_1 \cdots, A_1^{N-p-1} E_1 D_1).$$

由于

$$\mathrm{Ker}(D_1, AD_1, \cdots, A^{N-1}D_1)^{\mathrm{T}} \cap \mathrm{Im}(E_1^{\mathrm{T}}) = V_1 \cap V_s = \{0\}, \tag{13.18}$$

注意到 (13.12), 由引理 2.5, 有

$$\text{rank}(E_1D_1, A_1E_1D_1 \cdots, A_1^{N-p-1}E_1D_1) = \text{rank}(E_1) = N - p. \qquad (13.19)$$

因此 (A_1, E_1D_1) 满足相应的 Kalman 秩条件 (13.6). 由定理 3.2, 当时间 $T > 2d(\Omega)$ 时, 子系统 (13.14) 在内部 E_1D_1-观测 (13.16) 下只有平凡解 $\Phi_1 = 0$.

最后, 注意到 $\Phi_1 = 0$, 边界 D_2-观测 (II_2^*) 变成

$$D_2^{\text{T}}(E_1^{\text{T}}\partial_\nu\Phi_1 + E_2^{\text{T}}\partial_\nu\Phi_2) = (E_2D_2)^{\text{T}}\partial_\nu\Phi_2 = 0, \quad (t, x) \in (0, T) \times \Gamma. \qquad (13.20)$$

以 $V_2 = \text{Ker}(D_2, AD_2, \cdots, A^{N-1}D_2)^{\text{T}}$ 表示 A^{T} 包含在 $\text{Ker}(D_2^{\text{T}})$ 中的最大不变子空间, 而 V 表示 A^{T} 包含在 $\text{Ker}(D^{\text{T}})$ 中的最大不变子空间. 由引理 2.1, 条件 (13.4) 蕴含着 $V = \{0\}$. 于是由引理 2.2 可得

$$\text{Im}(E_2^{\text{T}}) \cap \text{Ker}(D_2, AD_2, \cdots, A^{N-1}D_2)^{\text{T}} = V_1 \cap V_2 = V = \{0\}. \qquad (13.21)$$

由引理 2.5 可得

$$\text{rank}\, E_2(D_2, AD_2, \cdots, A^{N-1}D_2) = \text{rank}(E_2) = p. \qquad (13.22)$$

注意到 (13.11), 由引理 2.8 中的 (2.24) 可得

$$\begin{aligned}
&\text{rank}\, E_2(D_2, AD_2, \cdots, A^{N-1}D_2) \\
&= \text{rank}(E_2D_2, A_2E_2D_2, \cdots, A_2^{N-p-1}E_2D_2).
\end{aligned} \qquad (13.23)$$

由 (13.22) 和 (13.23) 可得

$$\text{rank}(E_2D_2, A_2E_2D_2, \cdots, A_2^{N-p-1}E_2D_2) = p. \qquad (13.24)$$

因此 (A_2, E_2D_2) 满足相应的 Kalman 秩条件 (13.8). 此外, 由于 A_2 是幂零矩阵, 且 Ω 满足乘子控制条件 (3.20), 由命题 13.2, 当时间 $T > 0$ 充分大时, 子系

统 (13.15) 在边界 E_2D_2-观测 (13.20) 下只有平凡解 $\Phi_2 = 0$. 于是, 注意到 $\Phi_1 = 0$, 当时间 $T > 0$ 充分大时, 由 (13.13) 可得 $\Phi = 0$. 定理得证.   □

注 13.1 为保证子系统 (13.15) 在边界观测 (13.20) 下解的唯一性, 在技术上需要乘子控制条件 (3.20). 此外, 观测时间 T 依赖于 (13.15) 中方程的个数 p 以及矩阵 E_2D_2 的秩. T 的值可能相当大, 且通常无法显式表示 (参见 [33, 40, 80]).

推论 13.1 设 $\Omega \subset \mathbb{R}^m$ 是具光滑边界 Γ 的有界区域, 且 Γ 满足乘子控制条件 (3.20). 设 ω 是 Ω 的一个子区域. 假设

(a) 控制矩阵 $D = (D_1, D_2)$ 满足 Kalman 秩条件 (13.4);

(b) 控制矩阵 D_1 和 D_2 满足下述条件:

$$\text{rank}(D_1, AD_1, \cdots, A^{N-1}D_1) + \text{rank}(D_2, AD_2, \cdots, A^{N-1}D_2) = N; \qquad (13.25)$$

(c) A^{T} 在 V_1 上的限制是一个幂零矩阵, 其中 V_1 是 A^{T} 包含在 $\text{Ker}(D_1^{\mathrm{T}})$ 中的最大不变子空间.

那么, 当控制时间 $T > 0$ 充分大时, 对任意给定的初值 $(\widehat{\Phi}_0, \widehat{\Phi}_1) \in (H_0^1(\Omega) \times L^2(\Omega))^N$, 系统 (II*) 在观测 (II$_1^*$) 和 (II$_2^*$) 下只有平凡解.

证 对 $i = 1, 2$, 以 $V_i = \text{Ker}(D_i, AD_i, \cdots, A^{N-1}D_i)^{\mathrm{T}}$ 表示 A^{T} 包含在 $\text{Ker}(D_i^{\mathrm{T}})$ 中的最大不变子空间, 而 V 表示 A^{T} 包含在 $\text{Ker}(D^{\mathrm{T}})$ 中的最大不变子空间, 就有 $V_1 \cap V_2 = V = \{0\}$. 此外, 条件 (13.25) 蕴含着 $\dim(V_1) + \dim(V_2) = N$. 因此, V_2 是 V_1 的一个补空间, 且 V_1 和 V_2 都是 A^{T} 的不变子空间. 这样, 可应用定理 13.1 得到: 在内部观测 (II$_1^*$) 和边界观测 (II$_2^*$) 下, 系统 (II*) 具有唯一解. 推论得证.   □

注 13.2 由于子空间 V_1 包含在 $\text{Ker}(D_1^{\mathrm{T}})$ 中, 利用 D_1-观测并不能观测到这一部分, 因此它很自然地应被 D_2-观测所观测到. 相应地, 补空间 V_s 应当由 D_1-观测所观测到. 因此, 观测的平衡分布是通过协调子空间 V_1 及其补空间 V_s 来实现的.

定理 13.2 设 $\Omega \subset \mathbb{R}^m$ 是具光滑边界 Γ 的有界区域, 且 ω 是 Ω 的一个子区域. 假设

(a) 控制矩阵 $D = (D_1, D_2)$ 满足 Kalman 秩条件 (13.4);

(b) A^{T} 包含在 $\text{Ker}(D_1^{\mathrm{T}})$ 中的最大不变子空间 V_1 有一个补空间 V_s, 且 V_s 也

关于 A^{T} 不变;

(c) 边界控制矩阵 D_2 满足下述条件:

$$V_1 \cap \mathrm{Ker}(D_2^{\mathrm{T}}) = \{0\}. \tag{13.26}$$

那么, 当控制时间 $T > 2d(\Omega)$ 时, 其中 $d(\Omega)$ 为由 (3.19) 定义的 Ω 的测地直径, 对任意给定的初值 $(\widehat{\Phi}_0, \widehat{\Phi}_1) \in (H_0^1(\Omega) \times L^2(\Omega))^N$, 系统 (II*) 在观测 (II$_1^*$) 和 (II$_2^*$) 下只有平凡解.

证 与定理 13.1 的证明过程相同, 将系统 (II*) 投影到子空间 V_1 和 V_s 上, 分别得到两个子系统 (13.14) 和 (13.15). 由于子系统 (13.14) 可以由内部 $(E_1 D_1)$-观测 (13.16) 所观测, 在相应于 $(A_1, E_1 D_1)$ 的 Kalman 秩条件 (13.19) 成立的前提下, 仍然可以得到 $\Phi_1 = 0$.

接下来说明 $\Phi_2 = 0$. 由于 $\Phi_1 = 0$, 边界 D_2-观测 (II$_2^*$) 变成

$$D_2^{\mathrm{T}} \partial_\nu \Phi = (E_2 D_2)^{\mathrm{T}} \partial_\nu \Phi_2 = 0, \quad (t, x) \in (0, T) \times \Gamma. \tag{13.27}$$

注意到 $V_1 = \mathrm{Im}(E_2^{\mathrm{T}})$, 条件 (13.26) 蕴含着

$$\mathrm{Ker}(D_2^{\mathrm{T}}) \cap \mathrm{Im}(E_2^{\mathrm{T}}) = \{0\}.$$

从而, 由引理 2.5 可得

$$\mathrm{rank}(E_2 D_2) = \mathrm{rank}(E_2) = p. \tag{13.28}$$

由于 $E_2 D_2$ 是 $p \times M_2$ 矩阵, 因此 $(E_2 D_2)^{\mathrm{T}}$ 是一个列满秩矩阵, 于是由 (13.27) 可得

$$\partial_\nu \Phi_2 = 0, \quad (t, x) \in (0, T) \times \Gamma. \tag{13.29}$$

由 Holmgren 唯一性定理, 当 $T > 2d(\Omega)$ 时, 通过全边界观测 (13.29), 子系统 (13.15) 只有平凡解 $\Phi_2 = 0$. 定理得证. □

推论 13.2 设 $\Omega \subset \mathbb{R}^m$ 是具光滑边界 Γ 的有界区域, 且 ω 是 Ω 的一个子区域. 假设控制矩阵 $D = (D_1, D_2)$ 满足条件 (13.4), (13.25) 和 (13.26). 那么, 当 $T > 2d(\Omega)$ 时, 其中 $d(\Omega)$ 为由 (3.19) 定义的 Ω 的测地直径, 对任意给定的初值 $(\widehat{\Phi}_0, \widehat{\Phi}_1) \in (H_0^1(\Omega) \times L^2(\Omega))^N$, 系统 (II*) 在观测 (II$_1^*$) 和 (II$_2^*$) 下只有平凡解.

证 在条件 (13.4) 成立的前提下, 引理 2.2 蕴含着 $V_1 \cap V_2 = V = \{0\}$. 此外, 条件 (13.25) 蕴含着 $\dim(V_1) + \dim(V_2) = N$, 于是 V_2 是 V_1 的一个补空间, 且 V_1 和 V_2 都是 A^{T} 的不变子空间. 从而, 可以应用定理 13.2 来得到解的唯一性. 推论得证.   □

注 13.3 在条件 (13.26) 成立的前提下, 可以通过 Holmgren 唯一性定理直接得到子系统 (13.15) 在边界观测 (13.27) 下解的唯一性. 因此, 对定理 13.2 和推论 13.2 并不需要 Ω 满足乘子控制条件, 此外, 观测时间也可以由 $T > 2d(\Omega)$ 明显给出. 这在工程应用中应是有兴趣的.

§3. 逼近混合能控性

由经典的半群理论 (参见 [64]), 系统 (II*) 在空间 $(H_0^1(\Omega) \times L^2(\Omega))^N$ 中生成一个 C^0 半群.

定义 13.2 称系统 (II*) 在区间 $[0, T]$ 上关于控制矩阵 $D = (D_1, D_2)$ 是 **D-能观**的, 若对任意给定的初值 $(\widehat{\Phi}_0, \widehat{\Phi}_1) \in (H_0^1(\Omega) \times L^2(\Omega))^N$, 由内部观测 (II$_1^*$) 和边界观测 (II$_2^*$) 可推出 $(\widehat{\Phi}_0, \widehat{\Phi}_1) \equiv 0$, 从而 $\Phi \equiv 0$.

由第三章中所述的对偶方法, 系统 (II) 的逼近能控性等价于系统 (II*) 的 D-能观性. 于是有

命题 13.4 系统 (II) 在空间 $(L^2(\Omega) \times H^{-1}(\Omega))^N$ 中在时刻 $T > 0$ 逼近能控当且仅当系统 (II*) 在空间 $(H_0^1(\Omega) \times L^2(\Omega))^N$ 中在区间 $[0, T]$ 上 D-能观.

作为命题 13.3 的一个直接结论, 有

命题 13.5 若系统 (II) 在混合控制 (H, G) 下逼近能控, 那么必定成立秩条件 (13.4).

作为定理 13.1 的直接结论, 有

定理 13.3 设 $\Omega \subset \mathbb{R}^m$ 是具光滑边界 Γ 的有界区域, 且 Γ 满足乘子控制条件 (3.20). 设 ω 是 Ω 的一个子区域. 假设

(a) 控制矩阵 $D = (D_1, D_2)$ 满足 Kalman 秩条件 (13.4);

(b) A^{T} 包含在 $\mathrm{Ker}(D_1^{\mathrm{T}})$ 中的最大不变子空间 V_1 有一个补空间 V_s, 且 V_s 也是 A^{T} 的不变子空间;

(c) A^{T} 在 V_1 上的限制是一个幂零矩阵.

那么, 当控制时间 $T > 0$ 充分大时, 系统 (II) 在混合控制 (H, G) 下逼近能控.

推论 13.3 设 $\Omega \subset \mathbb{R}^m$ 是具光滑边界 Γ 的有界区域, 且 Γ 满足乘子控制条件 (3.20). 设 ω 是 Ω 的一个子区域. 假设

(a) 控制矩阵 $D = (D_1, D_2)$ 满足 Kalman 秩条件 (13.4) 和 (13.25);

(b) A^{T} 在 V_1 上的限制是一个幂零矩阵, 其中 V_1 是 A^{T} 包含在 $\mathrm{Ker}(D_1^{\mathrm{T}})$ 中的最大不变子空间.

那么, 当控制时间 $T > 0$ 充分大时, 系统 (II) 在混合控制 (H, G) 下逼近能控.

注 13.4 正如注 13.1 所述, 能控时间 $T > 0$ 在这些情形不能显式表达.

注 13.5 当 $D_1 = 0$ 或 $D_2 = 0$ 时, 可再一次得到 [39, 40] 或第七章中有关逼近边界能控性或逼近内部能控性的相关结论.

作为定理 13.2 的直接结论, 有下述在实际应用中更为有用的结论.

定理 13.4 设 $\Omega \subset \mathbb{R}^m$ 是具光滑边界 Γ 的有界区域, 且 ω 是 Ω 的一个子区域. 假设

(a) 控制矩阵 $D = (D_1, D_2)$ 满足 Kalman 秩条件 (13.4),

(b) A^{T} 包含在 $\mathrm{Ker}(D_1^{\mathrm{T}})$ 中的最大不变子空间 V_1 有一个补空间 V_s, 且 V_s 也是 A^{T} 的不变子空间,

(c) 边界控制矩阵 D_2 满足 (13.26).

那么, 系统 (II) 在混合控制 (H, G) 作用下在时刻 $T > 2d(\Omega)$ 逼近能控, 其中 $d(\Omega)$ 为由 (3.19) 定义的 Ω 的测地直径.

推论 13.4 设 $\Omega \subset \mathbb{R}^m$ 是具光滑边界 Γ 的有界区域, 且 ω 是 Ω 的一个子区域. 假设控制矩阵 D 满足条件 (13.4), (13.25) 和 (13.26), 那么, 系统 (II) 在混合控制 (H, G) 作用下在时刻 $T > 2d(\Omega)$ 逼近能控, 其中 $d(\Omega)$ 为由 (3.19) 定义的 Ω 的测地直径.

注 13.6 如注 13.3 所述, 在更强的条件 (13.26) 成立的前提下, 定理 13.4 和推论 13.4 中的乘子控制条件不是必要的, 且能控时间可以由 $T > 2d(\Omega)$ 给出.

注 13.7 为了更好地切合在下面的章节中将讨论的精确能控性和精确同步性, 我们选择了空间 $(H_0^1(\Omega) \times L^2(\Omega))^N$ 作为系统 (II*) 的工作空间, 相应地, $(L^2(\Omega) \times H^{-1}(\Omega))^N$ 作为原系统 (II) 的工作空间. 当然, 工作空间并不只有这一种, 其选择可以是很多的.

第十四章

分组逼近混合同步性

在本章中, 我们将研究在施加内部和边界控制下的分组逼近内部同步性, 诸如 C_p-相容性条件的必要性、诱导同步性及分组牵制同步性等. 本章的内容主要取自 [53].

§1. 分组逼近混合同步性

设 $p \geqslant 1$ 为一整数, 并取整数 $n_0, n_1, \cdots, n_p$ 满足

$$0 = n_0 < n_1 < \cdots < n_p = N, \tag{14.1}$$

且对 $1 \leqslant r \leqslant p$ 成立 $n_r - n_{r-1} \geqslant 2$. 将变量 U 的分量划分为 p 组:

$$(u^{(1)}, \cdots, u^{(n_1)}), \ (u^{(n_1+1)}, \cdots, u^{(n_2)}), \cdots, (u^{(n_{p-1}+1)}, \cdots, u^{(n_p)}). \tag{14.2}$$

定义 14.1 称系统 (II) 在时刻 $T > 0$ 分 p 组逼近同步, 若对任意给定的初值 $(\widehat{U}_0, \widehat{U}_1) \in (L^2(\Omega) \times H^{-1}(\Omega))^N$, 在空间

$$(L^2(0, +\infty; H^{-1}(\Omega)))^{M_1} \times (L^2(0, +\infty; L^2(\Gamma)))^{M_2}$$

中存在一列支集在 $[0, T]$ 中的控制序列 $\{(H_n, G_n)\}_{n \in \mathbb{N}}$, 使得系统 (II) 相应的解序列 $\{U_n\}$, 其中 $U_n = (u_n^{(1)}, \cdots, u_n^{(N)})^{\mathrm{T}}$, 满足: 当 $n \to +\infty$ 时, 在空间

$$C_{\mathrm{loc}}^0([T, +\infty); L^2(\Omega)) \cap C_{\mathrm{loc}}^1([T, +\infty); H^{-1}(\Omega))$$

中成立

$$u_n^{(k)} - u_n^{(l)} \to 0, \quad \forall n_{r-1} + 1 \leqslant k, l \leqslant n_r, \ 1 \leqslant r \leqslant p. \tag{14.3}$$

此外, 若存在向量函数 $(u_1, \cdots, u_p)^{\mathrm{T}}$, 称为**分 p 组逼近同步态**, 使得在空间

$$C_{\mathrm{loc}}^0([T, +\infty); L^2(\Omega)) \cap C_{\mathrm{loc}}^1([T, +\infty); H^{-1}(\Omega))$$

中, 当 $n \to +\infty$ 时成立

$$u_n^{(k)} \to u_r, \quad \forall n_{r-1} + 1 \leqslant k, l \leqslant n_r, \ 1 \leqslant r \leqslant p. \tag{14.4}$$

则称系统 (II) **在牵制意义下分 p 组逼近同步**.

设 C_p 由 (2.10) 给定, 而 $e_1, \cdots, e_p$ 由 (2.12) 给定. 分 p 组逼近同步性 (14.3) 可等价地写为: 在空间

$$(C_{\mathrm{loc}}^0([T, +\infty); L^2(\Omega)) \cap C_{\mathrm{loc}}^1([T, +\infty); H^{-1}(\Omega)))^{N-p}$$

中, 当 $n \to +\infty$ 时成立

$$C_p U_n \to 0. \tag{14.5}$$

而牵制意义下的分 p 组逼近同步性 (14.4) 可等价地写为: 在空间

$$(C_{\mathrm{loc}}^0([T, +\infty); L^2(\Omega)) \cap C_{\mathrm{loc}}^1([T, +\infty); H^{-1}(\Omega)))^N$$

中, 当 $n \to +\infty$ 时成立

$$U_n \to \sum_{r=1}^{p} e_r u_r. \tag{14.6}$$

假设耦合阵 A 满足 C_p-相容性条件:

$$A\mathrm{Ker}(C_p) \subseteq \mathrm{Ker}(C_p). \tag{14.7}$$

由引理 2.7, 存在 $(N-p)$ 阶矩阵 A_p, 使得

$$C_p A = A_p C_p. \tag{14.8}$$

将 C_p 作用到系统 (II) 上, 并记 $W_p = C_p U$, 就得到如下的化约系统:

$$\begin{cases} W_p'' - \Delta W_p + A_p W_p = D_{p1}\chi_\omega H, & (t,x) \in (0,+\infty) \times \Omega, \\ W_p = D_{p2} G, & (t,x) \in (0,+\infty) \times \Gamma, \end{cases} \tag{14.9}$$

其中

$$D_p = (D_{p1}, D_{p2}), \ \text{而} \ D_{p1} = C_p D_1, \ D_{p2} = C_p D_2. \tag{14.10}$$

显然, 系统 (II) 的分 p 组逼近同步性等价于化约系统 (14.9) 的逼近能控性.

作为定理 13.3 的直接应用, 立刻可得到

定理 14.1 设 $\Omega \subset \mathbb{R}^m$ 是具光滑边界 Γ 的有界区域, 且 Γ 满足乘子控制条件 (3.20), 而 ω 是 Ω 的一个子区域. 假设耦合阵 A 满足 C_p-相容性条件 (14.7). 进一步假设

(a) 控制矩阵 $D_p = (D_{p1}, D_{p2})$ 满足秩条件

$$\mathrm{rank}(D_p, A_p D_p, \cdots, A_p^{N-p-1} D_p) = N - p; \tag{14.11}$$

(b) A_p^{T} 包含在 $\mathrm{Ker}(D_{p1}^{\mathrm{T}})$ 中的最大不变子空间 V_{p1} 有一个补空间 V_{ps}, 且 V_{ps} 也是 A_p^{T} 的不变子空间;

(c) A_p^{T} 在子空间 V_{p1} 上的限制是一个幂零矩阵.

那么, 当控制时间 $T > 0$ 充分大时, 系统 (II) 分 p 组逼近同步.

类似地, 由定理 13.4, 可得到

定理 14.2 设 $\Omega \subset \mathbb{R}^m$ 是具光滑边界 Γ 的有界区域, 而 ω 是 Ω 的一个子区域. 假设耦合阵 A 满足 C_p-相容性条件 (14.7). 进一步假设

(a) 控制矩阵 $D_p = (D_{p1}, D_{p2})$ 满足秩条件 (14.11);

(b) A_p^{T} 包含在 $\mathrm{Ker}(D_{p1}^{\mathrm{T}})$ 中的最大不变子空间 V_{p1} 有一个补空间 V_{ps}, 且 V_{ps} 也是 A_p^{T} 的不变子空间;

(c) 边界控制矩阵 D_{p2} 满足条件

$$V_{p1} \cap \mathrm{Ker}(D_{p2}^{\mathrm{T}}) = \{0\}. \tag{14.12}$$

那么, 系统 (II) 在 $T > 2d(\Omega)$ 时分 p 组逼近同步, 其中 $d(\Omega)$ 为由 (3.19) 定义的 Ω 的测地直径.

§2. 分组逼近混合同步性(续)

为了方便应用, 我们将用原矩阵 A, D_1 和 D_2 重新叙述定理 14.1 和定理 14.2. 为表达方便起见, 我们首先给出一些预备知识.

引理 14.1 (参见 [25, p.19]) 设 $f : X \to Y$ 是一个线性映射, $A \subseteq X$ 及 $B \subseteq Y$ 分别是线性空间 X 及 Y 的子空间. B 在映射 f 下的**原像**定义为

$$f^{-1}(B) = \{x \in X: \quad f(x) \in B\}. \tag{14.13}$$

那么就有下述性质成立:

(a)

$$A \subseteq f^{-1}(f(A)), \tag{14.14}$$

且若 f 是单射, 则等号成立;

(b)

$$f(f^{-1}(B)) \subseteq B, \tag{14.15}$$

且若 f 是满射, 则等号成立;

(c)

$$f^{-1}(B) \subseteq f^{-1}(B \cap f(X)), \tag{14.16}$$

且若 f 是单射, 则等号成立;

(d)

$$f^{-1}(B_1 \bigoplus B_2) = f^{-1}(B_1) \bigoplus f^{-1}(B_2); \tag{14.17}$$

(e)

$$f^{-1}(B_1 \cap B_2) = f^{-1}(B_1) \cap f^{-1}(B_2). \tag{14.18}$$

命题 14.1 设 A_p 和 D_p 分别由 (14.8) 和 (14.10) 给出, 则有

(a) 成立

$$\mathrm{Ker}(D_p^{\mathrm{T}}) = (C_p^{\mathrm{T}})^{-1}\mathrm{Ker}(D^{\mathrm{T}}). \tag{14.19}$$

(b) 对任意给定的 A^{T} 的不变子空间 V, $(C_p^{\mathrm{T}})^{-1}V$ 是 A_p^{T} 的不变子空间.

(c) 设 V 是 A^{T} 包含在 $\mathrm{Ker}(D^{\mathrm{T}})$ 中的最大不变子空间. 那么

$$V_p = (C_p^{\mathrm{T}})^{-1}V \tag{14.20}$$

是 A_p^{T} 包含在 $\mathrm{Ker}(D_p^{\mathrm{T}})$ 中的最大不变子空间.

(d) A_p^{T} 在 V_p 上的限制与 A^{T} 在 V 上的限制是相同的.

(e) 设 V 是 A^{T} 包含在 $\mathrm{Ker}(D^{\mathrm{T}})$ 中的最大不变子空间, V_s 是 V 的一个补空间, 且 V_s 和 V 均是 A^{T} 的不变子空间. 那么 $(C_p^{\mathrm{T}})^{-1}V_s$ 是 $(C_p^{\mathrm{T}})^{-1}V$ 的一个补空间, 且 $(C_p^{\mathrm{T}})^{-1}V_s$ 和 $(C_p^{\mathrm{T}})^{-1}V$ 均是 A_p^{T} 的不变子空间.

证 (a) 设 $x \in \mathrm{Ker}(D_p^{\mathrm{T}}) = \mathrm{Ker}(D^{\mathrm{T}}C_p^{\mathrm{T}})$, 即 $C_p^{\mathrm{T}}x \in \mathrm{Ker}(D^{\mathrm{T}})$, 或等价地, $x \in (C_p^{\mathrm{T}})^{-1}\mathrm{Ker}(D^{\mathrm{T}})$, 于是 (14.19) 成立.

(b) 由引理 14.1 (a), 并注意到 (14.8), 易得

$$A_p^{\mathrm{T}}(C_p^{\mathrm{T}})^{-1}V$$
$$=(C_p^{\mathrm{T}})^{-1}C_p^{\mathrm{T}}A_p^{\mathrm{T}}(C_p^{\mathrm{T}})^{-1}V$$
$$=(C_p^{\mathrm{T}})^{-1}A^{\mathrm{T}}C_p^{\mathrm{T}}(C_p^{\mathrm{T}})^{-1}V.$$

由引理 14.1 (b), 并注意到 $A^{\mathrm{T}}V \subseteq V$, 可得

$$(C_p^{\mathrm{T}})^{-1}A^{\mathrm{T}}C_p^{\mathrm{T}}(C_p^{\mathrm{T}})^{-1}V \subseteq (C_p^{\mathrm{T}})^{-1}A^{\mathrm{T}}V \subseteq (C_p^{\mathrm{T}})^{-1}V.$$

于是, $(C_p^{\mathrm{T}})^{-1}V$ 是 A_p^{T} 的不变子空间.

(c) 仍由引理 14.1 中的 (14.15) 可得

$$D_p^{\mathrm{T}}(C_p^{\mathrm{T}})^{-1}V = D^{\mathrm{T}}C_p^{\mathrm{T}}(C_p^{\mathrm{T}})^{-1}V \subseteq D^{\mathrm{T}}V = \{0\}.$$

因此 $(C_p^{\mathrm{T}})^{-1}V$ 是 A_p^{T} 包含在 $\mathrm{Ker}(D_p^{\mathrm{T}})$ 中的不变子空间. 于是

$$(C_p^{\mathrm{T}})^{-1}V \subseteq V_p, \tag{14.21}$$

其中 V_p 是 A_p^{T} 包含在 $\mathrm{Ker}(D_p^{\mathrm{T}})$ 中的最大不变子空间.

另一方面, 由 (14.8) 可得

$$A^{\mathrm{T}}C_p^{\mathrm{T}}V_p = C_p^{\mathrm{T}}A_p^{\mathrm{T}}V_p \subseteq C_p^{\mathrm{T}}V_p$$

及

$$D^{\mathrm{T}}C_p^{\mathrm{T}}V_p = D_p^{\mathrm{T}}V_p = \{0\}.$$

因而 $C_p^{\mathrm{T}}V_p$ 是 A^{T} 包含在 $\mathrm{Ker}(D^{\mathrm{T}})$ 中的不变子空间, 从而有 $C_p^{\mathrm{T}}V_p \subseteq V$. 由

于 C_p^{T} 是单射, 由引理 14.1 中的 (14.14) 可得

$$V_p = (C_p^{\mathrm{T}})^{-1} C_p^{\mathrm{T}} V_p \subseteq (C_p^{\mathrm{T}})^{-1} V,$$

再结合 (14.21) 就得到(14.20).

(d) 注意到 (14.8), 有

$$A^{\mathrm{T}} V = A^{\mathrm{T}} C_p^{\mathrm{T}} V_p = C_p^{\mathrm{T}} A_p^{\mathrm{T}} V_p. \tag{14.22}$$

由于 V_p 是 A_p^{T} 的不变子空间, 存在 $(N-p)$ 阶矩阵 B^{T}, 使得

$$A_p^{\mathrm{T}} V_p = V_p B^{\mathrm{T}}. \tag{14.23}$$

于是由 (14.22) 和 (14.23) 可得

$$A^{\mathrm{T}} V = C_p^{\mathrm{T}} V_p B^{\mathrm{T}} = V B^{\mathrm{T}}, \tag{14.24}$$

从而矩阵 B^{T} 也是 A^{T} 在 V 上的限制.

(e) 由引理 14.1 中的 (14.17) 和 (14.18) 可得

$$(C_p^{\mathrm{T}})^{-1} V \cap (C_p^{\mathrm{T}})^{-1} V_s$$
$$= (C_p^{\mathrm{T}})^{-1} (V \cap V_s) = (C_p^{\mathrm{T}})^{-1} \{0\} = \{0\}$$

及

$$(C_p^{\mathrm{T}})^{-1} V \bigoplus (C_p^{\mathrm{T}})^{-1} V_s$$
$$= (C_p^{\mathrm{T}})^{-1} (V \bigoplus V_s) = (C_p^{\mathrm{T}})^{-1} \mathbb{R}^N = \mathbb{R}^{N-p}.$$

命题得证. □

下面的定理是定理 14.1 借助于原矩阵 A, D_1 和 D_2 的重新叙述.

定理 14.3 设 $\Omega \subset \mathbb{R}^m$ 是具光滑边界 Γ 的有界区域, 且 Γ 满足乘子控制条

件 (3.20), 而 ω 是 Ω 的一个子区域. 假设耦合阵 A 满足 C_p-相容性条件 (14.7). 进一步假设

(a) 控制矩阵 $D = (D_1, D_2)$ 满足秩条件

$$\operatorname{rank} C_p(D, AD, \cdots, A^{N-1}D) = N - p; \tag{14.25}$$

(b) A^{T} 包含在 $\operatorname{Ker}(D_1^{\mathrm{T}})$ 中的最大不变子空间 V_1 有一个补空间 V_s, 且 V_s 也是 A^{T} 的不变子空间;

(c) A^{T} 在 V_1 上的限制是一个幂零矩阵.

那么, 当控制时间 $T > 0$ 充分大时, 系统 (II) 分 p 组逼近同步.

证 只需验证定理 14.1 中的所有假设成立.

(a) 的验证. 由引理 2.8 中的 (2.24), 可得

$$\operatorname{rank}(D_p, A_p D_p, \cdots, A_p^{N-p-1} D_p) = \operatorname{rank} C_p(D, AD, \cdots, A^{N-1}D),$$

其中 D_p 由 (14.10) 给定. 于是秩条件 (14.25) 蕴含着秩条件 (14.11).

(b) 的验证. 由命题 14.1 中的(14.20), 可以得出 $V_{p1} = (C_p^{\mathrm{T}})^{-1}V_1$, $(C_p^{\mathrm{T}})^{-1}V_s$ 是 $(C_p^{\mathrm{T}})^{-1}V_1$ 的一个补空间, 且 $(C_p^{\mathrm{T}})^{-1}V_1$ 和 $(C_p^{\mathrm{T}})^{-1}V_s$ 均是 A_p^{T} 的不变子空间.

(c) 的验证. 仍由命题 14.1, A_p^{T} 在 V_{1p} 上的限制与 A^{T} 在 V_1 上的限制是相同的, 因此它也是一个幂零矩阵.

定理得证. □

注 14.1 由于 $\operatorname{Im}(C_p^{\mathrm{T}}) \neq V_1$, A_p^{T} 在 V_p 上的限制一般是与 A_p 不一样的.

下述定理是定理 14.2 借助于原矩阵 A, D_1 和 D_2 的相应叙述.

定理 14.4 设 $\Omega \subset \mathbb{R}^m$ 是具光滑边界 Γ 的有界区域, 而 ω 是 Ω 的一个子区域. 假设耦合阵 A 满足 C_p-相容性条件 (14.7). 进一步假设

(a) 控制矩阵 $D = (D_1, D_2)$ 满足秩条件 (14.25);

(b) A^{T} 包含在 $\operatorname{Ker}(D_1^{\mathrm{T}})$ 中的最大不变子空间 V_1 有一个补空间 V_s, 且 V_s 也是 A^{T} 的不变子空间;

(c) 边界控制矩阵 D_2 满足条件

$$V_1 \cap \mathrm{Ker}(D_2^{\mathrm{T}}) \cap \mathrm{Im}(C_p^{\mathrm{T}}) = \{0\}. \tag{14.26}$$

那么, 系统 (II) 在时刻 $T > 2d(\Omega)$ 分 p 组逼近同步, 其中 $d(\Omega)$ 为由 (3.19) 定义的 Ω 的测地直径.

证　只需验证定理 14.2 中的所有假设成立.

(a) 的验证. 由引理 2.8 中的 (2.24) 可知, 秩条件 (14.25) 蕴含着秩条件 (14.11).

(b) 的验证. 由命题 14.1 中的 (14.20) 可以得到 $V_{p1} = (C_p^{\mathrm{T}})^{-1} V_1$, $(C_p^{\mathrm{T}})^{-1} V_s$ 是 $(C_p^{\mathrm{T}})^{-1} V_1$ 的一个补空间, 且 $(C_p^{\mathrm{T}})^{-1} V_1$ 和 $(C_p^{\mathrm{T}})^{-1} V_s$ 均是 A_p^{T} 的不变子空间.

(c) 的验证. 应用命题 14.1 和引理 14.1 可得

$$
\begin{aligned}
& V_{p1} \cap \mathrm{Ker}(D_{p2}^{\mathrm{T}}) \\
=& ((C_p^{\mathrm{T}})^{-1} V_1)) \cap ((C_p^{\mathrm{T}})^{-1} \mathrm{Ker}(D_2^{\mathrm{T}})) \qquad ((14.19) \text{ 和} (14.20)) \\
=& (C_p^{\mathrm{T}})^{-1} (V_1 \cap \mathrm{Ker}(D_2^{\mathrm{T}})) \qquad\qquad ((14.18)) \\
=& (C_p^{\mathrm{T}})^{-1} (V_1 \cap \mathrm{Ker}(D_2^{\mathrm{T}}) \cap \mathrm{Im}(C_p^{\mathrm{T}})) \qquad ((14.16)) \\
=& (C_p^{\mathrm{T}})^{-1} \{0\} = \{0\} \qquad\qquad\qquad ((14.26)).
\end{aligned}
$$

这意味着定理 14.2 中的条件 (c) 成立.

定理得证.　　　　　　　　　　　　　　　　　　　　　□

注 14.2　在更强的条件 (14.26) 成立的前提下, 定理 14.4 中的乘子控制条件不再是必要的, 且能控时间可以由 $T > 2d(\Omega)$ 显式给出.

§ 3. C_p-相容性条件

记 $V = \mathrm{Span}\{\mathcal{E}_1, \cdots, \mathcal{E}_d\}$ 为 A^{T} 包含在 $\mathrm{Ker}(D_1, D_2)^{\mathrm{T}}$ 中的最大不变子空间. 系统 (II) 在 V 上的投影 $(\psi_1, \cdots, \psi_d)^{\mathrm{T}}$ 定义为

$$\psi_r = \mathcal{E}_r^{\mathrm{T}} U, \quad r = 1, \cdots, d. \tag{14.27}$$

命题 14.2 投影 $(\psi_1, \cdots, \psi_d)^{\mathrm{T}}$ 不依赖于所施的控制 (H, G).

证 设系数 $\beta_{rs}\ (1 \leqslant r, s \leqslant d)$ 满足

$$A^{\mathrm{T}}\mathcal{E}_r = \sum_{s=1}^{d} \beta_{rs}\mathcal{E}_s, \quad D_1^{\mathrm{T}}\mathcal{E}_r = 0 \ \text{及} \ D_2^{\mathrm{T}}\mathcal{E}_r = 0, \quad r = 1, \cdots, d. \tag{14.28}$$

对 $r = 1, \cdots, d$, 将 $\mathcal{E}_r^{\mathrm{T}}$ 作用到系统 (II) 上, 可得

$$\begin{cases} \psi_r'' - \Delta\psi_r + \displaystyle\sum_{s=1}^{d} \beta_{rs}\psi_s = 0, & (t, x) \in (0, +\infty) \times \Omega, \\ \psi_r = 0, & (t, x) \in (0, +\infty) \times \Gamma, \end{cases} \tag{14.29}$$

此系统不依赖于所施的控制. 命题得证.   □

命题 14.3 以 V 记 A^{T} 包含在 $\mathrm{Ker}(D^{\mathrm{T}})$ 中的最大不变子空间. 若系统 (II) 分 p 组逼近同步, 则有

$$\mathrm{Im}(C_p^{\mathrm{T}}) \cap V = \{0\}. \tag{14.30}$$

证 对任意给定的初值 $(\widehat{U}_0, \widehat{U}_1) \in (L^2(\Omega) \times H^{-1}(\Omega))^N$, 在空间

$$(L^2(0, +\infty; H^{-1}(\Omega)))^{M_1} \times (L^2(0, +\infty; L^2(\Gamma)))^{M_2}$$

中存在一列支集在 $[0, T]$ 中的控制序列 $\{(H_n, G_n)\}_{n \in \mathbb{N}}$, 使得系统 (II) 相应的解序列 $\{U_n\}_{n \in \mathbb{N}}$ 满足分 p 组逼近同步性 (14.5).

设 $x_1, \cdots, x_d \in \mathbb{R}$ 和 $y \in \mathbb{R}^{N-p}$ 满足

$$\sum_{s=1}^{d} x_r\mathcal{E}_r = C_p^{\mathrm{T}}y,$$

就有

$$\sum_{s=1}^{d} x_r\phi_r = y^{\mathrm{T}}C_pU_n. \tag{14.31}$$

由 (14.5), 当 $n \to +\infty$ 时, (14.31) 的右端项趋于 0, 而由命题 14.2, 其左端项不依

赖于所施的控制. 由此可得 $x_1 = \cdots = x_d = 0$, 从而成立 $V \cap \operatorname{Im}(C_p^{\mathrm{T}}) = \{0\}$. 命题得证.　　　　　　　　　　　　　　　　　　　　　　　　　　□

命题 14.4 若系统 (II) 分 p 组逼近同步, 则控制矩阵 D 满足秩条件

$$\operatorname{rank} C_p(D, AD, \cdots, A^{N-1}D) = N - p, \tag{14.32}$$

或等价地

$$\operatorname{rank}(D_p, A_p D_P, \cdots, A_p^{N-p-1}D_p) = N - p. \tag{14.33}$$

进一步假设控制矩阵 D 满足

$$\operatorname{rank}(D, AD, \cdots, A^{N-1}D) = N - p, \tag{14.34}$$

则 A 必满足 C_p-相容性条件 (14.7).

证 由引理 2.1, $V = \operatorname{Ker}(D, AD, \cdots, A^{N-1}D)^{\mathrm{T}}$ 是 A^{T} 包含在 $\operatorname{Ker}(D^{\mathrm{T}})$ 中的最大不变子空间. 由命题 14.3 可得

$$\operatorname{Ker}(D, AD, \cdots, A^{N-1}D)^{\mathrm{T}} \cap \operatorname{Im}(C_p^{\mathrm{T}}) = \{0\},$$

于是由引理 2.5 可得 (14.32).

注意到分 p 组逼近同步性 (14.5), 将 $C_p, C_p A, \cdots$ 依次作用到系统 (II) 上 (其中取 $(H, G) = (H_n, G_n)$), 在空间 $\mathcal{D}'((T, +\infty) \times \Omega)$ 中就有

$$C_p A U_n \to 0, \quad C_p A^2 U_n \to 0, \cdots,$$

即在空间 $\mathcal{D}'((T, +\infty) \times \Omega)$ 中成立

$$C_{\tilde{p}} U_n \to 0,$$

其中 $C_{\widehat{p}}$ 是由 (2.25) 定义的扩张矩阵. 由命题 14.3 (其中取 $C_p = C_{\widehat{p}}$), 可得

$$V \cap \mathrm{Im}(C_{\widehat{p}}^{\mathrm{T}}) = \{0\}.$$

注意到秩条件 (14.34), 由引理 2.9, A 满足 C_p-相容性条件 (14.7). 命题得证.   □

§ 4. 诱导混合同步性

定义 14.2 设矩阵 C_q 由 (2.41) 给定. 称系统 (II) 在时刻 $T > 0$ **逼近 C_q 同步**, 若对任意给定的初值 $(\widehat{U}_0, \widehat{U}_1) \in (L^2(\Omega) \times H^{-1}(\Omega))^N$, 在空间

$$(L^2(0, +\infty; H^{-1}(\Omega)))^{M_1} \times (L^2(0, +\infty; L^2(\Gamma)))^{M_2}$$

中存在一列支集在 $[0, T]$ 中的控制序列 $\{(H_n, G_n)\}_{n \in \mathbb{N}}$, 使得系统 (II) 相应的解序列 $\{U_n\}_{n \in \mathbb{N}}$ 满足下面的条件: 当 $n \to +\infty$ 时, 在空间

$$(C^0_{\mathrm{loc}}([T, +\infty); L^2(\Omega)) \cap C^1_{\mathrm{loc}}([T, +\infty); H^{-1}(\Omega)))^{N-q}$$

中成立

$$C_q U_n \to 0. \tag{14.35}$$

此外, 若存在向量函数 $(v_1, \cdots, v_q)^{\mathrm{T}}$, 称为**逼近 C_q 同步态**, 使当 $n \to +\infty$ 时, 在空间

$$(C^0_{\mathrm{loc}}([T, +\infty); L^2(\Omega)) \cap C^1_{\mathrm{loc}}([T, +\infty); H^{-1}(\Omega)))^N$$

中成立

$$U_n \to \sum_{s=1}^{q} \epsilon_s v_s, \tag{14.36}$$

就称系统 (II) **在牵制意义下逼近 C_q 同步**.

我们将深入研究逼近 C_q 同步性, 其中 C_q 由 (2.41) 给出.

定理 14.5 设 $\Omega \subset \mathbb{R}^m$ 是具光滑边界 Γ 的有界区域, 且 ω 是 Ω 的一个子区域. 假设矩阵 A 满足 C_p-相容性条件 (14.7). 进一步假设

(a) 控制矩阵 $D = (D_1, D_2)$ 满足 Kalman 秩条件 (14.25);

(b) A^{T} 包含在 $\mathrm{Ker}(D_1^{\mathrm{T}})$ 中的最大不变子空间 V_1 有一个补空间 V_s, 且 V_s 也是 A^{T} 的不变子空间;

(c) 控制矩阵 D_2 满足条件 (14.26), 且 $\mathrm{Ker}(D_2^{\mathrm{T}})$ 是 A^{T} 的不变子空间.

那么, 系统 (II) 在时刻 $T > 2d(\Omega)$ 逼近 C_q 同步, 其中 $d(\Omega)$ 为由 (3.19) 定义的 Ω 的测地直径.

证 首先, 由引理 2.11, 秩条件 (14.25) 蕴含着

$$\mathrm{rank}\, C_q(D, AD, \cdots, A^{N-1}D) = \mathrm{rank}(C_q), \tag{14.37}$$

其中 $D = (D_1, D_2)$, 而 C_q 由 (2.41) 给定. 由引理 2.5 (其中取 $C_p = C_q$), 注意到 (14.37), 可得

$$V \cap \mathrm{Im}(C_q^{\mathrm{T}}) = \{0\}, \tag{14.38}$$

其中由引理 2.1, $V = \mathrm{Ker}(D, AD, \cdots, A^{N-1}D)^{\mathrm{T}}$ 是 A^{T} 包含在 $\mathrm{Ker}(D^{\mathrm{T}})$ 中的最大不变子空间.

注意到 $\mathrm{Ker}(D_2^{\mathrm{T}})$ 是 A^{T} 的不变子空间, $V_2 = \mathrm{Ker}(D_2^{\mathrm{T}})$ 是 A^{T} 包含在 $\mathrm{Ker}(D_2)^{\mathrm{T}}$ 中的最大不变子空间. 由引理 2.2 可得 $V_1 \cap \mathrm{Ker}(D_2^{\mathrm{T}}) = V_1 \cap V_2 = V$. 从而由 (14.38) 可得

$$V_1 \cap \mathrm{Ker}(D_2^{\mathrm{T}}) \cap \mathrm{Im}(C_q^{\mathrm{T}}) = V \cap \mathrm{Im}(C_q^{\mathrm{T}}) = \{0\}. \tag{14.39}$$

最后, 由于 A 满足引理 2.12 中的 C_q-相容性条件 (2.51), 由定理 14.4 (其中取 $C_p = C_q$) 就得到系统 (II) 的逼近 C_q 同步性. 定理得证. □

注 14.3 在更强的条件 (c) 成立的前提下, 定理 14.5 中的乘子控制条件不再必要, 且能控时间可以由 $T > 2d(\Omega)$ 显式给出.

在定理 14.5 中需要假设 $\mathrm{Ker}(D_2^{\mathrm{T}})$ 是 A^{T} 的不变子空间来保证

$$V_1 \cap \mathrm{Ker}(D_2^{\mathrm{T}}) \cap \mathrm{Im}(C_q^{\mathrm{T}}) = \{0\}, \tag{14.40}$$

以得到逼近 C_q 同步性.

记

$$\mathbb{D}_p^* = \{D = (D_1, D_2) : \text{定理 14.5 中的条件 } (a) - (c) \text{ 成立}\}.$$

定理 14.6 设 $\Omega \subset \mathbb{R}^m$ 是具光滑边界 Γ 的有界区域, 且 ω 是 Ω 的一个子区域. 假设矩阵 A 满足 C_p-相容性条件 (14.7), 那么必定成立

$$\min_{D \in \mathbb{D}_p^*} \mathrm{rank}(D, AD, \cdots, A^{N-1}D) = N - q. \tag{14.41}$$

证 首先由定理 14.5, 对任意给定的 $D \in \mathbb{D}_p^*$, 系统 (II) **逼近 C_q 同步**. 由命题 14.4 (其中取 $C_p = C_q$) 可得

$$\mathrm{rank}C_q(D, AD, \cdots, A^{N-1}D) = N - q, \tag{14.42}$$

特别有

$$\mathrm{rank}(D, AD, \cdots, A^{N-1}D) \geqslant N - q. \tag{14.43}$$

接下来, 我们证明控制矩阵 $D = (D_q, 0) \in \mathbb{D}_p^*$, 其中 D_q 由 (2.50) 给定. 于是, 结合 (2.52) 和 (14.43) 可得 (14.41).

(a) 注意到 (2.54), 对 $D = (D_q, 0)$, 秩条件 (14.25) 成立.

(b) 由 (2.55) 可得

$$V_1 = \bigoplus_{i \in I^c} \mathrm{Span}\{\mathcal{E}_{i1}, \cdots, \mathcal{E}_{id_i}\}; \quad V_s = \bigoplus_{i \in I} \mathrm{Span}\{\mathcal{E}_{i1}, \cdots, \mathcal{E}_{id_i}\}. \tag{14.44}$$

V_s 是 V_1 的一个补空间, 且 V_1 和 V_s 均是 A^{T} 的不变子空间.

(c) 注意到 $D_2 = 0$ 及 $\mathrm{Ker}(D_2^{\mathrm{T}}) = \mathbb{R}^N$, 就有

$$V_1 \cap \mathrm{Ker}(D_2^{\mathrm{T}}) \cap \mathrm{Im}(C_p^{\mathrm{T}}) = V_1 \cap \mathrm{Im}(C_p^{\mathrm{T}}) \subseteq V_1 \cap V_s = \{0\}. \tag{14.45}$$

此外, $\mathrm{Ker}(D_2^{\mathrm{T}}) = \mathbb{R}^N$ 显然关于 A^{T} 不变, 于是控制矩阵 $D = (D_q, 0) \in \mathbb{D}_p^*$. 定理得证. □

注 14.4 类似于注 6.2 中对系统 (I) 的说明, 逼近 C_q 同步性 (14.35) 比分 p 组逼近同步性 (14.5) 多提供了 $(p-q)$ 个收敛性. 于是我们恢复了在化约系统 (14.9) 中缺失的 $(p-q)$ 个控制, 这是我们所能期待的最好的事情了.

§5. 分组逼近混合同步的稳定性

我们首先从代数角度研究 Kalman 秩条件 (14.34).

定理 14.7 设 $\Omega \subset \mathbb{R}^m$ 是具光滑边界 Γ 的有界区域, 且 Γ 满足乘子控制条件 (3.20), 而 ω 是 Ω 的一个子区域. 若系统 (II) 分 p 组逼近同步, 则下述论断等价:

(a) 控制矩阵 $D = (D_1, D_2)$ 满足 Kalman 秩条件 (14.34);

(b) $\mathrm{Im}(C_p^{\mathrm{T}})$ 是 A^{T} 的不变子空间且有一个补空间 V, 使得系统 (II) 到 V 的投影不依赖于所施的控制;

(c) $\mathrm{Im}(C_p^{\mathrm{T}})$ 是 A^{T} 的不变子空间且有一个补空间 V, 使得 V 是 A^{T} 包含在 $\mathrm{Ker}(D^{\mathrm{T}})$ 中的不变子空间.

证 $(a) \Longrightarrow (b)$. 根据命题 14.4 可得 $A\mathrm{Ker}(C_p) \subseteq \mathrm{Ker}(C_p)$, 于是由引理 2.4, 成立 $A^{\mathrm{T}}\mathrm{Im}(C_p^{\mathrm{T}}) \subseteq \mathrm{Im}(C_p^{\mathrm{T}})$.

由命题 14.3 可知 $V \cap \mathrm{Im}(C_p^{\mathrm{T}}) = \{0\}$, 其中 V 是 A^{T} 包含在 $\mathrm{Ker}(D^{\mathrm{T}})$ 中的最大不变子空间. 由引理 2.1 可知, Kalman 秩条件 (14.34) 意味着 $\dim(V) = p$. 注意到 $\dim \mathrm{Ker}(C_p) = p$, 引理 2.3 蕴含着 V 是 $\mathrm{Im}(C_p^{\mathrm{T}})$ 的一个补空间. 进而由命题 14.2 (其中取 $d = p$), 系统 (II) 的投影 $(\psi_1, \cdots, \psi_p)^{\mathrm{T}}$ 不依赖于所施的控制.

$(b) \Longrightarrow (c)$. 置 $(\widehat{U}_0, \widehat{U}_1) = (0, 0)$, 由命题 13.1 可知,

$$F: \quad (H, G) \to (U, U') \tag{14.46}$$

是由空间 $(L^2(0,T; H^{-1}(\Omega)))^{M_1} \times (L^2(0,T; L^2(\Gamma)))^{M_2}$ 到 $(C^0([0,T]; L^2(\Omega) \times H^{-1}(\Omega)))^N$ 的连续线性映射. Fréchet 导数 $\widehat{U} \stackrel{\triangle}{=} F'(0)\widehat{H}$ 满足

$$\begin{cases} \widehat{U}'' - \Delta\widehat{U} + A\widehat{U} = D_1\chi_\omega\widehat{H}, & (t,x) \in (0,+\infty) \times \Omega, \\ \widehat{U} = D_2\widehat{G}, & (t,x) \in (0,+\infty) \times \Gamma, \\ t = 0: \quad \widehat{U} = \widehat{U}' = 0, & x \in \Omega. \end{cases} \qquad (14.47)$$

注意到 $S \bigoplus \mathrm{Im}(C_p^{\mathrm{T}}) = \mathbb{R}^N$, 对任意给定的 $E \in S$, 置

$$A^{\mathrm{T}}E = E_1 + E_2, \qquad (14.48)$$

其中 $E_1 \in V$, 而 $E_2 \in \mathrm{Im}(C_p^{\mathrm{T}})$. 将 E^{T} 作用到问题 (14.47) 上, 可得

$$\begin{cases} E^{\mathrm{T}}\widehat{U}'' - \Delta E^{\mathrm{T}}\widehat{U} + E_1^{\mathrm{T}}\widehat{U} + E_2^{\mathrm{T}}\widehat{U} = E^{\mathrm{T}}D_1\chi_\omega\widehat{H}, & (t,x) \in (0,+\infty) \times \Omega, \\ E^{\mathrm{T}}\widehat{U} = E^{\mathrm{T}}D_2\widehat{G}, & (t,x) \in (0,+\infty) \times \Gamma. \end{cases} \qquad (14.49)$$

由于 V 上的投影 $E^{\mathrm{T}}U$ 和 $E_1^{\mathrm{T}}U$ 均不依赖于所施的控制, 它们的 Fréchet 导数满足 $E^{\mathrm{T}}\widehat{U} = 0$ 和 $E_1^{\mathrm{T}}U = 0$. 从而由 (14.49) 可得

$$E^{\mathrm{T}}D_2\widehat{G} = 0, \quad \forall\widehat{G} \in (L^2(0,T; L^2(\Gamma)))^{M_2} \qquad (14.50)$$

及

$$E_2^{\mathrm{T}}\widehat{U} = E^{\mathrm{T}}D_1\chi_\omega\widehat{H}, \quad \forall\widehat{H} \in (L^2(0,T; H^{-1}(\Omega)))^{M_1}. \qquad (14.51)$$

由 (14.50) 可得对所有的 $E \in S$ 都有 $D_2^{\mathrm{T}}E = 0$, 于是 $S \subseteq \mathrm{Ker}(D_2^{\mathrm{T}})$.

在问题 (14.47) 中取 $\widehat{H} = D_1^{\mathrm{T}}Eh$ 及 $\widehat{G} = 0$. 由命题 13.1,

$$\mathcal{R}: \quad h \to (\widehat{U}, \widehat{U}') \qquad (14.52)$$

是由空间 $L^2(0,T; H^{-1}(\Omega))$ 到 $(L^2(0,T; L^2(\Omega) \times H^{-1}(\Omega)))^N$ 的连续映射, 因此由 [54, 定理 4.1] 是由空间 $(L^2(0,T; H^{-1}(\Omega)))^{M_1}$ 到 $(L^2(0,T; H^{-1}(\Omega)))^N$ 的紧映

射. 另一方面, 由 (14.51), 存在正常数 c, 使得

$$\|D_1^{\mathrm{T}} E\|^2 \|h\|_{L^2(0,T;H^{-1}(\Omega))} \leqslant c\|\mathcal{R}h\|_{(L^2(0,T;H^{-1}(\Omega)))^M}, \tag{14.53}$$

于是可得 $D_1^{\mathrm{T}} E = 0$, 即有 $S \subseteq \mathrm{Ker}(D_1^{\mathrm{T}})$, 再注意到 $S \subseteq \mathrm{Ker}(D_2^{\mathrm{T}})$, 就有 $S \subseteq \mathrm{Ker}(D^{\mathrm{T}})$, 其中 $D = (D_1, D_2)$.

现将 E_2 写成 $E_2 = C_p^{\mathrm{T}} x$, 由 (14.51) 可得

$$0 \leqslant t \leqslant T: \quad E_2^{\mathrm{T}} \widehat{U} = x^{\mathrm{T}} C_p \widehat{U} = 0. \tag{14.54}$$

由于 A 满足 C_p-相容性条件 (14.7), 由引理 2.7, 存在 $(N-p)$ 阶矩阵 A_p 满足 (14.8). 将 C_p 作用到系统 (14.47) 上, 并记 $\widehat{W}_p = C_p \widehat{U}$, 就得到下述具逼近能控性的化约系统:

$$\begin{cases} \widehat{W}_p'' - \Delta \widehat{W}_p + A_p \widehat{W}_p = C_p D_1 \chi_\omega \widehat{H}, & (t,x) \in (0,+\infty) \times \Omega, \\ \widehat{W}_p = C_p D_2 \widehat{G}, & (t,x) \in (0,+\infty) \times \Gamma. \end{cases} \tag{14.55}$$

于是当控制 $(\widehat{H}, \widehat{G})$ 取遍空间 $(L^2(0,T;H^{-1}(\Omega)))^{M_1} \times (L^2(0,T;L^2(\Gamma)))^{M_2}$ 时, 状态变量 $\widehat{W}_p = C_p \widehat{U}$ 在时刻 $T > 0$ 在空间 $(H_0^1(\Omega))^N$ 中稠密. 于是由 (14.54) 可得 $x = 0$, 即 $E_2 = 0$. 从而由 (14.48) 可知 V 是 A^{T} 的不变子空间.

$(c) \Longrightarrow (a)$. 注意到 $\dim(S) = p$, 由引理 2.1 可得

$$\mathrm{rank}(D, AD, \cdots, A^{N-1}D) \leqslant N - p. \tag{14.56}$$

再由命题 14.4 可得

$$\mathrm{rank}(D, AD, \cdots, A^{N-1}D) \geqslant N - p, \tag{14.57}$$

从而 Kalman 秩条件 (14.34) 成立. 定理得证. □

注 14.5 在 Kalman 秩条件 (14.34) 成立的前提下, 为实现分 p 组逼近同步性, A^{T} 应在分解 $\mathrm{Im}(C_p^{\mathrm{T}}) \bigoplus \mathrm{Ker}(D^{\mathrm{T}})$ 下可分块对角化. 这是耦合矩阵 A 需要满足的

一个重要的代数条件.

下面的结果从控制的角度揭示 Kalman 秩条件 (14.34) 的结论.

定理 14.8 设 $\Omega \subset \mathbb{R}^m$ 是具光滑边界 Γ 的有界区域, 且 Γ 满足乘子控制条件 (3.20), 而 ω 是 Ω 的一个子区域. 假设耦合矩阵 A 满足 C_p-相容性条件 (14.7), 而控制矩阵 $D = (D_1, D_2) \in \mathbb{D}_p^*$, 则下述论断等价:

(a) 系统 (II) 分 p 组逼近同步, 且控制矩阵 D 满足 Kalman 秩条件 (14.34);

(b) 系统 (II) 在牵制意义下分 p 组逼近同步, 且分 p 组逼近同步态 $(u_1, \cdots, u_p)^{\mathrm{T}}$ 不依赖于所施的控制;

(c) 系统 (II) 在牵制意义下分 p 组逼近同步, 且分 p 组逼近同步态的分量 $u_1, \cdots, u_p$ 线性无关;

(d) 系统 (II) 在牵制意义下分 p 组逼近同步, 且不能扩张成其他分组逼近同步性.

证 $(a) \Longrightarrow (b)$. 由命题 14.3 可得 $\mathrm{Im}(C_p^{\mathrm{T}}) \cap V = \{0\}$, 其中 V 是 A^{T} 包含在 $\mathrm{Ker}(D^{\mathrm{T}})$ 中的最大不变子空间. 注意到 (14.34), 由引理 2.10 可知, 存在 $N \times (N-p)$ 矩阵 Q_p, 满足

$$U_n = \sum_{r=1}^{p} \psi_r e_r + Q_p C_p U_n. \tag{14.58}$$

注意到 (14.5), 当 $n \to +\infty$ 时, 在 (14.58) 中取极限可得 (14.6), 其中 $u_r = \psi_r$ $(r = 1, \cdots, p)$ 由 (14.29) 决定, 且不依赖于初值.

$(b) \Longrightarrow (c)$. 首先, 假设分 p 组逼近同步态的分量 $u_1, \cdots, u_p$ 线性无关. 类似于定理 6.5, 由定理 14.6, 可以将分 p 组逼近同步性拓展为逼近 C_q 同步性. 因此, 注意到 $C_q A = A_q C_q$, 且记 $W_q = C_q U$, 下述化约系统:

$$\begin{cases} W_q'' - \Delta W_q + A_q W_q = C_q D_1 \chi_\omega H, & (t, x) \in (0, +\infty) \times \Omega, \\ W_q = C_q D_2 G, & (t, x) \in (0, +\infty) \times \Gamma \end{cases} \tag{14.59}$$

逼近能控.

类似于定理 6.5 中相应 $(b) \Longrightarrow (c)$ 的证明, 存在一个 $(N - p)$ 阶矩阵 A_{pq}, 使得 $C_{pq}A_q = A_{pq}C_{pq}$, 其中 $C_{pq} = C_pC_q^{\mathrm{T}}$. 将 C_{pq} 作用到系统 (14.59) 上, 可得

$$
\begin{cases}
C_{pq}W_q'' - \Delta C_{pq}W_q + A_{pq}C_{pq}W_q = 0, & (t,x) \in (T, +\infty) \times \Omega, \\
C_{pq}W_q = 0, & (t,x) \in (T, +\infty) \times \Gamma.
\end{cases}
\tag{14.60}
$$

假设成立

$$
t = T: \quad C_{pq}W_q = 0, \quad C_{pq}W_q' = 0,
\tag{14.61}
$$

就有

$$
t \geqslant T: \quad C_{pq}W_q = 0.
\tag{14.62}
$$

由逼近 C_q 同步性, 对任意给定的终端条件 $(W(T), W'(T)) \in (L^2(\Omega) \times H^{-1}(\Omega))^{N-q}$, 在空间 $(L^2(0, +\infty; H^{-1}(\Omega)))^{M_1} \times (L^2(0, +\infty; L^2(\Gamma)))^{M_2}$ 中存在一列支集在 $[0, T]$ 中的控制函数 $\{(H_n, G_n)\}_{n \in \mathbb{N}}$, 使得系统 (II) 具初值 $(\widehat{U}_0, \widehat{U}_1) = (0, 0)$ 的解序列 $\{U_n\}_{n \in \mathbb{N}}$ 满足: 当 $n \to +\infty$ 时,

$$
t \geqslant T: \quad C_q(U_n, U_n') \to (W_q, W_q'),
\tag{14.63}
$$

或由引理 2.13: 当 $n \to +\infty$ 时,

$$
t \geqslant T: \quad C_p(U_n, U_n') \to C_{pq}(W_q, W_q').
\tag{14.64}
$$

注意到 (14.62), 当 $n \to +\infty$ 时, 有

$$
t \geqslant T: \quad C_p(U_n, U_n') \to 0.
\tag{14.65}
$$

由于分 p 组逼近同步态不依赖于所施的控制, $U \equiv 0$ 是系统 (II) 具初值 $(\widehat{U}_0, \widehat{U}_1) = (0, 0)$ 唯一的分 p 组逼近同步态, 于是当 $n \to +\infty$ 时, 有

$$
t \geqslant T: \quad (U_n, U_n') \to 0.
\tag{14.66}
$$

当 $n \to +\infty$ 时, 在 (14.63) 中取极限, 就得到

$$t \geqslant T: \quad W_q = W_q' = 0.$$

由 (14.61) 可得 $\mathrm{Ker}(C_{pq}) = \{0\}$. 而由 (2.59), 可得 $\mathrm{Ker}(C_p) \subseteq \mathrm{Ker}(C_q)$, 其中 $q < p$, 这就得到了矛盾.

$(c) \Longrightarrow (d)$. 假设系统 (II) 可以拓展成其他的逼近 C_q 同步性. 将 C_q 作用到 (14.6) 上, 对所有初值 $(\widehat{U}_0, \widehat{U}_1) \in (L^2(\Omega) \times H^{-1}(\Omega))^N$, 就得到

$$t \geqslant T: \quad \sum_{r=1}^{p} C_q e_r u_r = 0.$$

由于 $\mathrm{Ker}(C_q) \subsetneqq \mathrm{Ker}(C_p)$, 存在一个整数 r $(1 \leqslant r \leqslant p)$, 使得 $C_q e_r \neq 0$. 这与 $u_1, \cdots, u_p$ 的线性无关性矛盾.

$(d) \Longrightarrow (a)$. 首先, 和 (2.39) 一样, 记 λ_i $(1 \leqslant i \leqslant m)$ 是 A^{T} 相应于 Jordan 链:

$$\mathcal{E}_{i0} = 0, \quad A^{\mathrm{T}} \mathcal{E}_{ij} = \lambda_i \mathcal{E}_{ij} + \mathcal{E}_{i,j-1}, \quad 1 \leqslant j \leqslant d_i \tag{14.67}$$

的特征值. 分 p 组逼近同步的不可扩张性蕴含着在定理 14.5 中成立 $C_q = C_p$. 注意到 (2.41), 可以将 $\mathrm{Im}(C_p^{\mathrm{T}})$ 写成下述形式:

$$\mathrm{Im}(C_p^{\mathrm{T}}) = \bigoplus_{i \in I} \mathrm{Span}\{\mathcal{E}_{i1}, \cdots, \mathcal{E}_{id_i}\}. \tag{14.68}$$

假设

$$\mathrm{rank}(D, AD, \cdots, A^{N-1}D) = N - \widehat{p}, \quad \widehat{p} \leqslant p. \tag{14.69}$$

由引理 2.1, $\widehat{p}$ 维子空间

$$V = \mathrm{Ker}(D, AD, \cdots, A^{N-1}D)^{\mathrm{T}}$$

是 A^{T} 包含在 $\mathrm{Ker}(D^{\mathrm{T}})$ 中的最大不变子空间. 由命题 14.3, 有

$$V \cap \mathrm{Im}(C_p^{\mathrm{T}}) = V \cap \bigoplus_{i \in I} \mathrm{Span}\{\mathcal{E}_{i1}, \cdots, \mathcal{E}_{id_i}\} = \{0\}. \tag{14.70}$$

于是, 对每个 $i \in I^c$（ I 的补集), 存在一个正整数 $\overline{d}_i$ 满足 $1 \leqslant \overline{d}_i \leqslant d_i$, 使得

$$V = \bigoplus_{i \in I^c} \mathrm{Span}\{\mathcal{E}_{i1}, \cdots, \mathcal{E}_{i\overline{d}_i - 1}\} \tag{14.71}$$

及

$$\dim(V) = \sum_{i \in I^c} (\overline{d}_i - 1) = \widehat{p} \leqslant p. \tag{14.72}$$

注意到 I^c 的基数等于 p, 若 $\dim(V) = \widehat{p} < p$, 至少存在一个整数 $i_0 \in I^c$, 使得

$$\mathcal{E}_{i_0 1}, \mathcal{E}_{i_0 2}, \cdots, \mathcal{E}_{i_0 \overline{d}_{i_0} - 1} \in V \quad \text{且} \quad \mathcal{E}_{i_0 \overline{d}_{i_0}} \notin V. \tag{14.73}$$

对 $j = 1, \cdots, \overline{d}_{i_0} - 1$, 将 $\mathcal{E}_{i_0 j}$ 作用到系统 (II) 上, 并记 $\psi_j = \mathcal{E}_{i_0 j}^{\mathrm{T}} U$, 可得

$$\psi_0 = 0, \quad \begin{cases} \psi_j'' - \Delta \psi_j + \lambda_{i_0} \psi_j + \psi_{j-1} = 0, & (t, x) \in (0, +\infty) \times \Omega, \\ \psi_j = 0, & (t, x) \in (0, +\infty) \times \Gamma. \end{cases} \tag{14.74}$$

将 $\mathcal{E}_{i_0 \overline{d}_{i_0}}$ 作用到系统 (II) 上, 并记 $\psi_{\overline{d}_{i_0}} = \mathcal{E}_{i_0 \overline{d}_{i_0}}^{\mathrm{T}} U$, 可得

$$\begin{cases} \psi_{\overline{d}_{i_0}}'' - \Delta \psi_{\overline{d}_{i_0}} + \lambda_{i_0} \psi_{\overline{d}_{i_0}} + \psi_{\overline{d}_{i_0} - 1} = \mathcal{E}_{i_0 \overline{d}_{i_0}}^{\mathrm{T}} D_1 \chi_\omega H, & (t, x) \in (0, +\infty) \times \Omega, \\ \psi_{\overline{d}_{i_0}} = \mathcal{E}_{i_0 \overline{d}_{i_0}}^{\mathrm{T}} D_2 G, & (t, x) \in (0, +\infty) \times \Gamma. \end{cases} \tag{14.75}$$

由于系统 (14.74) 不依赖于所施的控制, 可以如下定义 $\overline{\psi}$:

$$\begin{cases} \overline{\psi}'' - \Delta \overline{\psi} + \lambda_{i_0} \overline{\psi} + \psi_{\overline{d}_{i_0} - 1} = 0, & (t, x) \in (0, +\infty) \times \Omega, \\ \overline{\psi} = 0, & (t, x) \in (0, +\infty) \times \Gamma. \end{cases} \tag{14.76}$$

于是, 将新变量

$$\widetilde{\psi} = \psi_{\overline{d}_{i_0}} - \overline{\psi} \tag{14.77}$$

代入系统 (14.75) 可得

$$\begin{cases} \widetilde{\psi}'' - \Delta\widetilde{\psi} + \lambda_{i_0}\widetilde{\psi} = \mathcal{E}_{i_0\overline{d}_{i_0}}^{\mathrm{T}} D_1\chi_\omega H, & (t,x) \in (0,+\infty) \times \Omega, \\ \widetilde{\psi} = \mathcal{E}_{i_0\overline{d}_{i_0}}^{\mathrm{T}} D_2 G, & (t,x) \in (0,+\infty) \times \Gamma. \end{cases} \tag{14.78}$$

这样, 记

$$C_{\widetilde{p}} = \begin{pmatrix} C_p \\ \mathcal{E}_{i_0\overline{d}_{i_0}}^{\mathrm{T}} \end{pmatrix}, \quad \widetilde{W} = \begin{pmatrix} W_p \\ \widetilde{\psi} \end{pmatrix} \tag{14.79}$$

及

$$\widetilde{A} = \begin{pmatrix} A_p & 0 \\ 0 & \lambda_{i_0} \end{pmatrix}, \quad \widetilde{D}_1 = \begin{pmatrix} D_{p1} \\ \mathcal{E}_{i_0\overline{d}_{i_0}}^{\mathrm{T}} D_1 \end{pmatrix}, \quad \widetilde{D}_2 = \begin{pmatrix} D_{p2} \\ \mathcal{E}_{i_0\overline{d}_{i_0}}^{\mathrm{T}} D_2 \end{pmatrix}, \tag{14.80}$$

可将系统 (14.9) 和 (14.78) 结合为一个系统:

$$\begin{cases} \widetilde{W}'' - \Delta\widetilde{W} + \widetilde{A}\widetilde{W} = \widetilde{D}_1\chi_\omega H, & (t,x) \in (0,+\infty) \times \Omega, \\ \widetilde{W} = \widetilde{D}_2 G, & (t,x) \in (0,+\infty) \times \Gamma. \end{cases} \tag{14.81}$$

应用下述命题 14.5, 可由定理 13.4 得到系统 (14.81) 的逼近能控性. 于是, 对任意给定的初值 $(\widehat{U}_0, \widehat{U}_1)$, 存在一列控制 $\{(H_n, G_n)\}_{n\in\mathbb{N}}$, 使得系统 (14.81) 相应的解序列 $\{\widetilde{W}_n\}_{n\in\mathbb{N}}$, 当 $n \to +\infty$ 时, 有

$$t = T: \quad \widetilde{W}_n = \begin{pmatrix} C_p U_n \\ \mathcal{E}_{i_0\overline{d}_{i_0}}^{\mathrm{T}} U_n - \overline{\psi} \end{pmatrix} \to \begin{pmatrix} 0 \\ -\overline{\psi} \end{pmatrix}, \tag{14.82}$$

即当 $n \to +\infty$ 时, 有

$$t = T: \quad C_p U_n \to 0 \quad \text{及} \quad \mathcal{E}_{i_0\overline{d}_{i_0}}^{\mathrm{T}} U_n \to 0. \tag{14.83}$$

在 (14.9) 中取 $W_p = C_p U$, 注意到控制 (H, G) 的支集在 $[0, T]$ 中, 当 $n \to +\infty$ 时, 就有

$$t \geqslant T: \quad C_p U_n \to 0. \tag{14.84}$$

由牵制意义下分 p 组逼近同步性的定义, 存在 $u_1, \cdots, u_p$, 使得在空间

$$\left(C_{\mathrm{loc}}^0([T, +\infty); L^2(\Omega)) \cap C_{\mathrm{loc}}^1([T, +\infty); H^{-1}(\Omega)) \right)^N$$

中, 当 $n \to +\infty$ 时成立

$$t \geqslant T: \quad U_n \to \sum_{r=1}^p e_r u_r. \tag{14.85}$$

于是, 对 (14.83) 中的第二个关系式取极限, 就得到

$$t = T: \quad \sum_{r=1}^p \mathcal{E}_{i_0 \bar{d}_{i_0}}^{\mathrm{T}} e_r u_r = 0. \tag{14.86}$$

类似地, 由命题 6.2, 分 p 组逼近同步态 $(u_1, \cdots, u_p)^{\mathrm{T}}$ 取遍子空间 $(L^2(\Omega) \times H^{-1}(\Omega))^p$, 于是由 (14.86) 可得

$$\mathcal{E}_{i_0 \bar{d}_{i_0}}^{\mathrm{T}} e_1 = \cdots\cdots = \mathcal{E}_{i_0 \bar{d}_{i_0}}^{\mathrm{T}} e_p = 0, \tag{14.87}$$

即 $\mathcal{E}_{i_0 \bar{d}_{i_0}} \in \{\mathrm{Ker}(C_p^{\mathrm{T}})\}^\perp = \mathrm{Im}(C_p^{\mathrm{T}})$. 注意到 $i_0 \in I^{\mathrm{c}}$, 这与 (14.68) 矛盾, 表明 $\widehat{p} = p$.

定理得证.　　　　　　　　　　　　　　　　　　　　　　$\square$

为了完成定理 14.8 的证明, 我们给出下述命题.

命题 14.5 设 $(N - p + 1)$ 阶矩阵 $\widetilde{A}$ 和 $(N - p + 1) \times M$ 矩阵 $\widetilde{D} = (\widetilde{D}_1, \widetilde{D}_2)$ 分别由 (14.80) 给定, 那么

(a) Kalman 秩条件:

$$\mathrm{rank}(\widetilde{D}, \widetilde{A}\widetilde{D}, \cdots, \widetilde{A}^{N-p}\widetilde{D}) = N - p + 1 \tag{14.88}$$

成立;

(b) $\widetilde{A}^{\mathrm{T}}$ 包含在 $\mathrm{Ker}(\widetilde{D}_1)$ 中的最大不变子空间 $\widetilde{V}_1$ 有一个补空间 $\widetilde{V}_s$, 且 $\widetilde{V}_s$ 也是 $\widetilde{A}^{\mathrm{T}}$ 的不变子空间;

(c) 成立

$$\widetilde{V}_1 \cap \mathrm{Ker}(\widetilde{D}_2^{\mathrm{T}}) = \{0\}. \tag{14.89}$$

证 (a) 设 $x_p \in \mathbb{R}^{N-p}$ 及 $y \in \mathbb{R}$, 使得

$$\begin{pmatrix} x_p \\ y \end{pmatrix} \in \mathrm{Ker}(\widetilde{D}_1, \widetilde{D}_2)^{\mathrm{T}}, \quad \begin{pmatrix} A_p^{\mathrm{T}} & 0 \\ 0 & \lambda_{i_0} \end{pmatrix} \begin{pmatrix} x_p \\ y \end{pmatrix} = \lambda_{i_0} \begin{pmatrix} x_p \\ y \end{pmatrix}. \tag{14.90}$$

于是, 注意到 (14.80), 有

$$\begin{cases} (D_1, D_2)^{\mathrm{T}}(C_p^{\mathrm{T}} x_p + y \mathcal{E}_{i_0 \bar{d}_{i_0}}) = 0, \\ A_p^{\mathrm{T}} x_p = \lambda_{i_0} x_p. \end{cases} \tag{14.91}$$

我们将说明 $y = 0$. 若不然, 不失一般性, 可取 $y = 1$. 由 (14.8) 和 (14.67), 可得

$$A^{\mathrm{T}}(\mathcal{E}_{i_0 \bar{d}_{i_0}} + C_p^{\mathrm{T}} x_p) \tag{14.92}$$

$$= A^{\mathrm{T}} \mathcal{E}_{i_0 \bar{d}_{i_0}} + \lambda_{i_0} C_p^{\mathrm{T}} x_p$$

$$= \mathcal{E}_{i_0 \bar{d}_{i_0} - 1} + \lambda_{i_0}(\mathcal{E}_{i_0 \bar{d}_{i_0}} + C_p^{\mathrm{T}} x_p).$$

于是

$$V \bigoplus \mathrm{Span}\{\mathcal{E}_{i_0 \bar{d}_{i_0}} + C_p^{\mathrm{T}} x_p\} \tag{14.93}$$

是 A^{T} 包含在 $\mathrm{Ker}(D_1, D_2)^{\mathrm{T}}$ 中的不变子空间.

下面说明

$$V \cap \mathrm{Span}\{\mathcal{E}_{i_0 \bar{d}_{i_0}} + C_p^{\mathrm{T}} x_p\} = \{0\}. \tag{14.94}$$

事实上, 设 $a \in \mathbb{C}$, 使得

$$a(\mathcal{E}_{i_0 \bar{d}_{i_0}} + C_p^{\mathrm{T}} x_p) \in V,$$

即

$$a C_p^{\mathrm{T}} x_p \in -a \mathcal{E}_{i_0 \bar{d}_{i_0}} + V.$$

注意到 (14.71) 和 $i_0 \in I^{\mathrm{c}}$, 可得

$$-a \mathcal{E}_{i_0 \bar{d}_{i_0}} + V \subseteq \bigoplus_{i \in I^{\mathrm{c}}} \mathrm{Span}\{\mathcal{E}_{i1}, \cdots, \mathcal{E}_{id_i}\}.$$

注意到 (14.68), 可得 $a = 0$. 于是, 由引理 2.1 可得

$$\mathrm{rank}(D, AD, \cdots, A^{N-1}D) \leqslant N - \dim(W) < N - \dim(V) = N - q,$$

这与 (14.69) 矛盾.

在 (14.91) 中取 $y = 0$, 可得 x_p 是 A_p^{T} 包含在 $\mathrm{Ker}(D_{p1}, D_{p2})^{\mathrm{T}}$ 中的特征向量. 另一方面, 由命题 14.4, 秩条件 (14.33) 成立. 由引理 2.1, A_p^{T} 包含在 $\mathrm{Ker}(D_p^{\mathrm{T}})$ 中的最大不变子空间 V_p 退化为 $\{0\}$, 从而 $x_p = 0$. 于是有

$$\begin{pmatrix} x_p \\ y \end{pmatrix} = \begin{pmatrix} 0 \\ 0 \end{pmatrix},$$

从而 $\widetilde{A}^{\mathrm{T}}$ 包含在 $\mathrm{Ker}(\widetilde{D}^{\mathrm{T}})$ 中的最大不变子空间退化为 $\{0\}$. 再一次由引理 2.1 可得相应的 Kalman 秩条件 (14.88).

为了验证 (b) 和 (c), 需要分两种情况讨论.

情形 I. 首先考虑 $\mathcal{E}_{i_0 \bar{d}_{i_0}} \in \mathrm{Ker}(D_1^{\mathrm{T}})$ 的情形.

(I-b) 定义

$$\widetilde{V}_1 = (C_p^{\mathrm{T}})^{-1} V_1 \times \mathbb{R}, \quad \widetilde{V}_s = (C_p^{\mathrm{T}})^{-1} V_s \times \{0\}, \tag{14.95}$$

其中 V_1 是 A^{T} 包含在 $\mathrm{Ker}(D_1^{\mathrm{T}})$ 中的最大不变子空间, 而 V_s 是 V_1 的一个补空间,

且也是 A^{T} 的不变子空间.

由命题 14.1 可知, $(C_p^{\mathrm{T}})^{-1}V_1$ 是 A_p^{T} 包含在 $\mathrm{Ker}(D_{p1}^{\mathrm{T}})$ 中的最大不变子空间, 而 $(C_p^{\mathrm{T}})^{-1}V_s$ 是 $(C_p^{\mathrm{T}})^{-1}V_1$ 的一个补空间, 且也是 A_p^{T} 的不变子空间. 显然, $\widetilde{V}_s$ 是 $\widetilde{V}_1$ 的一个补空间. 此外, 注意到 (14.80), 易证 $\widetilde{V}_1$ 和 $\widetilde{V}_s$ 都是 $\widetilde{A}^{\mathrm{T}}$ 的不变子空间:

$$\widetilde{A}^{\mathrm{T}}\widetilde{V}_1 = A_p^{\mathrm{T}}(C_p^{\mathrm{T}})^{-1}V_1 \times \lambda_{i_0}\mathbb{R} \subseteq (C_p^{\mathrm{T}})^{-1}V_1 \times \mathbb{R} = \widetilde{V}_1,$$

$$\widetilde{A}^{\mathrm{T}}\widetilde{V}_s = A_p^{\mathrm{T}}(C_p^{\mathrm{T}})^{-1}V_s \times \{0\} \subseteq (C_p^{\mathrm{T}})^{-1}V_s \times \{0\} = \widetilde{V}_s.$$

由于 $\mathcal{E}_{i_0\bar{d}_{i_0}} \in \mathrm{Ker}(D_1^{\mathrm{T}})$, 有

$$\widetilde{D}_1 = \begin{pmatrix} D_{p1} \\ 0 \end{pmatrix}, \tag{14.96}$$

注意到 $(C_p^{\mathrm{T}})^{-1}V_1 \subseteq \mathrm{Ker}(D_{p1}^{\mathrm{T}})$, 有

$$\widetilde{D}_1^{\mathrm{T}}\widetilde{V}_1 = D_{1p}^{\mathrm{T}}(C_p^{\mathrm{T}})^{-1}V_1 = \{0\}.$$

因此, 子空间 $\widetilde{V}_1$ 包含在 $\mathrm{Ker}(\widetilde{D}_1^{\mathrm{T}})$ 中.

设 $d \geqslant 0$ 是子空间 $(C_p^{\mathrm{T}})^{-1}V_1$ 的维数, 已知 $(C_p^{\mathrm{T}})^{-1}V_1$ 是 A_p^{T} 包含在 $\mathrm{Ker}(D_{p1}^{\mathrm{T}})$ 中的最大不变子空间. 注意到 A_p 是 $(N-p)$ 阶的, 由引理 2.1 可得

$$\mathrm{rank}(D_{p1}, A_p D_{p1}, \cdots, A_p^{N-p-1}D_{p1}) = (N-p) - d. \tag{14.97}$$

由 (14.96) 可得

$$(\widetilde{D}_1, \widetilde{A}\widetilde{D}_1, \cdots, \widetilde{A}^{N-p}\widetilde{D}_1) = \begin{pmatrix} D_{p1}, & A_p D_{p1}, & \cdots, & A_p^{N-p}D_{p1} \\ 0, & 0, & \cdots, & 0 \end{pmatrix}.$$

从而, 由 (14.97) 可得

$$\mathrm{rank}(\widetilde{D}_1, \widetilde{A}\widetilde{D}_1, \cdots, \widetilde{A}^{N-p}\widetilde{D}_1)$$

$$=\text{rank}(D_{p1}, A_p D_{p1}, \cdots, A_p^{N-p-1} D_{p1})$$

$$=(N-p+1)-(d+1).$$

注意到 $\widetilde{A}$ 是 $(N-p+1)$ 阶的, 由引理 2.1, $\widetilde{A}^{\mathrm{T}}$ 包含在 $\text{Ker}(\widetilde{D}_1^{\mathrm{T}})$ 中的最大不变子空间是 $d+1$ 维的.

另一方面, 由 (14.95) 可得

$$\dim(\widetilde{V}_1) = \dim((C_p^{\mathrm{T}})^{-1} V_1) + 1 = d + 1.$$

因此, $\widetilde{V}_1$ 就是 $\widetilde{A}^{\mathrm{T}}$ 包含在 $\text{Ker}(\widetilde{D}_1^{\mathrm{T}})$ 中的最大不变子空间.

(I-c) 注意到(14.73)和 $\mathcal{E}_{i_0 \bar{d}_{i_0}} \in \text{Ker}(D_1^{\mathrm{T}})$, 子链 $\mathcal{E}_{i_0 1}, \cdots, \mathcal{E}_{i_0 \bar{d}_{i_0}}$ 属于空间 $\text{Ker}(D_1^{\mathrm{T}})$, 从而, 也属于空间 V_1. 对任意给定的 $(x, y) \in \widetilde{V}_1$, 有 $C_p^{\mathrm{T}} x \in V_1$, 从而 $C_{\widetilde{p}}^{\mathrm{T}}(x, y) = C_p^{\mathrm{T}} x + y \mathcal{E}_{i_0 \bar{d}_{i_0}} \in V_1$, 即 $(x, y) \in (C_{\widetilde{p}}^{\mathrm{T}})^{-1} V_1$, 于是有 $\widetilde{V}_1 \subseteq (C_{\widetilde{p}}^{\mathrm{T}})^{-1} V_1$. 这样就有:

$$\widetilde{V}_1 \cap \text{Ker}(\widetilde{D}_2^{\mathrm{T}})$$

$$\subseteq (C_{\widetilde{p}}^{\mathrm{T}})^{-1} V_1 \cap (C_{\widetilde{p}}^{\mathrm{T}})^{-1} \text{Ker}(D_2^{\mathrm{T}}) \qquad ((14.19))$$

$$= (C_{\widetilde{p}}^{\mathrm{T}})^{-1} (V_1 \cap \text{Ker}(D_2^{\mathrm{T}})) \qquad ((14.17))$$

$$= (C_{\widetilde{p}}^{\mathrm{T}})^{-1} (V_1 \cap V_2) \qquad \left(V_2 = \text{Ker}(D_2^{\mathrm{T}})\right)$$

$$= (C_{\widetilde{p}}^{\mathrm{T}})^{-1} V. \qquad \left(V = V_1 \cap V_2\right)$$

注意到 (14.68), (14.71) 和 (14.73), 有 $\text{Im}(C_{\widetilde{p}}^{\mathrm{T}}) \cap V = \{0\}$. 因此可得 (14.89).

情形 II. 接下来考虑 $\mathcal{E}_{i_0 \bar{d}_{i_0}} \notin \text{Ker}(D_1^{\mathrm{T}})$ 的情形.

(II-b) 如下定义 $\widetilde{V}_1$ 和 $\widetilde{V}_s$:

$$\widetilde{V}_1 = (C_p^{\mathrm{T}})^{-1} V_1 \times \{0\}, \quad \widetilde{V}_s = (C_p^{\mathrm{T}})^{-1} V_s \times \mathbb{R}. \qquad (14.98)$$

类似于第一种情形, 易验证 $\widetilde{V}_1$ 是 $\widetilde{A}^{\mathrm{T}}$ 包含在 $\text{Ker}(\widetilde{D}_1^{\mathrm{T}})$ 中的最大不变子空间, 而 $\widetilde{V}_s$ 是 $\widetilde{V}_1$ 的一个补空间, 且也是 $\widetilde{A}^{\mathrm{T}}$ 的不变子空间.

设 $d \geqslant 0$ 是 $(C_p^{\mathrm{T}})^{-1} V_1$ 的维数, 已知 $(C_p^{\mathrm{T}})^{-1} V_1$ 是 A_p^{T} 包含在 $\mathrm{Ker}(D_{p1}^{\mathrm{T}})$ 中的最大不变空间. 注意到 A_p 是 $(N - p)$ 阶的, 由引理 2.1 可得

$$\mathrm{rank}(D_{p1}, A_p D_{p1}, \cdots, A_p^{N-p-1} D_{p1}) = (N - p) - d. \tag{14.99}$$

注意到 (14.80), 有

$$
\begin{aligned}
&(\widetilde{D}_1, \widetilde{A}\widetilde{D}_1, \cdots, \widetilde{A}^{N-p}\widetilde{D}_1) \\
&= \begin{pmatrix} D_{p1}, & A_p D_{p1}, & \cdots, & A_p^{N-p} D_{p1} \\ \mathcal{E}_{i_0 \bar{d}_{i_0}}^{\mathrm{T}} D_1, & \lambda_{i_0} \mathcal{E}_{i_0 \bar{d}_{i_0}}^{\mathrm{T}} D_1, & \cdots, & \lambda_{i_0}^{N-p} \mathcal{E}_{i_0 \bar{d}_{i_0}}^{\mathrm{T}} D_1 \end{pmatrix}.
\end{aligned}
\tag{14.100}
$$

我们断言 (14.100) 的最后一行不是前 $(N - p)$ 行的线性组合. 否则, 存在一个非零向量 $x \in \mathbb{R}^{N-p}$, 使得

$$\mathcal{E}_{i_0 \bar{d}_{i_0}}^{\mathrm{T}} D_1 = x^{\mathrm{T}} D_{p1}.$$

注意到 (14.10) 中的 $D_{p1} = C_p D_1$, 就有

$$D_1^{\mathrm{T}}(C_p^{\mathrm{T}} x - \mathcal{E}_{i_0 \bar{d}_{i_0}}) = 0. \tag{14.101}$$

于是, 有

$$C_p^{\mathrm{T}} x \in \mathcal{E}_{i_0 \bar{d}_{i_0}} + \mathrm{Ker}(D_1^{\mathrm{T}}). \tag{14.102}$$

注意到 (14.71) 和 (14.73), 就有

$$\mathcal{E}_{i_0 \bar{d}_{i_0}} \in \bigoplus_{i \in I^c} \mathrm{Span}\{\mathcal{E}_{i1}, \cdots, \mathcal{E}_{id_i}\}. \tag{14.103}$$

由于 $C_p = C_q$, 由 (2.50) 可得

$$\mathrm{Ker}(D_1^{\mathrm{T}}) \subseteq \bigoplus_{i \in I^c} \mathrm{Span}\{\mathcal{E}_{i1}, \cdots, \mathcal{E}_{id_i}\}. \tag{14.104}$$

另一方面, 注意到 (14.68), 有

$$C_p^{\mathrm{T}} x \in \bigoplus_{i \in I} \mathrm{Span}\{\mathcal{E}_{i1}, \cdots, \mathcal{E}_{id_i}\}. \tag{14.105}$$

于是, 考虑到 (14.103)—(14.105), 由 (14.102) 可得

$$C_p^{\mathrm{T}} x = 0.$$

从而由 (14.101) 得到矛盾: $D_1^{\mathrm{T}} \mathcal{E}_{i_0 \bar{d}_{i_0}} = 0$.

由 (14.99) 和 (14.100) 可得

$$
\begin{aligned}
&\mathrm{rank}(\widetilde{D}_1, \widetilde{A}\widetilde{D}_1, \cdots, \widetilde{A}^{N-p}\widetilde{D}_1) \\
&= \mathrm{rank}(D_{p1}, A_p D_{p1}, \cdots, A_p^{N-p-1} D_{p1}) + 1 \\
&= (N - p + 1) - d.
\end{aligned}
\tag{14.106}
$$

注意到 $\widetilde{A}$ 是 $(N - p + 1)$ 阶的, 由引理 2.1, $\widetilde{A}^{\mathrm{T}}$ 包含在 $\mathrm{Ker}(\widetilde{D}_1^{\mathrm{T}})$ 中的最大不变子空间是 d 维的. 另一方面, 由 (14.98) 可得 $\dim(\widetilde{V}_1) = d$. 于是, $\widetilde{V}_1$ 就是 $\widetilde{A}^{\mathrm{T}}$ 包含在 $\mathrm{Ker}(\widetilde{D}_1^{\mathrm{T}})$ 中的最大不变子空间.

(II-c)　对任意给定的 $(x, 0) \in \widetilde{V}_1$, 有 $x \in (C_p^{\mathrm{T}})^{-1} V_1$, 即 $C_p^{\mathrm{T}} x \in V_1$, 因此, $C_{\widetilde{p}}^{\mathrm{T}}(x, 0) = C_p^{\mathrm{T}} x \in V_1$, 即 $(x, 0) \in (C_{\widetilde{p}}^{\mathrm{T}})^{-1} V_1$. 于是就得到 $\widetilde{V}_1 \subseteq (C_{\widetilde{p}}^{\mathrm{T}})^{-1} V_1$. 从而下式成立

$$
\begin{aligned}
&\widetilde{V}_1 \cap \mathrm{Ker}(\widetilde{D}_2^{\mathrm{T}}) \\
&\subseteq (C_{\widetilde{p}}^{\mathrm{T}})^{-1} V_1 \cap (C_{\widetilde{p}}^{\mathrm{T}})^{-1} \mathrm{Ker}(D_2^{\mathrm{T}}) && ((14.19)) \\
&= (C_{\widetilde{p}}^{\mathrm{T}})^{-1}(V_1 \cap \mathrm{Ker}(D_2^{\mathrm{T}})) && ((14.17)) \\
&= (C_{\widetilde{p}}^{\mathrm{T}})^{-1}(V_1 \cap V_2) && (V_2 = \mathrm{Ker}(D_2^{\mathrm{T}})) \\
&= (C_{\widetilde{p}}^{\mathrm{T}})^{-1} V && (V = V_1 \cap V_2) \\
&= (C_{\widetilde{p}}^{\mathrm{T}})^{-1}(V \cap \mathrm{Im}(C_{\widetilde{p}}^{\mathrm{T}})). && ((14.16))
\end{aligned}
$$

注意到 (14.68), (14.71) 和 (14.73), 可得 $\mathrm{Im}(C_{\widetilde{p}}^{\mathrm{T}}) \cap V = \{0\}$, 于是再一次得到

了 (14.89).

命题得证.

$\square$

§6. 牵制意义下的混合同步性

定理 14.8 描述了在 $\mathrm{Im}(C_p^\mathrm{T}) \bigoplus V$ 这组基下, A^T 为可分块对角化的情形. 若非如此, 可以通过 (2.41) 所述的过程, 将矩阵 C_p 扩张成 C_q, 使得在 $\mathrm{Im}(C_q^\mathrm{T}) \bigoplus V$ 这组基下, A^T 可分块对角化. 在这种情况下, 由定理 14.8, Kalman 矩阵取到最小秩 $(N-q)$, 且系统 (II) 逼近 C_q 同步.

下述结果将定理 14.8 推广到一般情形, 同时回答了本章一开始对一般情况所提的问题 3.

定理 14.9 设 $\Omega \subset \mathbb{R}^m$ 是具光滑边界 Γ 的有界区域, 且 Γ 满足乘子控制条件 (3.20), 而 ω 是 Ω 的一个子区域. 假设控制矩阵 $D = (D_1, D_2) \in \mathbb{D}_p^*$, 则下述论断等价:

(a) 记 $\underset{D \in \mathbb{D}_p^*}{\arg\min}$ 表示 $\mathbb{D}_p^*$ 中取最小, 在最小秩条件

$$D \in \underset{D \in \mathbb{D}_p^*}{\arg\min} \mathrm{rank}(D, AD, \cdots, A^{N-1}D) \tag{14.107}$$

成立的前提下, 系统 (II) 逼近 C_q 同步;

(b) 系统 (II) 在牵制意义下逼近 C_q 同步, 且逼近 C_q 同步态 $(v_1, \cdots, v_q)^\mathrm{T}$ 不依赖于所施的控制;

(c) 系统 (II) 在牵制意义下逼近 C_q 同步, 且逼近 C_q 同步态的分量 $v_1, \cdots, v_q$ 线性无关;

(d) 系统 (II) 在牵制意义下逼近 C_q 同步, 且牵制意义下的逼近 C_q 同步性不能拓展为其他逼近同步性.

证 由定理 14.6, 最小秩条件 (14.107) 等价于

$$\mathrm{rank}(D, AD, \cdots, A^{N-1}D) = N - q, \tag{14.108}$$

其中 q 由 (2.43) 给出. 于是再一次回到了定理 14.8 中的情形. 定理得证. □

定理 14.10　设 $\Omega \subset \mathbb{R}^m$ 是具光滑边界 Γ 的有界区域, 且 Γ 满足乘子控制条件 (3.20), 而 ω 是 Ω 的一个子区域. 若在最小秩条件 (14.107) 成立的前提下, 系统 (II) 分 p 组逼近同步, 则系统 (II) 在牵制意义下分 p 组逼近同步.

证　由定理 14.9, 系统 (II) 在牵制意义下逼近 C_q 同步. 由于 $\mathrm{Ker}(C_q) \subseteq \mathrm{Ker}(C_p)$, 存在系数 $c_{rs}(1 \leqslant r \leqslant p; 1 \leqslant s \leqslant q)$ 使得

$$\epsilon_s = \sum_{r=1}^{p} c_{rs} e_r, \quad s = 1, \cdots, q, \tag{14.109}$$

于是, 由 (14.36), 当 $n \to +\infty$ 时, 成立

$$U_n \to \sum_{s=1}^{q} \epsilon_s v_s = \sum_{r=1}^{p} \Big(\sum_{s=1}^{q} c_{rs} v_s \Big) e_r, \tag{14.110}$$

其中 $e_1, \cdots, e_p$ 由 (2.12) 给出. 这就得到牵制意义下的分 p 组逼近同步性, 且分 p 组逼近同步态由下式给出:

$$u_r = \sum_{s=1}^{q} c_{rs} v_s, \quad r = 1, \cdots, p. \tag{14.111}$$

因此, 协同意义下的分 p 组逼近同步性和牵制意义下的分 p 组逼近同步性一致, 然而, 当 $q < p$ 时, 由 (14.111) 给出的分 p 组逼近同步态的分量不是线性无关的! 定理得证. □

第十五章

精确混合能控性

在对观测进行合适的平衡划分后, 系统 (II*) 可分解成两个子系统, 它们可由边界观测及内部观测分别观测. 记 $D = (D_1, D_2)$, 在乘子控制条件 (3.20) 成立的前提下, 秩条件 $\text{rank}(D) = N$ 是施加混合控制 (H, G) 的系统 (II) 具精确能控性的充分条件. 本章内容主要取自 [52].

§1. 精确混合能控性

定义 15.1 称系统 (II) 在时刻 $T > 0$ **精确能控**, 若对任意给定的初值 $(\widehat{U}_0, \widehat{U}_1) \in (L^2(\Omega) \times H^{-1}(\Omega))^N$, 存在紧支撑于 $[0, T]$ 中的控制 $(H, G) \in (L^2(0, +\infty; H^{-1}(\Omega)))^{M_1} \times (L^2(0, +\infty; L^2(\Gamma)))^{M_2}$, 使得系统 (II) 的相应解 $U = U(t, x)$ 满足

$$t \geqslant T : \quad U = 0. \tag{15.1}$$

我们将用 [56] 中的 Hilbert 唯一性方法证明系统 (II) 的精确能控性. 为此, 我们先给出下述的正向不等式.

定理 15.1 设 $\Omega \subset \mathbb{R}^m$ 是具光滑边界 Γ 的有界区域, 且 Γ 满足乘子控制条件 (3.20), 而 $\omega \subset \Omega$ 是 Γ 的一个邻域. 则存在一个正常数 c, 使得对任意给定的初

值 $(\widehat{\varPhi}_0, \widehat{\varPhi}_1) \in (\mathcal{D}(\varOmega) \times \mathcal{D}(\varOmega))^N$, 系统 (II^*) 的相应解 $\varPhi$ 满足

$$c\|(\widehat{\varPhi}_0, \widehat{\varPhi}_1)\|^2_{(L^2(\varOmega) \times H^{-1}(\varOmega))^N} \qquad (15.2)$$
$$\geqslant \int_0^T \int_\omega |\varPhi|^2 \mathrm{d}x\mathrm{d}t + \int_0^T \int_\varGamma |\partial_\nu (-\Delta)^{\frac{1}{2}} \varPhi|^2 \mathrm{d}\varGamma \mathrm{d}t.$$

证　由定理 7.1, 存在正常数 c_1, 使得系统 (II^*) 的解满足

$$c_1\|(\widehat{\varPhi}_0, \widehat{\varPhi}_1)\|^2_{(L^2(\varOmega) \times H^{-1}(\varOmega))^N} \geqslant \int_0^T \int_\omega |\varPhi|^2 \mathrm{d}x\mathrm{d}t. \qquad (15.3)$$

由 [40, 定理 3.3], 存在一个正常数 c_2, 使得系统 (II^*) 的解满足

$$c_2\|(\widehat{\varPhi}_0, \widehat{\varPhi}_1)\|^2_{(H_0^1(\varOmega) \times L^2(\varOmega))^N} \geqslant \int_0^T \int_\varGamma |\partial_\nu \varPhi|^2 \mathrm{d}\varGamma \mathrm{d}t. \qquad (15.4)$$

由于 $(-\Delta)^{\frac{1}{2}} \varPhi$ 也满足系统 (II^*), 存在一个正常数 c_3 使得

$$c_3\|(\widehat{\varPhi}_0, \widehat{\varPhi}_1)\|^2_{(L^2(\varOmega) \times H^{-1}(\varOmega))^N} \geqslant \int_0^T \int_\varGamma |\partial_\nu (-\Delta)^{\frac{1}{2}} \varPhi|^2 \mathrm{d}\varGamma \mathrm{d}t. \qquad (15.5)$$

结合 (15.3) 和 (15.5) 就得到 (15.2). 定理得证. □

定理 15.2　设 $\varOmega \subset \mathbb{R}^m$ 是具光滑边界 $\varGamma$ 的有界区域, 且 $\varGamma$ 满足乘子控制条件 (3.20), 而 $\omega \subset \varOmega$ 是 $\varGamma$ 的一个邻域. 假设

(a) 控制矩阵 $D = (D_1, D_2)$ 满足秩条件 $\mathrm{rank}(D) = N$;

(b) $\mathrm{Ker}(D_1^{\mathrm{T}})$ 有一个补空间 V_s, 且 $\mathrm{Ker}(D_1^{\mathrm{T}})$ 和 V_s 都是 A^{T} 的不变子空间.

那么, 对任意给定的 $T > 2d_0(\varOmega)$, 其中 $d_0(\varOmega)$ 为由 (3.21) 定义的 $\varOmega$ 的欧氏直径, 存在一个正常数 c, 使得对任意给定的初值 $(\widehat{\varPhi}_0, \widehat{\varPhi}_1) \in (\mathcal{D}(\varOmega) \times \mathcal{D}(\varOmega))^N$, 系统 (II^*) 的相应解 $\varPhi$ 满足

$$\|(\widehat{\varPhi}_0, \widehat{\varPhi}_1)\|^2_{(L^2(\varOmega) \times H^{-1}(\varOmega))^N} \qquad (15.6)$$
$$\leqslant c \int_0^T \int_\omega |D_1^{\mathrm{T}} \varPhi|^2 \mathrm{d}x\mathrm{d}t + c \int_0^T \int_\varGamma |D_2^{\mathrm{T}} \partial_\nu (-\Delta)^{\frac{1}{2}} \varPhi|^2 \mathrm{d}\varGamma \mathrm{d}t.$$

证　不失一般性, 可假设 $\mathrm{rank}(D_1) = M_1$ 及 $\mathrm{rank}(D_2) = M_2$, 使得 $M_1 + M_2 = N$.

记 E_1 是一个 $M_1 \times N$ 矩阵, 满足 $\mathrm{Im}(E_1^{\mathrm{T}}) = V_s$. 由于 V_s 是 A^{T} 的一个不变子空间, 由引理 2.4 可得

$$A\mathrm{Ker}(E_1) \subseteq \mathrm{Ker}(E_1).$$

从而, 由引理 2.7 (其中取 $C_p = E_1$), 存在 M_1 阶矩阵 A_1, 使得

$$E_1 A = A_1 E_1. \tag{15.7}$$

类似地, 记 E_2 是一个 $M_2 \times N$ 矩阵, 满足 $\mathrm{Im}(E_2^{\mathrm{T}}) = \mathrm{Ker}(D_1^{\mathrm{T}})$. 由于 $\mathrm{Ker}(D_1^{\mathrm{T}})$ 是 A^{T} 的一个不变子空间, 由引理 2.4 可得

$$A\mathrm{Ker}(E_2) \subseteq \mathrm{Ker}(E_2).$$

于是, 由引理 2.7 (其中取 $C_p = E_2$), 存在 M_2 阶矩阵 A_2, 使得

$$E_2 A = A_2 E_2. \tag{15.8}$$

由于

$$\mathrm{Im}(E_1^{\mathrm{T}}) \bigoplus \mathrm{Im}(E_2^{\mathrm{T}}) = \mathrm{Ker}(D_1^{\mathrm{T}}) \bigoplus V_s = \mathbb{R}^N,$$

有

$$\Phi = E_1^{\mathrm{T}} \Phi_1 + E_2^{\mathrm{T}} \Phi_2, \tag{15.9}$$

其中 $\Phi_1 \in \mathbb{R}^{M_1}$, 而 $\Phi_2 \in \mathbb{R}^{M_2}$. 于是系统 (II*) 可被分解成

$$\begin{cases} \Phi_1'' - \Delta\Phi_1 + A_1^{\mathrm{T}}\Phi_1 = 0, & (t,x) \in (0,+\infty) \times \Omega, \\ \Phi_1 = 0, & (t,x) \in (0,+\infty) \times \Gamma, \\ t = 0: \quad (\Phi_1, \Phi_1') = (\widehat{\Phi}_{10}, \widehat{\Phi}_{11}), & x \in \Omega \end{cases} \tag{15.10}$$

及

$$\begin{cases} \Phi_2'' - \Delta\Phi_2 + A_2^{\mathrm{T}}\Phi_2 = 0, & (t,x) \in (0,+\infty) \times \Omega, \\ \Phi_2 = 0, & (t,x) \in (0,+\infty) \times \Gamma, \\ t = 0: \quad (\Phi_2, \Phi_2') = (\widehat{\Phi}_{20}, \widehat{\Phi}_{21}), \quad x \in \Omega. \end{cases} \tag{15.11}$$

首先, 由定理 7.1, 存在一个正常数 c, 使得子系统 (15.10) 的解 Φ_1 满足

$$\|(\widehat{\Phi}_{10}, \widehat{\Phi}_{11})\|_{(L^2(\Omega) \times H^{-1}(\Omega))^{M_1}}^2 \leqslant c \int_0^T \int_\omega |\Phi_1|^2 \mathrm{d}x\mathrm{d}t. \tag{15.12}$$

注意到

$$\mathrm{Ker}(D_1^{\mathrm{T}}) \cap \mathrm{Im}(E_1^{\mathrm{T}}) = \mathrm{Ker}(D_1^{\mathrm{T}}) \cap V_s = \{0\},$$

由引理 2.5, 有

$$\mathrm{rank}(E_1 D_1) = \mathrm{rank}(E_1^{\mathrm{T}}) = M_1.$$

于是 $E_1 D_1$ 是一个 M_1 阶可逆矩阵. 注意到 $\mathrm{Im}(E_2^{\mathrm{T}}) = \mathrm{Ker}(D_1^{\mathrm{T}})$, 就得到

$$D_1^{\mathrm{T}}\Phi = (E_1 D_1)^{\mathrm{T}}\Phi_1 + (E_2 D_1)^{\mathrm{T}}\Phi_2 = (E_1 D_1)^{\mathrm{T}}\Phi_1$$

及

$$c|\Phi_1|^2 \leqslant |(E_1 D_1)^{\mathrm{T}}\Phi_1|^2 = |D_1^{\mathrm{T}}\Phi|^2.$$

于是由 (15.12) 可得

$$\|(\widehat{\Phi}_{10}, \widehat{\Phi}_{11})\|_{(L^2(\Omega) \times H^{-1}(\Omega))^{M_1}}^2 \leqslant \int_0^T \int_\omega |D_1^{\mathrm{T}}\Phi|^2 \mathrm{d}x\mathrm{d}t. \tag{15.13}$$

接下来, 由 [40, 定理 3.3], 存在一个正常数 c, 使得子系统 (15.11) 的解 Φ_2 满足

$$\|(\widehat{\Phi}_{20}, \widehat{\Phi}_{21})\|_{(H_0^1(\Omega) \times L^2(\Omega))^{M_2}}^2 \leqslant c \int_0^T \int_\Gamma |\partial_\nu \Phi_2|^2 \mathrm{d}\Gamma\mathrm{d}t. \tag{15.14}$$

于是, 对 $(-\Delta)^{\frac{1}{2}}\Phi_2$ 应用不等式 (15.14) 可得

$$\|(-\Delta)^{\frac{1}{2}}(\widehat{\Phi}_{20},\widehat{\Phi}_{21})\|^2_{(H_0^1(\Omega)\times L^2(\Omega))^{M_2}} \leqslant c\int_0^T\int_\Gamma |\partial_\nu(-\Delta)^{\frac{1}{2}}\Phi_2|^2\mathrm{d}\Gamma\mathrm{d}t. \qquad (15.15)$$

由于 $(-\Delta)^{\frac{1}{2}}$ 是由 $H_0^1(\Omega)\times L^2(\Omega)$ 到 $L^2(\Omega)\times H^{-1}(\Omega)$ 的一个同构, 就有

$$\|(\widehat{\Phi}_{20},\widehat{\Phi}_{21})\|^2_{(L^2(\Omega)\times H^{-1}(\Omega))^{M_2}} \leqslant c\int_0^T\int_\Gamma |\partial_\nu(-\Delta)^{\frac{1}{2}}\Phi_2|^2\mathrm{d}\Gamma\mathrm{d}t. \qquad (15.16)$$

由于

$$\mathrm{Ker}(D_2^\mathrm{T})\cap\mathrm{Im}(E_2^\mathrm{T}) = \mathrm{Ker}(D_2^\mathrm{T})\cap\mathrm{Ker}(D_1^\mathrm{T}) = \{0\},$$

由引理 2.5 可知

$$\mathrm{rank}(E_2D_2) = \mathrm{rank}(E_2^\mathrm{T}) = M_2.$$

于是 E_2D_2 是一个 M_2 阶可逆矩阵. 注意到 (15.9), 有

$$D_2^\mathrm{T}\partial_\nu\Phi = (E_1D_2)^\mathrm{T}\partial_\nu\Phi_1 + (E_2D_2)^\mathrm{T}\partial_\nu\Phi_2, \quad (t,x)\in(0,T)\times\Gamma,$$

于是

$$|\partial_\nu(-\Delta)^{\frac{1}{2}}\Phi_2|^2 \leqslant |D_2^\mathrm{T}\partial_\nu(-\Delta)^{\frac{1}{2}}\Phi|^2 + c|\partial_\nu(-\Delta)^{\frac{1}{2}}\Phi_1|^2.$$

将其代入 (15.16) 可得

$$\begin{aligned}\|(\widehat{\Phi}_{20},\widehat{\Phi}_{21})&\|^2_{(L^2(\Omega)\times H^{-1}(\Omega))^{M_2}}\\ &\leqslant \int_0^T\int_\Gamma |D_2^\mathrm{T}\partial_\nu(-\Delta)^{\frac{1}{2}}\Phi|^2\mathrm{d}\Gamma\mathrm{d}t + c\int_0^T\int_\Gamma |\partial_\nu(-\Delta)^{\frac{1}{2}}\Phi_1|^2\mathrm{d}\Gamma\mathrm{d}t.\end{aligned} \qquad (15.17)$$

对子系统 (15.10) 应用正向不等式 (15.2), 有

$$\int_0^T \int_\Gamma |\partial_\nu (-\Delta)^{\frac{1}{2}} \Phi_1|^2 \mathrm{d}\Gamma \mathrm{d}t \leqslant c\|(\widehat{\Phi}_{10}, \widehat{\Phi}_{11})\|^2_{(L^2(\Omega) \times H^{-1}(\Omega))^{M_1}}. \tag{15.18}$$

将 (15.18) 代入 (15.17), 就得到

$$
\begin{aligned}
&\|(\widehat{\Phi}_{20}, \widehat{\Phi}_{21})\|^2_{(L^2(\Omega) \times H^{-1}(\Omega))^{M_2}} \\
\leqslant & \int_0^T \int_\Gamma |D_2^{\mathrm{T}} \partial_\nu (-\Delta)^{\frac{1}{2}} \Phi|^2 \mathrm{d}\Gamma \mathrm{d}t + c\|(\widehat{\Phi}_{10}, \widehat{\Phi}_{11})\|^2_{(L^2(\Omega) \times H^{-1}(\Omega))^{M_1}}.
\end{aligned}
\tag{15.19}
$$

最后, 结合 (15.19) 和 (15.13), 就得到 (15.6). 定理得证. □

注 15.1 为了匹配逼近能控性与精确能控性, 我们和定理 13.2 一样选择了协调内部观测和边界观测同样的条件. 当然, 根据实际情况还有很多其他的选择.

如下定义 Hilbert 范数

$$\|(\widehat{\Phi}_0, \widehat{\Phi}_1)\|^2_{\mathcal{F}} = \int_0^T \int_\omega |D_1^{\mathrm{T}} \Phi|^2 \mathrm{d}x \mathrm{d}t + \int_0^T \int_\Gamma |D_2^{\mathrm{T}} \partial_\nu (-\Delta)^{\frac{1}{2}} \Phi|^2 \mathrm{d}\Gamma \mathrm{d}t.$$

记 $\mathcal{F}$ 是 $(\mathcal{D}(\Omega) \times \mathcal{D}(\Omega))^N$ 在 $\mathcal{F}$ 范数下的完备化空间. 注意到不等式 (15.2) 和 (15.6), 就有

$$\mathcal{F} = (L^2(\Omega) \times H^{-1}(\Omega))^N.$$

于是, 对任意给定的 $(\Phi_0, \Phi_1) \in (L^2(\Omega) \times H^{-1}(\Omega))^N$, 可如下定义控制:

$$H = D_1^{\mathrm{T}} (-\Delta)^{1/2} \Phi, \quad G = D_2^{\mathrm{T}} \partial_\nu (-\Delta)^{\frac{1}{2}} \Phi. \tag{15.20}$$

由正向不等式 (15.2), 有

$$H \in (L^2(0, T; H^{-1}(\Omega)))^{M_1}, \quad G \in (L^2(0, T; L^2(\Gamma)))^{M_2}.$$

于是, 由 [56] 中经典的 Hilbert 唯一性方法, 易得

定理 15.3 设 $\Omega \subset \mathbb{R}^m$ 是具光滑边界 Γ 的有界区域, 且 Γ 满足乘子控制条件 (3.20), 而 $\omega \subset \Omega$ 是 Γ 的一个邻域. 进一步假设

(a) 控制矩阵 $D = (D_1, D_2)$ 满足秩条件 $\mathrm{rank}(D) = N$;

(b) $\mathrm{Ker}(D_1^{\mathrm{T}})$ 有一个补空间 V_s, 且 $\mathrm{Ker}(D_1^{\mathrm{T}})$ 和 V_s 均是 A^{T} 的不变子空间.

那么, 系统 (II) 在空间 $(L^2(\Omega) \times H^{-1}(\Omega))^N$ 中在时刻 $T > 2d_0(\Omega)$ 精确能控, 其中 $d_0(\Omega)$ 为由 (3.21) 定义的 Ω 的欧氏直径.

证 将 $(\widehat{\Phi}_0, \widehat{\Phi}_1) \in (L^2(\Omega) \times H^{-1}(\Omega))^N$ 作为初值, 求解伴随系统 (II*) 得到相应的解 Φ.

考察后向问题

$$
\begin{cases}
V'' - \Delta V + AV = D_1 \chi_\omega D_1^{\mathrm{T}} \Phi, & (t,x) \in (0,T) \times \Omega, \\
V = D_2 D_2^{\mathrm{T}} \partial_\nu (-\Delta)^{\frac{1}{2}} \Phi, & (t,x) \in (0,T) \times \Gamma, \\
t = T: \quad V = V' = 0, & x \in \Omega.
\end{cases}
\tag{15.21}
$$

记

$$
\Lambda(\widehat{\Phi}_0, \widehat{\Phi}_1) = (-\Delta)^{\frac{1}{2}} (-V'(0), V(0)).
$$

由命题 13.1, Λ 是由空间 $(L^2(\Omega) \times H^{-1}(\Omega))^N$ 到 $(L^2(\Omega) \times H_0^1(\Omega))^N$ 的连续线性算子.

将 $(\Psi_0, \Psi_1) \in (L^2(\Omega) \times H^{-1}(\Omega))^N$ 作为初值, 求解伴随系统 (II*) 得到相应的解 Ψ. 将 $(-\Delta)^{\frac{1}{2}} \Psi$ 作为乘子作用在问题 (15.21) 上, 并分部积分, 可得

$$
\langle (-V'(0), V(0)), ((-\Delta)^{\frac{1}{2}} \Psi_0, (-\Delta)^{\frac{1}{2}} \Psi_1) \rangle
$$

$$
= \int_0^T \int_\omega D_1^{\mathrm{T}} \Phi D_1^{\mathrm{T}} \Psi \mathrm{d}x \mathrm{d}t + \int_0^T \int_\Gamma D_2^{\mathrm{T}} \partial_\nu (-\Delta)^{\frac{1}{2}} \Phi \partial_\nu (-\Delta)^{\frac{1}{2}} \Psi \mathrm{d}\Gamma \mathrm{d}t,
$$

其中 $\langle \cdot, \cdot \rangle$ 表示空间 $(H^{-1}(\Omega) \times L^2(\Omega))^N$ 和 $(H_0^1(\Omega) \times L^2(\Omega))^N$ 间的对偶积, 即成立

$$
\langle (\Lambda(\widehat{\Phi}_0, \widehat{\Phi}_1), (\Psi_0, \Psi_1) \rangle = \langle (\widehat{\Phi}_0, \widehat{\Phi}_1), (\Psi_0, \Psi_1) \rangle_{\mathcal{F}},
$$

其中 $\langle\cdot,\cdot\rangle_{\mathcal{F}}$ 表示 $\mathcal{F}$ 中的内积. 由 Lax-Milgram 引理, Λ 是由 $\mathcal{F}$ 到 $\mathcal{F}'$ 的一个同构. 于是, 对任意给定的初值 $(-\widehat{U}_1, \widehat{U}_0) \in (H^{-1}(\Omega) \times L^2(\Omega))^N$, 存在唯一的初值 $(\widehat{\Phi}_0, \widehat{\Phi}_1) \in (L^2(\Omega) \times H^{-1}(\Omega))^N$, 使成立

$$\Lambda(\widehat{\Phi}_0, \widehat{\Phi}_1) = (-\Delta)^{\frac{1}{2}}(-\widehat{U}_1, \widehat{U}_0),$$

即后向问题 (15.21) 的解 V 满足

$$V(0) = \widehat{U}_0, \quad V'(0) = \widehat{U}_1.$$

这说明, 在由 (15.20) 给定的控制 (H, G) 下, 系统 (II) 精确能控.

此外, 控制 (H, G) 连续依赖于初值: 存在一个正常数 c, 使得

$$\|(H,G)\|_{(L^2(0,T;H^{-1}(\Omega)))^{M_1} \times (L^2(0,T;L^2(\Gamma)))^{M_2}}$$
$$\leqslant c\|(\widehat{\Phi}_0, \widehat{\Phi}_1)\|_{(L^2(\Omega) \times H^{-1}(\Omega))^N} \leqslant c\|\Lambda^{-1}\|\|(\widehat{U}_0, \widehat{U}_1)\|_{(L^2(\Omega) \times H^{-1}(\Omega))^N}. \tag{15.22}$$

定理得证. $\qquad\qquad\qquad\qquad\qquad\qquad\qquad\qquad\qquad\qquad\qquad\qquad\qquad\square$

§2. 非精确混合能控性

在本节中, 我们将证明: 若控制的个数少于 N, 由 N 个波动方程组成的耦合系统 (II) 无法实现精确能控性. 这将作为同步性研究中的一个基本工具与事实.

对任意给定的初值 $(\widehat{U}_0, \widehat{U}_1) \in (L^2(\Omega) \times H^{-1}(\Omega))^N$, 记

$$\mathcal{U}_{\mathrm{ad}}(\widehat{U}_0, \widehat{U}_1) \subseteq (L^2(0,T;H^{-1}(\Omega)))^{M_1} \times (L^2(0,T;L^2(\Gamma)))^{M_2}$$

为所有可在 $T > 0$ 时刻实现系统 (II) 精确能控性的控制 (H, G) 所组成的允许集. 由于集合 $\mathcal{U}_{\mathrm{ad}}(\widehat{U}_0, \widehat{U}_1)$ 是凸、闭且非空的, 由 Hilbert 投影定理, 存在唯一

的 $(H_0, G_0) \in \mathcal{U}_{\mathrm{ad}}(\widehat{U}_0, \widehat{U}_1)$, 使得

$$\|(H_0, G_0)\| = \inf_{(H, G) \in \mathcal{U}_{\mathrm{ad}}(\widehat{U}_0, \widehat{U}_1)} \|(H, G)\|. \tag{15.23}$$

命题 15.1 若系统 (II) 在时刻 $T > 0$ 精确能控, 则存在一个正常数 c, 使得对任意给定的初值 $(\widehat{U}_0, \widehat{U}_1) \in (L^2(\Omega) \times H^{-1}(\Omega))^N$, 最优控制 $(H_0, G_0) \in \mathcal{U}_{\mathrm{ad}}(\widehat{U}_0, \widehat{U}_1)$ 满足下述估计:

$$\|(H_0, G_0)\| \leqslant c \|(\widehat{U}_0, \widehat{U}_1)\|_{(L^2(\Omega) \times H^{-1}(\Omega))^N}. \tag{15.24}$$

证 对任意给定的 $(H, G) \in (L^2(0, T; H^{-1}(\Omega)))^{M_1} \times (L^2(0, T; L^2(\Gamma)))^{M_2}$, 求解后向问题 (15.21). 由命题 13.1, 由空间 $(L^2(0, T; H^{-1}(\Omega)))^{M_1} \times (L^2(0, T; L^2(\Gamma)))^{M_2}$ 到 $(L^2(\Omega) \times H^{-1}(\Omega))^N$ 的线性映射

$$\mathcal{T}: \quad (H, G) \to (V(0), V'(0)) \tag{15.25}$$

是连续的. 此外, 精确能控性蕴含着 $\mathcal{T}$ 是一个满射. 应用命题 7.2 就可得估计 (15.24). 命题得证. □

定理 15.4 假设控制的个数少于 N, 即 $\mathrm{rank}(D) < N$, 其中 $D = (D_1, D_2)$. 那么, 无论控制时间 $T > 0$ 多大, 由 N 个波动方程组成的耦合系统 (II) 在空间 $(L^2(\Omega) \times H^{-1}(\Omega))^N$ 中均不是精确能控性的.

证 记 $E \in \mathbb{R}^N$ 是一个单位向量, 满足

$$D_1^{\mathrm{T}} E = 0, \quad D_2^{\mathrm{T}} E = 0. \tag{15.26}$$

对任意给定的 $(\theta, \eta) \in L^2(\Omega) \times H^{-1}(\Omega)$, 选取如下特殊的初始资料:

$$t = 0: \quad U = \theta E, \quad U' = \eta E. \tag{15.27}$$

记 $(H, G) \in (L^2(0, T; H^{-1}(\Omega)))^{M_1} \times (L^2(0, T; L^2(\Gamma)))^{M_2}$ 是实现精确能控性且具

最小范数的控制. 由命题 15.1 可知, 存在一个不依赖于 (θ, η) 的正常数 c_1, 使得

$$\|(H, G)\| \leqslant c_1 \|(\theta, \eta)\|_{L^2(\Omega) \times H^{-1}(\Omega)}. \tag{15.28}$$

由适定性, 存在一个不依赖于 (θ, η) 的正常数 c_2, 使得

$$\|(U, U')\|_{(C^0([0,T]; L^2(\Omega) \times H^{-1}(\Omega)))^N} \leqslant c_2 \|(\theta, \eta)\|_{L^2(\Omega) \times H^{-1}(\Omega)}. \tag{15.29}$$

由 [54, 定理 5.1] 可知, 嵌入

$$L^2(0, T; L^2(\Omega)) \cap H^1(0, T; H^{-1}(\Omega)) \hookrightarrow L^2(0, T; H^{-1}(\Omega)) \tag{15.30}$$

是紧的, 从而由空间 $L^2(\Omega) \times H^{-1}(\Omega)$ 到 $(L^2(0, T; H^{-1}(\Omega)))^N$ 的映射

$$(\theta, \eta) \to U \tag{15.31}$$

也是紧的.

注意到 (15.26), 将 E 作用到系统 (II) 上, 并记 $w = E^{\mathrm{T}} U$, 可得下述后向问题:

$$\begin{cases} w'' - \Delta w = -E^{\mathrm{T}} A U, & (t, x) \in (0, T) \times \Omega, \\ w = 0, & (t, x) \in (0, T) \times \Gamma, \\ t = T: \quad w = 0, \quad w' = 0, \quad x \in \Omega. \end{cases} \tag{15.32}$$

由映射 (15.31) 的紧性, 由空间 $L^2(\Omega) \times H^{-1}(\Omega)$ 到 $C^0([0, T]; L^2(\Omega) \times H^{-1}(\Omega))$ 的映射

$$(\theta, \eta) \to (w, w') \tag{15.33}$$

也是紧的.

特别地, 注意到初始条件:

$$t = 0: \quad w = \theta, \quad w' = \eta, \quad x \in \Omega, \tag{15.34}$$

恒等映射

$$(\theta, \eta) \rightarrow (w(0), w'(0)) = (\theta, \eta) \tag{15.35}$$

在空间 $L^2(\Omega) \times H^{-1}(\Omega)$ 中也是紧的, 这就得到矛盾. 定理得证.   □

注 15.2 当 $D_2 = 0$ 时, 由 $\mathrm{Ker}(D_1^{\mathrm{T}}) = \mathbb{R}^N$ 可知零空间是 $\mathrm{Ker}(D_1^{\mathrm{T}})$ 的一个补空间. 这再一次得到第七章中关于精确内部能控性的结果.

由于 (13.4) 中控制矩阵 D 的秩可能远小于 N, 这也是考虑逼近能控性相对于考虑精确能控性的一个优势. 下述结果表明了逼近能控性的特征.

命题 15.2 系统 (II) 在时刻 $T > 0$ 精确能控, 当且仅当在空间

$$(L^2(0, T; H^{-1}(\Omega)))^{M_1} \times (L^2(0, T; L^2(\Gamma)))^{M_2}$$

中存在有界控制序列 $\{(H_n, G_n)\}_{n \in \mathbb{N}}$, 而在此控制列下, 系统 (II) 逼近能控.

证 对任意给定的 $(\widehat{U}_0, \widehat{U}_1) \in (L^2(\Omega) \times H^{-1}(\Omega))^N$, 记 $\{(H_n, G_n)\}_{n \in \mathbb{N}}$ 是实现系统 (II) 逼近能控性的有界控制列.

设 $(H, G) \in (L^2(0, T; H^{-1}(\Omega)))^{M_1} \times (L^2(0, T; L^2(\Gamma)))^{M_2}$, 使得: 当 $n \rightarrow +\infty$ 时, 在空间 $(L^2(0, T; H^{-1}(\Omega)))^{M_1} \times (L^2(0, T; L^2(\Gamma)))^{M_2}$ 中成立

$$(H_n, G_n) \rightharpoonup (H, G). \tag{15.36}$$

取控制函数 $H = H_n$ 和 $G = G_n$, 记 $\{U_n\}_{n \in \mathbb{N}}$ 是问题 (II)—(II$_0$) 的解序列, 在弱拓扑下, 解 $\{U_n\}$ 连续地依赖于 $H = H_n$ 和 $G = G_n$, 即在空间 $(L^2(0, T; L^2(\Omega)) \cap H^1(0, T; H^{-1}(\Omega)))^N$ 中, 当 $n \rightarrow +\infty$ 时, U_n 弱收敛于 U.

对任意给定的初值 $(\widehat{\Phi}_0, \widehat{\Phi}_1) \in (H_0^1(\Omega) \times L^2(\Omega))^N$, 设 Φ 是系统 (II*) 相应的解. 对任意给定的 t $(0 < t < T)$, 将 Φ 作为乘子作用到系统 (II) 上, 在 $[0, t] \times \Omega$ 上分部积分, 并当 $n \rightarrow +\infty$ 时取极限, 可得

$$\langle (U(t), U'(t)), (\Phi'(t), -\Phi(t)) \rangle$$
$$= \langle (\widehat{U}_0, \widehat{U}_1), (\widehat{\Phi}_1, -\widehat{\Phi}_0) \rangle + \int_0^t \int_\Omega \Phi^{\mathrm{T}} D_1 \chi_\omega H \mathrm{dx}\mathrm{dt} - \int_0^t \int_\Gamma \partial_\nu \Phi^{\mathrm{T}} D_2 G \mathrm{d}\Gamma \mathrm{dt}, \tag{15.37}$$

其中 $\langle \cdot, \cdot \rangle$ 表示空间 $(L^2(\Omega) \times H^{-1}(\Omega))^N$ 和 $(L^2(\Omega) \times H_0^1(\Omega))^N$ 的对偶积. 这说明 U 是系统 (II) 具初始条件 $(\widehat{U}_0, \widehat{U}_1)$ 的弱解, 而控制 (H, G) 由 (15.36) 的弱极限给定. 特别地, 注意到 (13.3), 有 $U(T) = U'(T) = 0$, 于是系统 (II) 精确能控.

另一个方向是平凡的. □

作为定理 15.4 和命题 15.2 的一个结论, 可得

命题 15.3 设 $\Omega \subset \mathbb{R}^m$ 是具光滑边界 Γ 的有界区域, 且 ω 是 Ω 的一个子区域. 假设在条件 $\mathrm{rank}(D) < N$ 成立的前提下, 系统 (II) 逼近能控, 那么至少存在一个初值 $(\widehat{U}_0, \widehat{U}_1)$, 使得相应的混合控制列 $\{(H_n, G_n)\}_{n \in \mathbb{N}}$ 无界.

第十六章

分组精确混合同步性

在本章中, 我们将考虑混合控制下的分组精确同步性, 研究分组 C_p-相容性条件的必要性, 分组精确同步态关于所施控制的依赖性等问题. 本章的内容主要取自 [52].

§ 1. 分组精确混合同步性

设整数 $p \geqslant 1$ 且

$$0 = n_0 < n_1 < \cdots < n_p = N, \qquad (16.1)$$

其中, 对所有的 $1 \leqslant r \leqslant p$, 都有 $n_r - n_{r-1} \geqslant 2$.

将状态变量 U 的分量划分为 p 组:

$$(u^{(1)}, \cdots, u^{(n_1)}), \ (u^{(n_1+1)}, \cdots, u^{(n_2)}), \cdots, (u^{(n_{p-1}+1)}, \cdots, u^{(n_p)}). \qquad (16.2)$$

定义 16.1 称系统 (II) 在时刻 $T > 0$ 分 p 组精确同步, 若对任意给定的初值 $(\widehat{U}_0, \widehat{U}_1) \in (L^2(\Omega) \times H^{-1}(\Omega))^N$, 存在紧支撑于 $[0, T]$ 中的控制 $(H, G) \in (L^2(0, +\infty; H^{-1}(\Omega)))^{M_1} \times (L^2(0, +\infty; L^2(\Gamma)))^{M_2}$, 使得系统 (II) 相应的解 $U =$

$U(t, x)$ 满足

$$t \geqslant T: \quad u^{(k)} = u_r, \quad n_{r-1} + 1 \leqslant k \leqslant n_r, \quad 1 \leqslant r \leqslant p. \tag{16.3}$$

其中, 向量函数 $(u_1, \cdots, u_p)^{\mathrm{T}}$ 称为**分 p 组精确同步态**.

设 C_p 和 $e_1, \cdots, e_p$ 分别由 (2.10) 和 (2.12) 给定. 分 p 组精确同步性 (16.3) 可等价地改写成

$$t \geqslant T: \quad C_p U = 0, \tag{16.4}$$

或等价地改写为

$$t \geqslant T: \quad U = \sum_{r=1}^{p} e_r u_r. \tag{16.5}$$

假设 A 满足 C_p-相容性条件 (14.7). 由引理 2.7, 存在 $(N - p)$ 阶矩阵 A_p, 使得 $C_p A = A_p C_p$. 将 C_p 作用到系统 (II) 上, 且记 $W_p = C_p U$, 就得到如下的化约系统:

$$\begin{cases} W_p'' - \Delta W_p + A_p W_p = D_{p1} \chi_\omega H, & (t, x) \in (0, +\infty) \times \Omega, \\ W_p = D_{p2} G, & (t, x) \in (0, +\infty) \times \Gamma \end{cases} \tag{16.6}$$

及初始条件

$$t = 0: \quad W_p = C_p \widehat{U}_0, \quad W_p' = C_p \widehat{U}_1, \quad x \in \Omega, \tag{16.7}$$

其中

$$D_{p1} = C_p D_1, \quad D_{p2} = C_p D_2. \tag{16.8}$$

注意到(16.5), 系统 (II) 的分 p 组精确同步性等价于化约系统(16.6)的精确能控性.

将定理 15.3 直接应用于化约系统 (16.6), 就得到下述结果.

定理 16.1 设 $\Omega \subset \mathbb{R}^m$ 是具光滑边界 Γ 的有界区域, 且 Γ 满足乘子控制条件 (3.20), 而 $\omega \subset \Omega$ 是 Γ 的一个邻域. 假设 A 满足 C_p-相容性条件 (14.7). 进一步假设

(a) 控制矩阵 $D_p = (D_{p1}, D_{p2})$ 满足条件 $\mathrm{rank}(D_p) = N - p$;

(b) $\mathrm{Ker}(D_{p1}^{\mathrm{T}})$ 有一个补空间 V_{ps}, 且 $\mathrm{Ker}(D_{p1}^{\mathrm{T}})$ 和 V_{ps} 均是 A_p^{T} 的不变子空间.

那么, 系统 (II) 在时刻 $T > 2d_0(\Omega)$ 分 p 组精确同步, 其中 $d_0(\Omega)$ 为由 (3.21) 定义的 Ω 的欧氏直径.

定理 16.2 设 $\Omega \subset \mathbb{R}^m$ 是具光滑边界 Γ 的有界区域, 且 Γ 满足乘子控制条件 (3.20), 而 $\omega \subset \Omega$ 是 Γ 的一个邻域. 假设 A 满足 C_p-相容性条件 (14.7). 进一步假设

(a) 控制矩阵 $D_p = (D_{p1}, D_{p2})$ 满足条件 $\mathrm{rank}(D_p) = N - p$;

(b) $\mathrm{Ker}(D_1^{\mathrm{T}})$ 有一个补空间 V_s, 且 $\mathrm{Ker}(D_1^{\mathrm{T}})$ 和 V_s 均是 A^{T} 的不变子空间.

那么, 系统 (II) 在时刻 $T > 2d_0(\Omega)$ 分 p 组精确同步, 其中 $d_0(\Omega)$ 为由 (3.21) 定义的 Ω 的欧氏直径.

证 我们要验证定理 16.1 中的所有假设都成立.

首先,

$$\mathrm{rank}(D_p) = \mathrm{rank}(C_p(D_1, D_2)) = \mathrm{rank}(C_p D) = N - p.$$

另一方面, $\mathrm{Ker}(D_1^{\mathrm{T}})$ 是 A^{T} 的不变子空间, 由引理 2.1, $\mathrm{Ker}(D_1)^{\mathrm{T}} = V_1$ 是 A^{T} 包含在 $\mathrm{Ker}(D_1)^{\mathrm{T}}$ 中的最大不变子空间. 类似地, $\mathrm{Ker}(D_{p1}^{\mathrm{T}}) = V_{p1}$ 是 A_p^{T} 包含在 $\mathrm{Ker}(D_{p1})^{\mathrm{T}}$ 中的最大不变子空间. 由命题 14.1 可知, $\mathrm{Ker}(D_{p1}^{\mathrm{T}})$ 有一个补空间 $V_{ps} = (C_p^{\mathrm{T}})^{-1} V_s$, 且 $\mathrm{Ker}(D_{p1}^{\mathrm{T}})$ 和 V_{ps} 都是 A_p^{T} 的不变子空间. 定理得证. □

§ 2. C_p-相容性条件

命题 16.1 假设系统 (II) 分 p 组精确同步, 则必成立

$$\mathrm{rank}(C_p D) = N - p, \tag{16.9}$$

其中 $D = (D_1, D_2)$. 此外, 若

$$\text{rank}(D) = N - p, \tag{16.10}$$

则 A 必满足 C_p-相容性条件 (14.7).

证　设 $C_{\widetilde{p}}$ 是由 (2.25) 定义的扩张矩阵. 由引理 2.7, 存在 $(N - \widetilde{p})$ 阶矩阵 $A_{\widetilde{p}}$, 使得 $C_{\widetilde{p}}A = A_{\widetilde{p}}C_{\widetilde{p}}$. 将 $C_{\widetilde{p}}$ 作用到系统 (II) 上, 且记 $W_{\widetilde{p}} = C_{\widetilde{p}}U$, 就得到如下的化约系统:

$$\begin{cases} W_{\widetilde{p}}'' - \Delta W_{\widetilde{p}} + A_{\widetilde{p}}W_{\widetilde{p}} = C_{\widetilde{p}}D_1\chi_\omega H, & (t, x) \in (0, +\infty) \times \Omega, \\ W_{\widetilde{p}} = C_{\widetilde{p}}D_2 G, & (t, x) \in (0, +\infty) \times \Gamma. \end{cases} \tag{16.11}$$

注意到 (16.4), 将 $C_p, C_pA, \cdots$ 依次作用到系统 (II) 上, 可得

$$t \geqslant T: \quad C_pU = C_pAU = \cdots = 0, \tag{16.12}$$

即

$$t \geqslant T: \quad C_{\widetilde{p}}U = 0. \tag{16.13}$$

于是, 系统 (16.11) 精确能控. 由定理 15.4 可得

$$\text{rank}(C_{\widetilde{p}}D) = N - \widetilde{p}. \tag{16.14}$$

注意到 (16.10), 由引理 2.9 可得 C_p-相容性条件 (14.7). 命题得证.　　□

§3. 分组精确混合同步的能达集

命题 16.2　记 $D = (D_1, D_2)$, 假设在条件 $\text{rank}(D) = N - p$ 成立的前提下, 系统 (II) 分 p 组精确同步, 则必成立

$$\text{Ker}(D^{\text{T}}) \bigoplus \text{Im}(C_p^{\text{T}}) = \mathbb{R}^N. \tag{16.15}$$

进一步假设 $\mathrm{Ker}(D^{\mathrm{T}})$ 是 A^{T} 的不变子空间, 那么分 p 组精确同步态不依赖于所施的控制.

证 由命题 16.1 可知

$$\mathrm{rank}(C_p D) = \mathrm{rank}(C_p) = N - p. \tag{16.16}$$

由引理 2.5, 条件 (16.16) 蕴含着 $\mathrm{Ker}(D^{\mathrm{T}}) \cap \mathrm{Im}(C_p^{\mathrm{T}}) = \{0\}$. 由于 $\dim \mathrm{Ker}(D^{\mathrm{T}}) = \dim \mathrm{Ker}(C_p)$, 由引理 2.3, $\mathrm{Ker}(D^{\mathrm{T}})$ 是 $\mathrm{Im}(C_p^{\mathrm{T}})$ 的一个补空间.

由于 $\mathrm{Ker}(D^{\mathrm{T}})$ 是 A^{T} 的不变子空间, 由引理 2.1, $\mathrm{Ker}(D^{\mathrm{T}})$ 事实上就是 A^{T} 包含在 $\mathrm{Ker}(D^{\mathrm{T}})$ 中的最大不变子空间. 记 $\mathrm{Ker}(D^{\mathrm{T}}) = V = \mathrm{Span}\{\mathcal{E}_1, \cdots, \mathcal{E}_p\}$. 由命题 14.2 (其中取 $d = p$), U 在 V 上的投影 $(\psi_1, \cdots, \psi_p)^{\mathrm{T}}$ 不依赖于所施的控制.

注意到 (16.5), 有

$$t \geqslant T: \quad \psi_r = \mathcal{E}_r^{\mathrm{T}} U = \sum_{s=1}^{p} \mathcal{E}_r^{\mathrm{T}} e_s u_s = u_r, \quad 1 \leqslant r \leqslant p. \tag{16.17}$$

因此, 分 p 组精确同步态 $(u_1, \cdots, u_p)^{\mathrm{T}}$ 不依赖于所施的控制. 命题得证. $\qquad\square$

对任意给定的初值 $(\widehat{U}_0, \widehat{U}_1) \in (L^2(\Omega) \times H^{-1}(\Omega))^N$, 记 $\mathcal{U}_{ad}(\widehat{U}_0, \widehat{U}_1)$ 为所有可实现系统 (II) 分 p 组精确混合同步性的控制 (H, G) 所组成的允许集, 而

$$\mathcal{A}_t(\widehat{U}_0, \widehat{U}_1) = \{(u(t), u'(t)), \quad (H, G) \in \mathcal{U}_{ad}(\widehat{U}_0, \widehat{U}_1)\} \tag{16.18}$$

为当控制 (H, G) 遍历 $\mathcal{U}_{ad}(\widehat{U}_0, \widehat{U}_1)$ 时分 p 组精确混合同步在时刻 $t \geqslant T$ 的能达集.

定理 16.3 设 $\Omega \subset \mathbb{R}^m$ 是具光滑边界 Γ 的有界区域, 且 Γ 满足乘子控制条件 (3.20), 而 $\omega \subset \Omega$ 是 Γ 的一个邻域. 记 $D = (D_1, D_2)$, 假设在秩条件 $\mathrm{rank}(D) = N - p$ 成立的前提下, 系统 (II) 在时刻 $T > 0$ 分 p 组精确同步且逼近能控. 那么 $\mathcal{A}_{2T}(\widehat{U}_0, \widehat{U}_1)$ 在空间 $(L^2(\Omega) \times H^{-1}(\Omega))^p$ 中稠密.

证 首先, 对任意给定的 $(\widehat{U}_0, \widehat{U}_1) \in (L^2(\Omega) \times H^{-1}(\Omega))^N$, 由逼近能控性, 当控

制 (H_c, G_c) 遍历空间 $(L^2(0,T;H^{-1}(\Omega)))^{M_1} \times (L^2(0,T;L^2(\Gamma)))^{M_2}$ 时, 问题

$$\begin{cases} U_c'' - \Delta U_c + A U_c = D_1 \chi_\omega H_c, & (t,x) \in (0,T) \times \Omega, \\ U_c = D_2 G_c, & (t,x) \in (0,T) \times \Gamma, \\ t = 0: \quad U_c = \widehat{U}_0, \quad U_c' = \widehat{U}_1, & x \in \Omega \end{cases} \tag{16.19}$$

的解所决定的子空间

$$\mathcal{C}(\widehat{U}_0, \widehat{U}_1) = \big\{ (U_c(T), U_c'(T)) \big\} \tag{16.20}$$

在空间 $(L^2(\Omega) \times H^{-1}(\Omega))^N$ 中稠密.

其次, 对任意给定的 $(U_T, V_T) \in (L^2(\Omega) \times H^{-1}(\Omega))^N$, 存在控制

$$(H_s, G_s) \in (L^2(0,T;H^{-1}(\Omega)))^{M_1} \times (L^2(0,T;L^2(\Gamma)))^{M_2}$$

可实现问题

$$\begin{cases} U_s'' - \Delta U_s + A U_s = D_1 \chi_\omega H_s, & (t,x) \in (T,+\infty) \times \Omega, \\ U_s = D_2 G_s, & (t,x) \in (T,+\infty) \times \Gamma, \\ t = T: \quad U_s = U_T, \quad U_s' = V_T, & x \in \Omega \end{cases} \tag{16.21}$$

的分 p 组精确同步性. 此外, 假设控制 (H_s, G_s) 的范数最小, 那么存在一个正常数 c, 使得

$$\|(U_s, U_s')\|_{(C^0([T,2T];L^2(\Omega) \times H^{-1}(\Omega)))^N} \leqslant c \|(U_T, V_T)\|_{(L^2(\Omega) \times H^{-1}(\Omega))^N}. \tag{16.22}$$

由 [54, 定理 5.1] 或 [71, 推论 5, p. 86], 嵌入

$$C^0([T,2T];L^2(\Omega)) \cap C^1([T,2T];H^{-1}(\Omega)) \hookrightarrow L^2(T,2T;L^2(\Omega)) \tag{16.23}$$

是紧的, 从而由空间 $(L^2(\Omega) \times H^{-1}(\Omega))^N$ 到 $(L^2(T, 2T; L^2(\Omega)))^N$ 的映射

$$(U_T, V_T) \to U_s \tag{16.24}$$

也是紧的.

对 $r = 1, \cdots, p$, 将 E_r^{T} 作用到问题 (16.21) 上, 并记 $\phi_r = E_r^{\mathrm{T}} U_s$, 可得到下述问题:

$$\begin{cases} \phi_r'' - \Delta \phi_r = -E_r^{\mathrm{T}} A U_s, & (t, x) \in (T, 2T) \times \Omega, \\ \phi_r = 0, & (t, x) \in (T, 2T) \times \Gamma, \\ t = T: \quad \phi_r = E_r^{\mathrm{T}} U_T, \quad \phi_r' = E_r^{\mathrm{T}} V_T, \quad x \in \Omega. \end{cases} \tag{16.25}$$

为得到完整的问题, 在 (16.25) 中加入下述问题:

$$\begin{cases} W_p'' - \Delta W_p = 0, & (t, x) \in (T, 2T) \times \Omega, \\ W_p = 0, & (t, x) \in (T, 2T) \times \Gamma, \\ t = T: \quad W_p = C_p U_T, \quad W_p' = C_p V_T, \quad x \in \Omega. \end{cases} \tag{16.26}$$

记

$$\Phi = \begin{pmatrix} \phi_1 \\ \vdots \\ \phi_p \\ W_p \end{pmatrix}, \quad F = \begin{pmatrix} E_1^{\mathrm{T}} A U_s \\ \vdots \\ E_p^{\mathrm{T}} A U_s \\ 0 \end{pmatrix}. \tag{16.27}$$

将 (16.25)—(16.26) 改写成下述形式:

$$\begin{cases} \Phi'' - \Delta \Phi = -F, & (t, x) \in (T, 2T) \times \Omega, \\ \Phi = 0, & (t, x) \in (T, 2T) \times \Gamma, \\ t = T: \quad \Phi = B U_T, \quad \Phi' = B V_T, \quad x \in \Omega, \end{cases} \tag{16.28}$$

其中 $B = (E_1, \cdots, E_p, C_p^{\mathrm{T}})^{\mathrm{T}}$ 是一个可逆矩阵.

由映射 (16.24) 的紧性, (16.28) 的右端项也是紧的. 于是, 与 (11.27) 所述一致, 可记

$$(\Phi(2T), \Phi'(2T)) = (R - L)(U_T, V_T), \tag{16.29}$$

其中 R 是一个连续同构, 而 L 是 $(L^2(\Omega) \times H^{-1}(\Omega))^N$ 中的一个紧映射. 由 Fredholm 择一原理 (参见 [8]), 与定理 11.2 所述一致, 可说明 $(R - L)$ 是空间 $(L^2(\Omega) \times H^{-1}(\Omega))^N$ 中的一个同构. 对任意给定的 $(\Psi(2T), \Psi'(2T)) \in (L^2(\Omega) \times H^{-1}(\Omega))^N$, 定义

$$(U_T, V_T) = (R - L)^{-1}(\Psi(2T), \Psi'(2T)). \tag{16.30}$$

由 $\mathcal{C}(\widehat{U}_0, \widehat{U}_1)$ 的稠密性, 对任意给定的 $\epsilon > 0$, 在空间 $(L^2(0, T; H^{-1}(\Omega)))^{M_1} \times (L^2(0, T; L^2(\Gamma)))^{M_2}$ 中存在控制 (H_c, G_c), 使得

$$\|(U_T, V_T) - U_c(T), U_c'(T))\|_{(L^2(\Omega) \times H^{-1}(\Omega))^N} \leqslant c\epsilon, \tag{16.31}$$

即

$$\|(\Psi(2T), \Psi'(2T)) - (R - L)(U_c(T), U_c'(T))\|_{(L^2(\Omega) \times H^{-1}(\Omega))^N} \leqslant c\epsilon, \tag{16.32}$$

其中 c 是一个正常数.

应用 (16.17), 由 (16.32), 对 $r = 1, \cdots, p$ 成立

$$\|(\psi_r(2T), \psi_r'(2T)) - (u_r(2T), u_r'(2T))\|_{L^2(\Omega) \times H^{-1}(\Omega)} \leqslant c\epsilon. \tag{16.33}$$

最后, 取

$$H = \begin{cases} H_c, & t \in (0, T), \\ H_s, & t \in (T, 2T), \\ 0, & t > 2T \end{cases}, \quad G = \begin{cases} G_c, & t \in (0, T), \\ G_s, & t \in (T, 2T), \\ 0, & t > 2T. \end{cases} \tag{16.34}$$

于是, 混合控制 (H, G) 能够实现系统 (II) 在 $2T$ 时刻的分 p 组精确同步性, 且

对 $r = 1, \cdots, p$, $(u_r(2T), u'_r(2T))$ 在空间 $L^2(\Omega) \times H^{-1}(\Omega)$ 中稠密. 定理得证.   □

定理 16.4 设 $\Omega \subset \mathbb{R}^m$ 是具光滑边界 Γ 的有界区域, 且 Γ 满足乘子控制条件 (3.20), 而 $\omega \subset \Omega$ 是 Γ 的一个邻域. 设 C_q 由 (2.41) 给定, 且 $D = (D_1, D_2)$. 假设系统 (II) 在秩条件 $\text{rank}(D) = N - p$ 成立的前提下, 在时刻 $T > 0$ 分 p 组精确同步, 且在最小秩条件

$$\text{rank}(D, AD, \cdots, A^{N-1}D) = N - q \tag{16.35}$$

成立的前提下, 在时刻 $T > 0$ 逼近 C_q 同步, 那么存在投影算子 P 和 Q, 使得 $P\mathcal{A}_{2T}(\widehat{U}_0, \widehat{U}_1)$ 在 $(L^2(\Omega) \times H^{-1}(\Omega))^{\overline{p}}$ 中稠密, 而 $Q\mathcal{A}_{2T}(\widehat{U}_0, \widehat{U}_1)$ 不依赖于所施的控制.

证 注意到 (2.51), 由引理 2.7 (其中取 $C_p = C_q$), 存在一个 $(N - q)$ 阶矩阵 $\bar{A}$, 使成立 $C_q A = \bar{A} C_q$. 将 C_q 作用到系统 (II) 上, 并记

$$\overline{U} = C_q U$$

及

$$\overline{D} = (\overline{D}_1, \overline{D}_2), \text{ 其中 } \overline{D}_1 = C_q D_1, \text{ 而 } D_2 = C_q D_2,$$

就可以得到化约系统:

$$\begin{cases} \overline{U}'' - \Delta \overline{U} + \bar{A}\overline{U} = \overline{D}_1 \chi_\omega H, & (t, x) \in (0, +\infty) \times \Omega, \\ \overline{U} = \overline{D}_2 G, & (t, x) \in (0, +\infty) \times \Gamma, \end{cases} \tag{16.36}$$

且其在空间 $(L^2(\Omega) \times H^{-1}(\Omega))^{N-q}$ 中逼近能控. 定义

$$C_{pq} = C_p C_q^{\mathrm{T}}, \quad \overline{p} = p - q. \tag{16.37}$$

由引理 2.13, C_{pq} 是一个 $(N-p) \times (N-q)$ 行满秩矩阵. 记

$$\operatorname{Ker}(C_{pq}) = \operatorname{Span}\{\overline{e}_1, \cdots, \overline{e}_{\overline{p}}\} \tag{16.38}$$

及

$$C_p U = C_{pq} \overline{U}. \tag{16.39}$$

化约系统 (16.36) 在空间 $(L^2(\Omega) \times H^{-1}(\Omega))^{N-q}$ 中分 $\overline{p}$ 组精确同步, 即成立

$$t \geqslant T: \quad \overline{U} = \sum_{l=1}^{\overline{p}} \overline{e}_l \overline{u}_l. \tag{16.40}$$

另一方面, 由命题 16.1 可知 $\operatorname{rank}(C_p D) = N - p$. 由于 $\operatorname{Ker}(C_q) \subseteq \operatorname{Ker}(C_p)$, 可得

$$N - p = \operatorname{rank}(C_p D) \leqslant \operatorname{rank}(C_q D) \leqslant N - p.$$

因此有

$$\operatorname{rank}(\overline{D}) = \operatorname{rank}(C_q D) = N - p = \overline{N} - \overline{p},$$

其中

$$\overline{N} = N - q, \quad \overline{p} = p - q.$$

对化约系统 (16.36) 应用定理 16.3 可知, 化约系统 (16.36) 的分 $\overline{p}$ 组精确混合同步的能达集 $\overline{\mathcal{A}}_{2T}(\widehat{U}_0, \widehat{U}_1)$ 在 $(L^2(\Omega) \times H^{-1}(\Omega))^{\overline{p}}$ 中稠密.

现将 (16.5) 和 (16.40) 代入关系式 $\overline{U} = C_q U$ 中, 可得

$$t \geqslant T: \quad \overline{u}_l = \sum_{r=1}^{p} \overline{e}_l^{\mathrm{T}} C_q e_r u_r. \tag{16.41}$$

取 $\overline{p} \times p$ 投影矩阵

$$P = (\overline{e}_1, \cdots, \overline{e}_{\overline{p}})^{\mathrm{T}} C_q (e_1, \cdots, e_p) = (\overline{e}_l^{\mathrm{T}} C_q e_r)_{1 \leqslant l \leqslant \overline{p}; 1 \leqslant r \leqslant p},$$

可得

$$P \mathcal{A}_{2T}(\widehat{U}_0, \widehat{U}_1) = \bar{\mathcal{A}}_{2T}(\widehat{U}_0, \widehat{U}_1),$$

且由定理 16.3, $P \mathcal{A}_{2T}(\widehat{U}_0, \widehat{U}_1)$ 在 $(L^2(\Omega) \times H^{-1}(\Omega))^{\overline{p}}$ 中稠密.

另一方面, 记

$$V = \mathrm{Span}\{\mathcal{E}_1, \cdots, \mathcal{E}_q\} \tag{16.42}$$

为 A^{T} 包含在 $\mathrm{Ker}(D^{\mathrm{T}})$ 中的最大不变子空间. 注意到 (16.5), 有

$$t \geqslant T: \quad \psi_l = \mathcal{E}_l^{\mathrm{T}} U = \sum_{r=1}^{p} \mathcal{E}_l^{\mathrm{T}} e_r u_r, \quad l = 1, \cdots, q. \tag{16.43}$$

于是, 取 $q \times p$ 投影矩阵

$$Q = (\mathcal{E}_1, \cdots, \mathcal{E}_q)^{\mathrm{T}} (e_1, \cdots, e_p) = (\mathcal{E}_l^{\mathrm{T}} e_r)_{1 \leqslant l \leqslant q; 1 \leqslant r \leqslant p},$$

就有

$$Q \mathcal{A}_{2T}(\widehat{U}_0, \widehat{U}_1) = (\psi_1, \cdots, \psi_q)^{\mathrm{T}},$$

且由命题 14.2, $Q \mathcal{A}_{2T}(\widehat{U}_0, \widehat{U}_1)$ 不依赖于所施的控制. 定理得证. $\square$

注 16.1 也可以像第十一章第 §4 节中一样,对定理 16.4 进行说明. $\mathcal{A}_{2T}(\widehat{U}_0, \widehat{U}_1)$ 在 $\mathrm{Ker}(Q)$ 上的投影在 $(L^2(\Omega) \times H^{-1}(\Omega))^{\overline{p}}$ 中稠密, 而在 $\mathrm{Ker}(P)$ 上的投影不依赖于所施的控制.

§4. 分组精确混合同步的稳定性

由于精确同步性蕴含着逼近同步性, 定理 14.7 在分组精确同步性的框架中同样适用. 因此, 成立

命题 16.3 设 $\Omega \subset \mathbb{R}^m$ 是具光滑边界 Γ 的有界区域, 且 Γ 满足乘子控制条件 (3.20), 而 $\omega \subset \Omega$ 是 Γ 的一个邻域. 假设系统 (II) 分 p 组精确同步, 那么下述论断等价:

(a) 控制矩阵 $D = (D_1, D_2)$ 满足 Kalman 秩条件 (14.34);

(b) $\text{Im}(C_p^{\mathrm{T}})$ 是 A^{T} 的不变子空间, 且有一个补空间 V, 使得系统 (II) 在 V 上的投影不依赖于所施的控制;

(c) $\text{Im}(C_p^{\mathrm{T}})$ 是 A^{T} 的不变子空间, 且有一个补空间 V, 使得 V 是 A^{T} 包含在 $\text{Ker}(D^{\mathrm{T}})$ 中的不变子空间.

注 16.2 在 Kalman 秩条件 (14.34) 成立的前提下, 为了实现分 p 组逼近同步性, A^{T} 应在分解 $\text{Im}(C_p^{\mathrm{T}}) \bigoplus \text{Ker}(D^{\mathrm{T}})$ 下可分块对角化. 这是耦合矩阵 A 需要满足的一个重要的代数条件. 此外, 当 A^{T} 在 $\text{Im}(C_p^{\mathrm{T}}) \bigoplus V = \mathbb{R}^N$ 这组基下可分块对角化时, 可取 $\text{Ker}(D_1^{\mathrm{T}}) = V$ 和 $D_2 = 0$. 于是我们再次遇到了命题 11.4 中所描述的情形. 因此系统 (II) 在此情形下分 p 组精确同步.

定理 16.5 设 $\Omega \subset \mathbb{R}^m$ 是具光滑边界 Γ 的有界区域, 且 Γ 满足乘子控制条件 (3.20), 而 $\omega \subset \Omega$ 是 Γ 的一个邻域. 取控制矩阵 $D = (D_1, D_2) \in \mathbb{D}_p^*$, 假设系统 (II) 分 p 组精确同步, 那么下述论断等价:

(a) 控制矩阵 $D = (D_1, D_2)$ 满足 Kalman 秩条件 (14.34);

(b) $\text{rank}(D) = N - p$, 且分 p 组精确同步态不依赖于所施的控制;

(c) 分 p 组精确同步性不能拓展为其他分组逼近同步性.

证 $(a) \Longrightarrow (b)$. 由命题 16.1 可知 $\text{rank}(D) \geqslant N - p$, 从而结合 (14.34) 可得 $\text{rank}(D) = N - p$. 由引理 2.1, A^{T} 包含在 $\text{Ker}(D^{\mathrm{T}})$ 中的最大不变子空间 V 和 $\text{Ker}(D^{\mathrm{T}})$ 都是 p 维的. 因此, $\text{Ker}(D^{\mathrm{T}}) = V$, 于是 $\text{Ker}(D^{\mathrm{T}})$ 是 A^{T} 的不变子空间. 由命题 16.2, 分 p 组精确同步态 $(u_1, \cdots, u_p)^{\mathrm{T}}$ 不依赖于所施的控制.

$(b) \Longrightarrow (c)$. 假设系统 (II) 逼近 C_q 同步. 由定理 16.4, $P\mathcal{A}_{2T}(\widehat{U}_0, \widehat{U}_1)$ 在空间 $(L^2(\Omega) \times H^{-1}(\Omega))^{\overline{p}}$ 中稠密. 这与 $(u_1, \cdots, u_p)^{\mathrm{T}}$ 不依赖于所施的控制矛盾.

$(c) \implies (a)$. 系统 (II) 显然在牵制意义下分 p 组逼近同步, 且不能拓展为其他的分组逼近同步性. 因此可以应用定理 14.8 来得到 Kalman 秩条件 (14.34).

定理得证.   □

参考文献

[1] Aguilar L, Orlov Y, Pisano A. Leader-follower synchronization and ISS analysis for a network of boundary-controlled wave PDEs [J]. IEEE Control Systems Letters, 2021, 5: 683-688.

[2] Alabau-Boussouira F. A hierarchic multi-level energy method for the control of bidiagonal and mixed n-coupled cascade systems of PDE's by a reduced number of controls [J]. Adv. Diff. Equ., 2013, 18: 1005-1074.

[3] Alabau F, Cannarsa P, Komornik V. Indirect internal stabilization of weakly coupled evolution equations [J]. J. Evol. Equ., 2002, 2: 127-150.

[4] Ammar Khodja F, Benabdallah A, Dupaix C, González-Burgos M. A Kalman's rank condition for the localized distributed controllability of a class of linear parabolic systems [J]. J. Evol. Equ., 2009, 9: 267-291.

[5] Balakrishnan A V. Applied Functional Analysis [M]. New York: Springer, 1977.

[6] Banks H T, Jacobs M Q. An attainable sets approach to optimal control of functional differential equations with function space terminal conditions [J]. J. Diff. Equ., 1973, 13: 127-149.

[7] Bardos C, Lebeau G, Rauch J. Sharp sufficient conditions for the observation, control, and stabilization of waves from the boundary [J]. SIAM J. Control Optim., 1992, 30: 1024-1064.

[8] Brezis H. Functional Analysis, Sobolev Spaces and Partial Differential Equations [M]. New York: Springer-Verlag, 2011.

[9] Cannarsa P, Komornik V, Loreti P. Controllability of semilinear wave equations with infinitely iterated logarithms [J]. Control and Cybernetics, 1999,

28: 449-461.

[10] Cazenave Th, Haraux A. An Introduction to Semilinear Evolution Equations [M]. Oxford: Clarendon Press, 1998.

[11] Ciarlet P G. Linear and Nonlinear Functional Analysis with Applications [M]. Philadelphia: Society for Industrial and Applied Mathematics, 2013.

[12] Dehman B, Le Rousseau J, Léautaud M. Controllability of two coupled wave equations on a compact manifold [J]. Arch. Ration. Mech. Anal., 2014, 211: 113-183.

[13] Demetriou M, Fahroo F. Optimisation and adaptation of synchronisation controllers for networked second-order infinite-dimensional systems [J]. Int. J. Control, 2019, 92: 112-131.

[14] Fernandez-Cara E, González-Burgos M, de Teresa L. Boundary controllability of parabolic coupled equations [J]. Journal of Func. Anal, 2010, 259: 1720-1758.

[15] Fu X-Y, Yong J-M, Zhang X. Exact controllability for multidimensional semilinear hyperbolic equations [J]. SIAM J. Control Optim., 2007, 46: 1578-1614.

[16] Glowinski R, Lions J-L, He J. Exact and Approximate Controllability for Distributed Parameter Systems: A Numerical Approach [M]. Cambridge: Cambridge University Press, 2008.

[17] Gohberg I C, Krein M G. Introduction to the Theory of Linear Nonselfadjoint Operators [M]. Providence RI: AMS, 1969.

[18] Guggenheimer H. Differential Geometry [M]. New York: Dover Publications, 1977.

[19] Hao J, Rao B-P. Influence of the hidden regularity on the stability of partially damped systems of wave equations [J]. J. Math. Pures Appl., 2020, 143: 257-286.

[20] Haraux A. A generalized internal control for the wave equation in a rectangle [J]. J. Math. Anal. Appl., 1990, 153: 190-216.

[21] Hirsch W, Smale S. Differential equations, dynamic systems and linear alge-

bra [M]. New York: Academic Press, 1974.

[22] Kalman R E. Contributions to the theory of optimal control [J]. Bol. Soc. Mat. Mexicana, 1960, 5: 102-119.

[23] Kato T. Fractional powers of dissipative operators [J]. J. Math. Soc. Japan, 1961, 13: 246-274.

[24] Kato T. Perturbation Theory for Linear Operators [M]. Berlin: Springer-Verlag, 1974.

[25] Kelley J L. General Topology [M]. New York: Springer Verlag, 1975.

[26] Komornik V. Another short proof of Descartes's rule of signs [J]. Amer. Math. Monthly, 2006, 113: 829-830.

[27] Komornik V. Exact Controllability and Stabilization: The Multiplier Method [M]. Wiley, 1994.

[28] Lagnese J. Control of wave processes with distributed controls on a subdomain [J]. SIAM J. Control Optim., 1983, 21: 68-84.

[29] Lei Z, Li T-T, Rao B-P. On the synchronizable system [J]. Chin. Ann. Math. Ser. B, 2020, 41: 821-828.

[30] Li T-T, Lu X, Rao B-P. Approximate boundary null controllability and approximate boundary synchronization for a coupled system of wave equations with Neumann boundary controls [M]//Contemporary computational mathematics – a celebration of the 80th birthday of Ian Sloan. Vol. 1, 2. Springer, 2018: 837-868.

[31] Li T-T, Lu X, Rao B-P. Exact boundary controllability and exact boundary synchronization for a coupled system of wave equations with coupled Robin boundary controls [J]. ESAIM Control Optim. Calc. Var., 2021, 27: 1-29.

[32] Li T-T, Rao B-P. Exact synchronization for a coupled system of wave equations with Dirichlet boundary controls [J]. C. R. Acad. Sci. Paris, Ser. I, 2012, 350: 767-772.

[33] Li T-T, Rao B-P. Exact synchronization for a coupled system of wave equation with Dirichlet boundary controls [J]. Chin. Ann. Math. Ser. B, 2013, 34:

139-160.

[34] Li T-T, Rao B-P. Asymptotic controllability and asymptotic synchronization for a coupled system of wave equations with Dirichlet boundary controls [J]. Asymptot. Anal., 2014, 86: 199-226.

[35] Li T-T, Rao B-P. Exact synchronization by groups for a coupled system of wave equations with Dirichlet boundary controls [J]. J. Math. Pures Appl., 2016, 9: 86-101.

[36] Li T-T, Rao B-P. Criteria of Kalman's type to the approximate controllability and the approximate synchronization for a coupled system of wave equations with Dirichlet boundary controls [J]. SIAM J. Control Optim., 2016, 54: 49-72.

[37] Li T-T, Rao B-P. Exact boundary controllability for a coupled system of wave equations with Neumann boundary controls [J]. Chin. Ann. Math., Ser. B, 2017, 38: 473-488.

[38] Li T-T, Rao B-P. Kalman criterion on the uniqueness of continuation for the nilpotent system of wave equations [J]. C. R. Acad. Sci. Paris, Ser. I, 2018, 356: 1188-1192.

[39] Li T-T, Rao B-P. On the approximate boundary synchronization for a coupled system of wave equations: Direct and indirect boundary controls [J]. ESAIM Control Optim Calc Var, 2019, 24: 1675-1704. DOI: https://doi.org/10.1051/cocv/2017043.

[40] Li T-T, Rao B-P. Boundary Synchronization for Hyperbolic Systems [M]. Birkhäuser, 2019.

[41] Li T-T, Rao B-P. Uniqueness of solution to systems of elliptic operators and application to asymptotic synchronization of linear dissipative systems [J]. ESAIM: COCV, 2020, 26: 117. https://doi.org/10.1051/cocv/2020062.

[42] Li T-T, Rao B-P. Approximate boundary synchronization by groups for a couples system of wave equations with coupled Robin boundary conditions [J]. ESAIM Control Optim Calc Var, 2021, 27(suppl.): S7. DOI:

10.1051/cocv/2021006.

[43] Li T-T, Rao B-P. Uniqueness theorem for a coupled system of wave equations with incomplete internal observation and application to approximate controllability [J]. C. R. Acad. Sci. Paris, 2022, 360: 720-737.

[44] Li T-T, Rao B-P. A note on the indirect controls for a coupled system of wave equations [J]. Chin. Ann Math Ser B, 2022, 43: 359-372.

[45] Li T-T, Rao B-P. Uniqueness of solution to systems of elliptic operators and application to asymptotic synchronization of linear dissipative systems II: Case of multiple feedback dampings [J]. Chin. Ann Math Ser B, 2022, 43: 659-684.

[46] Li T-T, Rao B-P. Algebraic conditions to the uniqueness theorem for a coupled system of wave equations [J]. SIAM J Control Optim, 2023, 61: 135-150.

[47] Li T-T, Rao B-P. Exactly synchronizable state and approximate controllability for a coupled system of wave equations with locally distributed controls [J]. SIAM J Control Optim, 2023, 61: 1460-1471.

[48] Li T-T, Rao B-P. Approximate internal controllability and synchronization of a coupled system of wave equations [J]. ESAIM: COCV, 2024, 30: 1. https://doi.org/10.1051/cocv/2023008.

[49] Li T-T, Rao B-P. A note on the family of synchronizations for a coupled system of wave equations [J]. Annale of Math Sci Appl, 2024, 9: 125-140.

[50] Li T-T, Rao B-P. Stability of the exactly synchronizable state by groups for a coupled system of wave equations with respect to applied controls [J]. Math. Control and Related Fields, 2024. DOI: 10.3934/mcrf.2024008.

[51] Li T-T, Rao B-P. Some fundamental properties of the approximate synchronization by groups for a coupled system of wave equations with internal controls[J].C.R. Math. Acad. Sci. Paris, to appear.

[52] Li T-T, Rao B-P. Exact controllability and synchronization for a coupled system of wave equations with mixed internal and boundary controls [J]. To appear.

[53] Li T-T, Rao B-P. Approximate mixed synchronization by groups for a coupled system of wave equations [J]. Asymptotic Analysis, 2023, 135: 545-579.

[54] Lions J-L. Quelques méthodes de résolution des problèmes aux limites non linéaires [M]. Paris: Dunod, Gauthier-Villars, 1969.

[55] Lions J-L. Exact controllability, stabilization and perturbations for distributed systems [J]. SIAM Rev, 1988, 30: 1-68.

[56] Lions J-L. Contrôlabilité exacte, perturbations et stabilisation de systèmes distribués [M]. Paris: Recherches en Mathématiques Appliquées, Masson, 1988.

[57] Lions J-L, Magenes E. Problèmes aux limites non homogènes et applications, Vol. 1 [M]. Paris: Dunod, 1968.

[58] Lissy P, Zuazua E. Internal controllability for parabolic systems involving analytic nonlocal terms [J]. Chinese Ann Math Ser B, 2018, 39: 281-297.

[59] Lissy P, Zuazua E. Internal observability for coupled systems of linear partial differential equations [J]. SIAM J Control Optim, 2019, 54: 832-854.

[60] Liu Z, Rao B-P. A spectral approach to the indirect boundary control of a system of weakly coupled wave equations [J]. Discrete Contin Dyn Syst, 2009, 23: 399-414.

[61] Lu X, Li T-T, Rao B-P. Exact boundary synchronization by groups for a coupled system of wave equations with coupled Robin boundary controls on a general bounded domain [J]. SIAM J Control Optim, 2021, 59: 4457-4480.

[62] Lu Q, Zuazua E. Averaged controllability for random evolution partial differential equations [J]. J Math Pures Appl, 2016, 105: 367-414.

[63] Mehrenberger M. Observability of coupled systems [J]. Acta Math Hungar, 2004, 103: 321-348.

[64] Pazy A. Semi-groups of Linear Operators and Applications to Partial Differential Equations [M]. Berlin: Springer-Verlag, 1982.

[65] Rao B-P. On the sensitivity of the transmission of boundary dissipation for strongly coupled and indirectly damped systems of wave equations [J]. Z

Angew Math Phys, 2019, 70(75):25.

[66] Rauch J, Zhang X, Zuazua E. Polynomial decay for a hyperbolic-parabolic coupled system [J]. J Math Pures Appl, 2005, 84: 407-470.

[67] Rosier L, de Teresa L. Exact controllability of a cascade system of conservative equations [J]. C R Math Acad Sci Paris, 2011, 349: 291-294.

[68] Russell D L. Nonharmonic Fourier series in the control theory of distributed parameter systems [J]. J Math Anal Appl, 1967, 18: 542-560.

[69] Russell D L. Controllability and stabilization theory for linear partial differential equations: Recent progress and open questions [J]. SIAM Rev, 1978, 20: 639-739.

[70] Shklyar B. Some properties of the attainable set for the abstract control problem with application to controllability [J]. Z Anal Anwendungen, 1995, 14: 403-412.

[71] Simon J. Compact sets in the space $L^p(0, T; B)$ [J]. Ann Mat Pura Appl, 1986, 146: 65-97.

[72] Smale R A, Johnson C R. Matrix Analysis [M]. Cambridge University Press, 2013.

[73] Wang Y. Generalized approximate boundary synchronization and generalized synchronizable system (Post-Doc thesis). Shanghai: Fudan University, 2021.

[74] Wang L, Yan Q. Optimal control problem for exact synchronization of parabolic system [J]. Math Control Relat Fields, 2019, 9: 411-425.

[75] Zhang C. Internal controllability of systems of semilinear coupled one-dimensional wave equations with one control [J]. SIAM J Control Optim, 2018, 56: 3092-3127.

[76] Zhuang K-L. Exact controllability for 1-D quasilinear wave equations with internal controls [J]. Math Methods Appl Sci, 2014, 39: 5162-5174.

[77] Zhuang K-L, Li T-T, Rao B-P. Exact controllability for first order quasilinear hyperbolic systems with internal controls [J]. Discrete Contin Dyn Syst, 2014, 36: 1105-1124.

[78] Zu C-X. Sufficiency of Kalman's rank condition for the approximate boundary controllability at finite time on an annular domain [J]. Chin Ann Math Ser B, 2022, 43: 209-222.

[79] Zu C-X, Li T-T, Rao B-P. Sufficiency of Kalman's rank condition for the approximate boundary controllability at finite time on spherical domain [J]. Math Meth Appl Sci, 2021, 44: 13509-13525.

[80] Zu C-X, Li T-T, Rao B-P. Exact internal controllability and synchronization for wave equations for a coupled system of wave equations [J]. Chin Ann Math Ser B, 2023, 44: 641-662.

[81] Zuazua E. Exact controllability for semilinear wave equations in one space dimension [J]. Ann Inst H Poincaré C Anal Non Linéaire, 1993, 10: 109-129.

索 引